全国高等职业教育规划教材

计算机系统组装与维护

主　编　万　钢　瞿　谆
副主编　鲁　立　初爱萍
参　编　崔万隆　瞿力文　周　雯

机械工业出版社

本书详细介绍了计算机的硬件系统及其组装、注册表配置与系统优化、计算机系统的维护、计算机网络配置等基本知识，为读者学习组装和维护计算机打下坚实的基础。为了适应现在计算机市场的需求，本书介绍了笔记本电脑和无线局域网的相关知识，并特别介绍了随身听、移动存储器、数码相机、数码摄像机等计算机周边数码产品，以及 UMPC（超级移动电脑）、MID（移动互联网设备）、Netbook（上网本）及其典型产品。

本书可作为应用型本科院校和高职高专院校计算机以及相关专业的教材，也可作为广大计算机爱好者的自学参考用书。

图书在版编目(CIP)数据

计算机系统组装与维护/万钢，瞿谆主编. —北京:机械工业出版社，2010.1
(全国高等职业教育规划教材)
ISBN 978-7-111-28553-3

Ⅰ. 计… Ⅱ. ①万… ②瞿… Ⅲ. ①电子计算机-组装-高等学校:技术学校-教材 ②电子计算机-维修-高等学校:技术学校-教材
Ⅳ. TP30

中国版本图书馆 CIP 数据核字(2009)第 190155 号

机械工业出版社(北京市百万庄大街22号 邮政编码 100037)
责任编辑:鹿 征
责任印制:洪汉军
北京四季青印刷厂印刷（三河市杨庄镇环伟装订厂装订）

2010年1月第1版·第1次印刷
184mm×260mm·12.5印张·309千字
0001-3500册
标准书号:ISBN 978-7-111-28553-3
定价:23.00元

凡购本书，如有缺页、倒页、脱页，由本社发行部调换

电话服务
社服务中心:(010)88361066
销 售 一 部:(010)68326294
销 售 二 部:(010)88379649
读者服务部:(010)68993821

网络服务
门户网:http://www.cmpbook.com
教材网:http://www.cmpedu.com

封面无防伪标均为盗版

前 言

在现代社会中，计算机已经成为人们生活和工作中必不可少的工具和重要的帮手，并以迅猛的速度进入“寻常百姓家”。学好、用好计算机逐渐成为当今社会对每个人的基本要求。

本书以先进性、实用性为前提，从基本概念出发，围绕具体的产品，系统地讲述了计算机系统中各个部件的基本工作原理和技术指标、计算机组装的具体方法和技巧、计算机组网的全过程，以及计算机系统的软硬件维护。本书内容丰富，深入浅出，循序渐进，重点突出。尤其值得指出的是，本书还包含了无线局域网、笔记本电脑、数码产品以及移动数字设备等内容，充分体现了现在计算机市场的需求，做到了“一册在手，装机无忧”。

参加编写的老师都具有扎实的理论知识和丰富的实践经验，编写中根据本课程的特点，强调理论联系实际。本书特别设立了“有问有答”环节，以简练的语言向读者介绍在计算机系统的组装与维护过程中经常遇到的热门话题以及较为前沿的相关内容。

本书的第 1 章、第 2 章和第 4 章由瞿谆、瞿力文和初爱萍编写；第 3 章、第 6 章由鲁立编写；第 5 章、第 7 章和第 8 章由万钢、周雯和崔万隆编写。全书由万钢和瞿谆统稿。

由于编者水平有限，书中难免有错误和不妥之处，敬请读者批评指正。

本书免费提供电子教案，读者可到机械工业出版社教材服务网 www. cmpedu. com 下载。

编 者

目　录

前言
第1章　计算机的硬件系统 …… 1
1.1　计算机的心脏——CPU …… 1
1.1.1　Intel公司的CPU …… 1
1.1.2　AMD公司的CPU …… 4
1.1.3　CPU的主要性能指标 …… 7
1.2　主板 …… 9
1.2.1　主板结构 …… 9
1.2.2　主板的构成 …… 10
1.2.3　芯片组 …… 12
1.3　计算机中的存储器 …… 17
1.3.1　内存 …… 17
1.3.2　硬盘 …… 19
1.3.3　光驱 …… 22
1.4　显示系统设备 …… 23
1.4.1　显卡 …… 23
1.4.2　液晶显示器 …… 25
1.5　输入系统设备 …… 27
1.5.1　键盘 …… 27
1.5.2　鼠标 …… 28
1.5.3　摄像头 …… 29
1.5.4　扫描仪 …… 29
1.6　其他部件 …… 30
1.6.1　机箱 …… 30
1.6.2　电源 …… 31
1.6.3　声卡与音箱 …… 33
1.7　有问有答 …… 34
1.8　习题 …… 35
第2章　计算机系统的硬件组装 …… 36
2.1　装机前的准备 …… 36
2.1.1　组装前的准备工作 …… 36
2.1.2　组装时的注意事项 …… 37
2.1.3　实际安装过程 …… 37
2.2　计算机系统设置 …… 42
2.2.1　BIOS设置 …… 42
2.2.2　硬盘分区 …… 46
2.2.3　分区操作 …… 47
2.3　系统安装 …… 52
2.3.1　安装准备 …… 52
2.3.2　设置用光盘启动系统 …… 52
2.3.3　安装Windows XP Professional …… 54
2.4　安装驱动程序 …… 57
2.4.1　驱动程序概述 …… 57
2.4.2　获取驱动程序的途径 …… 57
2.5　有问有答 …… 58
2.6　习题 …… 59
第3章　注册表配置与系统优化 …… 60
3.1　注册表的使用 …… 60
3.1.1　注册表的用途 …… 60
3.1.2　注册表的组成 …… 60
3.1.3　注册表编辑器 …… 62
3.1.4　注册表的备份 …… 62
3.1.5　注册表的恢复 …… 64
3.1.6　修改注册表 …… 65
3.1.7　注册表优化的综合使用 …… 66
3.1.8　其他系统优化 …… 74
3.2　超级兔子 …… 81
3.2.1　超级兔子的使用界面 …… 81
3.2.2　超级兔子系统设置 …… 82
3.2.3　魔法设置 …… 84
3.2.4　系统安全助手 …… 86
3.2.5　注册表备份与还原 …… 86
3.2.6　网络设置 …… 89
3.3　Windows优化大师 …… 91
3.3.1　优化大师使用界面 …… 91
3.3.2　系统检测 …… 92
3.3.3　系统优化 …… 96
3.3.4　系统清理 …… 101

3.3.5 系统维护 …………………… 102
3.4 有问有答 …………………… 104
3.5 习题 …………………… 105
第4章 计算机系统的维护 …… 106
4.1 计算机系统的基本维护 …… 106
4.1.1 CPU 的维护保养 …… 106
4.1.2 主板在使用中的维护和保养 … 108
4.1.3 存储器的维护和保养 …… 110
4.1.4 键盘、鼠标的日常使用与维护 …… 112
4.1.5 液晶显示器的日常维护 …… 112
4.2 BIOS 维护常识 …… 113
4.2.1 BIOS 设置的清除 …… 113
4.2.2 BIOS 自检响铃及其意义 …… 113
4.3 计算机硬件故障的处理方法 …… 114
4.4 学校计算机实验室系统维护方法 …… 116
4.4.1 单机系统的维护 …… 117
4.4.2 使用硬盘保护卡对系统进行维护 …… 124
4.5 有问有答 …… 127
4.6 习题 …… 128
第5章 笔记本电脑的硬件组成与维护 …… 129
5.1 笔记本电脑的分类 …… 129
5.1.1 按大小分类 …… 129
5.1.2 按应用类型分类 …… 129
5.2 笔记本电脑的硬件组成 …… 130
5.2.1 CPU …… 130
5.2.2 主板 …… 131
5.2.3 内存 …… 132
5.2.4 硬盘 …… 133
5.2.5 光驱 …… 134
5.2.6 显示卡 …… 135
5.2.7 键盘和鼠标 …… 135
5.2.8 屏幕 …… 136
5.2.9 电池 …… 137
5.3 笔记本电脑的拆卸与组装 …… 137
5.3.1 拆卸与组装 …… 137
5.3.2 注意事项 …… 139
5.4 笔记本电脑的维护 …… 139
5.4.1 日常维护 …… 139
5.4.2 电池的维护 …… 140
5.5 笔记本电脑的选购 …… 141
5.6 常用验机软件简介 …… 143
5.7 有问有答 …… 145
5.8 习题 …… 146
第6章 计算机网络配置 …… 147
6.1 计算机网络的概念 …… 147
6.2 计算机网络的分类 …… 147
6.2.1 按网络的分布范围分类 …… 147
6.2.2 按网络的交换方式分类 …… 148
6.2.3 按网络节点在网络中的地位分类 …… 148
6.2.4 按网络的所有者分类 …… 149
6.3 计算机网络的拓扑结构 …… 149
6.3.1 星形拓扑结构 …… 149
6.3.2 环形拓扑结构 …… 149
6.3.3 总线型拓扑结构 …… 150
6.4 传输介质与网络设备 …… 150
6.4.1 传输介质 …… 150
6.4.2 传输介质的选择 …… 151
6.4.3 网络互连设备 …… 151
6.5 局域网组建与 Internet …… 152
6.5.1 局域网的软件和硬件构成 …… 152
6.5.2 设备的安装和连接 …… 152
6.5.3 网络软件安装 …… 154
6.5.4 连通性检测 …… 157
6.5.5 Internet 接入 …… 158
6.6 有问有答 …… 161
6.7 习题 …… 163
第7章 无线局域网的应用与安全 … 164
7.1 无线局域网概述 …… 164
7.1.1 无线局域网简介 …… 164
7.1.2 IEEE 802 标准 …… 165
7.2 无线局域网设备 …… 166
7.2.1 无线网卡 …… 166

7.2.2 无线 AP …………………… 167
7.2.3 无线路由器 ……………… 167
7.3 无线局域网的组建 ………… 167
7.4 无线局域网的安全 ………… 170
7.5 有问有答 ……………………… 175
7.6 习题 …………………………… 176
第8章 数码产品及超便携移动数字设备 ……………………… 177
8.1 MP3 随声听 ………………… 177
8.1.1 什么是 MP3 随声听 ……… 177
8.1.2 MP3 随声听基本性能参数 …… 178
8.2 移动存储设备 ……………… 179
8.2.1 闪存盘 ……………………… 180
8.2.2 闪存卡 ……………………… 180
8.2.3 移动硬盘 …………………… 181
8.3 数码相机 …………………… 182
8.3.1 数码相机的基本概念 ………… 182
8.3.2 数码相机的分类……………… 183
8.3.3 数码相机的常见技术指标 …… 183
8.4 数码摄像机 ………………… 184
8.4.1 数码摄像机的基本概念 ……… 184
8.4.2 数码摄像机的分类…………… 185
8.4.3 数码摄像机的常见技术指标 … 185
8.5 UMPC ……………………… 186
8.5.1 UMPC 简介 ………………… 186
8.5.2 典型产品 …………………… 187
8.6 MID ………………………… 188
8.6.1 MID 简介 …………………… 188
8.6.2 典型产品 …………………… 189
8.7 Netbook …………………… 190
8.7.1 Netbook 简介 ……………… 190
8.7.2 典型产品 …………………… 190
8.8 有问有答 …………………… 192
8.9 习题 ………………………… 193
参考文献…………………………… 194

第1章　计算机的硬件系统

本章导读

本章较为详细地介绍了CPU、主板、内存、硬盘、光驱、显卡、显示器、机箱、电源以及计算机输入输出设备的基本参数、性能指标和主要技术发展等基本知识。

学习目标

- 掌握：计算机硬件系统的基本组成
- 理解：计算机各个部件的基本性能指标和重要参数
- 了解：计算机的发展简史、计算机部件的配置和选购

1.1　计算机的心脏——CPU

CPU是Central Process Unit（中央处理单元）的缩写，也可简称为微处理器（Microprocessor），不过经常被人们直接称为处理器（Processor）。CPU是计算机的核心，其重要性好比人的心脏。CPU的种类决定了用户使用的操作系统和相应的软件。

在选购一台个人计算机（PC）时最先挑选的配件总是CPU，PC硬件发烧友是如此，普通的大众用户也是如此，即使对PC硬件知识完全不懂的电脑盲也都知道计算机要有一颗“奔腾的芯”。可见，CPU是计算机硬件中“知名度”最高的一个核心配件。

1.1.1　Intel公司的CPU

Intel公司诞生于1968年。1971年，Intel公司推出世界上第一台微处理器4004；1972年，Intel公司推出8008处理器；1974年，Intel公司推出功能更加强大的8080处理器，成为世界上首台个人电脑的心脏；1979年，Intel推出了8088芯片；1982年，Intel推出了80286芯片。80286是Intel首款具有兼容性的处理器，即所有为80286以前的Intel处理器编写的程序均可以在80286上运行。

32位微处理器的代表产品首推Intel公司在1985年推出的80386。1988年，80486处理器面市。1993年全面超越486的新一代586处理器问世，为了摆脱486时代处理器名称混乱的困扰，Intel公司把自己的新一代产品命名为Pentium（奔腾），以区别AMD和Cyrix的产品。1995年，Intel公司推出了Pentium Pro CPU（高能奔腾）。

1997年年中，Pentium II上市；1999年2月，Intel公司推出Pentium Ⅲ处理器；2000年11月，Intel公司推出第一代核心为Willamette的Pentium 4处理器；2005年5月，Intel发布了该公司第一款双内核处理器——奔腾D处理器；2006年7月，Intel公司发布新一代的CPU——“Core（酷睿）”，从而结束了“奔腾”王朝。

现在市面上流行的Intel公司生产的CPU几乎都是“酷睿”双核。“酷睿”双核相对于

它的前任“奔腾”有五大优势。

（1）令人震撼的双核性能

Intel“酷睿”双核处理器带有两个执行内核，专为多线程应用和多任务处理进行了优化。它可以同时运行多种要求苛刻的应用，如图形密集型游戏或序列号运算程序；同时在后台下载音乐或运行病毒扫描安全程序。

（2）令人震撼的节能性能

Intel“酷睿”双核处理器能够只为需要动力的处理器组件提供能源，从而为笔记本电脑带来更耐久的电池使用时间，显著增强移动计算体验。酷睿架构的应用结果是CPU不再是计算机内的能耗大户，Intel也因此摆脱了对AMD的能耗劣势。

（3）令人震撼的媒体性能

借助Intel数字媒体增强特性，Intel“酷睿”双核处理器能够为浮点密集型应用提供增强的性能，其中包括CAD工具、3D和2D建模、视频编辑、数字音乐、数字摄影和游戏等应用。

（4）更加智能高效的设计

Intel智能高速缓存可帮助创造更加智能、高效的高速缓存和总线设计，从而增强性能、响应能力和节能特性。

Intel“酷睿”双核处理器是Intel公司第一款移动式双核处理器，也是全新Intel“迅驰”双核移动计算技术平台的重要组件。

（5）优化的指令集与其他技术

这些技术包括MMX SSE/SSE2/SSE3/SSE4、EM64T、64位运算、VIIV欢悦娱乐平台、VPro博锐商务平台、VT虚拟化技术、EIST节能技术等。用最容易理解的话来说，就是“更宽、更智能、更快、更节能、更高效”。自从2008年以后，在CPU市场上，“Core 2”系列CPU一直是热门选择。带有“Core 2”标志的CPU如图1-1所示。

自从2006年7月Intel公司正式采用“Core”标志以来，就开始执行Tick - Tock（钟摆）计划。Tick - Tock是指制程和CPU架构的交替更新，以实现每两年CPU运算能力的大幅度增长，如图1-2所示。

图1-1 “Core 2”标志图

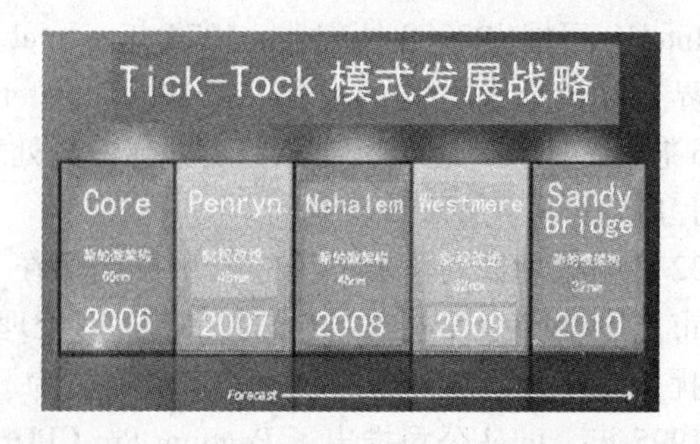

图1-2 Intel公司的Tick - Tock发展蓝图

在奇数年，Intel公司将会推出新的工艺；而在偶数年，Intel公司则会推出新的架构。简单地说，就是奇数工艺年和偶数架构年的概念。

Intel公司的这种钟摆策略，能够体现Intel技术变化的方向。当Intel钟摆往左摆的时候，Tick这个策略会更新工艺；往右摆的时候，Tock会更新处理器微架构。例如，2005年，英特尔的工艺从90 nm走向65 nm；2006年，Intel公司推出“酷睿”架构；2007年Tick年，工艺迈向45 nm；2008年，推出“Core i7”。值得注意的是，首先它不会在一年内让两个技术同时出现，每一年都可以在前一个的技术上再提升一个档次。也就是说，钟摆策略发展趋势一般是今年架构，明年工艺，循序渐进，而且实行钟摆策略也是带着整个行业按着这个钟摆形成一种共同的结构往前走。

目前在“Core 2”双核中，CPU类型还分为E系、Q系、T系、X系、P系、L系、U系、S系等。

- E系：普通台式机的双核CPU，功率为65 W左右。
- Q系：四核CPU，功率为100～150 W。
- T系：普通的笔记本CPU，功率为35 W或31 W。
- X系：“Core 2”双核至尊版，笔记本的X系CPU的功率是45 W，台式机的X系CPU功率是100 W左右。
- P系：“迅驰5”的低电压CPU，功率是25 W。
- L系：“迅驰4”的低电压CPU，功率是17 W。
- U系：“迅驰4”的超低电压CPU，功率是5.5 W。
- S系：小封装系列，SL的功率是12 W。

2008年11月，Intel公司发布了新一代处理器“Core i7”，与“Core 2”不同，“Core i7”是一款基于全新Nehalem架构的CPU，采用LGA 1366接口，集众多先进技术于一身，如集成内存控制器、三通道技术支持、全新QPI总线、超线程技术的回归、Turbo Mode内核加速技术等。在性能上，“Core i7”大幅领先上一代CPU“Core 2”，尤其是在多线程、多媒体应用方面。Intel官方正式确认，基于全新Nehalem架构的下一代桌面处理器将沿用“Core”名称，命名为“Intel Core i7”系列。其标志如图1-3所示。

Nehalem作为Intel公司的第一款原生四核处理器，采用45 nm制造工艺，内置内存控制器，拥有4×256KB二级高速缓存和8 MB三级共享缓存。通过SMT技术，可将四物理核心虚拟成八逻辑核心、三通道DDR3内存通过QPI连接，同时新增7条SSE 4指令集。

图1-3 “Core i7”标志图

Nehalem处理器架构的七大改变如下。

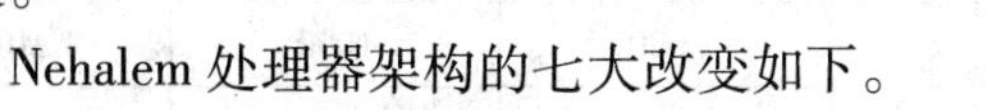

1）革命性的动态管理核心数量、线程和缓存。核心可以通过系统负载，在单逻辑核心到八逻辑核心动态转换，以达到节能的效果。

2）超线程技术的加入，可以在同样的功耗情况下有效提升CPU性能。超线程技术可以使一个物理核心同时运行两个线程，即模拟出两个逻辑核心。最高可用双路四物理核心处理器模拟16逻辑处理器。

3）E4指令集再提高，并新加入7条指令集。

4）超低延时缓存设计，共享式三级缓存设计可有效配合CPU的运算。

5）通道内存技术，有效提高内存带宽，相比前代产品最多可提高4倍带宽。

6）将内存控制器集成在CPU中，可以降低延时，提高系统性能。

7）在更少的电力需求情况下得到更强的性能表现，并从Nehalem开始，未来处理器微架构都会根据这个理念设计。上市不久的 Core i7 部分参数见表 1-1。

表 1-1 上市不久的 Core i7 部分参数

	Core i7 920	Core i7 940	Core i7 Extreme Edition 965
产品编码	BX80601920	BX80601940	BX80601965
制程/nm	45	45	45
接口	LGA 1366	LGA 1366	LGA 1366
晶体管数/亿	7. 31	7. 31	7. 31
核心线程数	4 核 8 线程	4 核 8 线程	4 核 8 线程
主频/GHz	2. 66	2. 93	3. 2
二级缓存/KB	4 ×256	4 ×256	4 ×256
三级缓存/MB	8	8	8
QPI 总线/GT/s	4. 8	4. 8	6. 4
内存控制器	三通道 DDR3-1066	三通道 DDR3-1066	三通道 DDR3-1066
TDP/W	130	130	130

1. 1. 2 AMD 公司的 CPU

AMD 公司诞生于 1969 年 5 月 1 日，是 Intel 公司的老对手。AMD 因 3Dnow！技术曾风光一时，也因为 K7 架构中的 Barton 曾把 Intel 拉下“性能王”的宝座。然而，最为人称道的是 2003 年在全世界第一个发布与 32 位平滑无缝兼容的 64 位 CPU——K8，曾一度走在 Intel 的前面。2005 年，AMD 和 Intel 展开了“双核”大战，公开提出到底“谁为双核王”。现在市场上面还能看到的 K8 架构采用 AM2 接口的双核 CPU。K8 双核 CPU 的部分参数见表 1-2。

表 1-2 AMD K8 双核 CPU 的部分参数

型号	工艺/nm	内核	核心/个	主频/MHz	HT/MHz	L2 缓存
Athlon 64 X2 3600 +	90	Windsor	2	2000	1000	512 KB
Athlon 64 X2 3600 +	65	Brisbane	2	1900	1000	1 MB
Athlon 64 X2 3800 +	90	Windsor	2	2000	1000	1 MB
Athlon 64 X2 4000 +	90	Windsor	2	2100	1000	1 MB
Athlon 64 X2 4000 +	65	Brisbane	2	2100	1000	1 MB
Athlon 64 X2 4200 +	90	Windsor	2	2200	1000	1 MB
Athlon 64 X2 4200 +	65	Brisbane	2	2200	1000	1 MB
Athlon 64 X2 4400 +	90	Windsor	2	2200	1000	2 MB
Athlon 64 X2 4400 +	65	Brisbane	2	2300	1000	1 MB
Athlon 64 X2 4600 +	90	Windsor	2	2400	1000	1 MB
Athlon 64 X2 4800 +	90	Windsor	2	2400	1000	2 MB
Athlon 64 X2 4800 +	65	Brisbane	2	2500	1000	1 MB
Athlon 64 X2 5000 +	90	Windsor	2	2600	1000	1 MB

（续）

型　　号	工艺/nm	内核	核心/个	主频/MHz	HT/MHz	L2 缓存
Athlon 64 X2 5000 +	65	Brisbane	2	2600	1000	1 MB
Athlon 64 X2 5200 +	90	Windsor	2	2600	1000	2 MB
Athlon 64 X2 5200 +	65	Brisbane	2	2700	1000	1 MB
Athlon 64 X2 5400 +	90	Windsor	2	2800	1000	1 MB
Athlon 64 X2 5600 +	90	Windsor	2	2800	1000	2 MB
Athlon 64 X2 5800 +	65	Brisbane	2	3000	1000	1 MB
Athlon 64 X2 6000 +	90	Windsor	2	3000	1000	2 MB
Athlon 64 X2 6000 +	65	Brisbane	2	3000	1000	2 MB
Athlon 64 X2 6400 +	90	Windsor	2	3200	1000	2 MB
Athlon64 X2 BE-2300	65	Brisbane	2	1900	1000	1 MB
Athlon64 X2 BE-2350	65	Brisbane	2	2100	1000	1 MB
Athlon64 X2 BE-2400	65	Brisbane	2	2300	1000	1 MB

当 Intel 推出“Core”以后，AMD 就陷入了被动的境地。最主要的原因是 AMD 公司缺乏对 Intel Conroe 架构的应对技术，陈旧的 K8 面对 Conroe 只能用降价的方法苦撑，AMD 公司把翻盘的希望寄托在了 K10 上。2007 年推出的 K10 架构下的桌面计算机专用 CPU 的英文是“Phenom”，中文翻译为“羿龙”。

Phenom 是业界第一款原生四核心桌面处理器。也就是说，它的 4 个核心是集成在一块 Die 上的，这样的设计理论使每个核心有更高的连接带宽和更低的互访问延迟，这是 Phenom 设计上的第一个优势。在工艺制程上，Phenom 依托于 AMD 成熟的 65 nm 工艺。为了达到 Die 核心面积的可控性，每一个单独核心配置的一、二级缓存设计依旧延续了 K8 的容量，分别为 128 KB 一级缓存和 512 KB 二级缓存。除此之外，Phenom 还创新性地使用了 4 核心共享高速三级缓存的设计来保证多线程操作环境下各个核心都能高效率地运作。这个共享三级缓存规模为 2 MB，整个处理器的缓存规模为 4.5 MB。常用 K10 架构的 CPU 基本参数见表 1-3。

表 1-3　AMD K10 系列 CPU 的部分参数

型　　号	工艺/nm	内核	核心/个	主频/MHz	HT/MHz	L2 缓存/MB	L3 缓存/MB
Phenom 9500	65	Agena	4	2200	3600	2	2
Phenom 9600	65	Agena	4	2300	3600	2	2
Phenom 9700	65	Agena	4	2400	4000	2	2
Phenom 9900	65	Agena	4	2600	4000	2	2

Phenom 处理器在能耗控制方面的最大改进是具备了 Cool 'n'Quiet 2.0（中文意思是“凉又静”），以前处理器使用的都是 CNQ 1.0 版本。CNQ 2.0 的最大改进就是加入了独立的动态核心管理。Phenom 的 4 个核心虽然共享同样的参考电压，但是每个核心都拥有自己的专有电路，所以它们可以根据负载情况，独立调整频率和核心电流。这样的好处是可以更有效地利用资源，同时还不造成浪费。

2008 年底，AMD 公司又向市场推出了 45nm Phenom II 处理器。在处理器微架构方面，

Phenom II 处理器延续了上一代 Phenom 处理器的众多优点：支持 HyperTransport 3.0 总线技术、独立的双 64 位内存控制器、优化的 DRAM 预取器、支持 DDR2－1066 规格以及双动态功耗管理、CoolCore 等功耗节能技术。

AMD 公司首度发布的 Phenom II 处理器包括两个不同频率的型号：Phenom II X4 940 Black Edition 和 Phenom II X4 920，核心代号为 Deneb，它们都是 Socket AM2＋接口，为 940 针 micro-PGA 封装。图 1-4 中展示的 Phenom II X4 940 Black Edition（黑盒版，未锁定倍频）是目前最高端的 Phenom II 处理器，它是 45 nm 原生四核设计，工作频率为 3.0 GHz（200 MHz×15），每个核心具备 64 KB 一级指令缓存、64 KB 一级数据缓存以及 512 KB 二级数据缓存，并且 4 个核心共享 6 MB 三级缓存。

图 1-4　Phenom II X4 940（黑盒版）

AMD Phenom Ⅱ X4 940 处理器看起来同上一代的 Phenom 处理器并无任何差别。同时，AMD 在设计时也保证了用户使用的兼容性，处理器产品完美的向下兼容，使之能够更加适宜玩家升级。其实对于很多 DIY 用户来说，选购新处理器首先关心的就是能不能直接使用在旧主板上，接口不兼容往往是升级和选购的一个难题。和竞争对手的策略不同，AMD 公司一直都希望它们的产品能够进行平滑过渡，而不要浪费消费者的现有投资。以前在 Socket AM2 接口向 Socket AM2＋转换就是这样，AMD 推出 65nm Phenom 处理器时，原有的上一代主板诸如 690 G，在厂商更新 BIOS 之后，就可以实现对新处理器的支持，而不需为了升级处理器而对原有系统也进行升级。

为了更好地让消费者清楚未来的产品差异，AMD 公司在这一代 45 nm 桌面处理器上调整了产品品牌，中高端型号将用 Phenom II 品牌，中低端则保留 Athlon 品牌，同时采用了 3 位数字型号方便用户识别具体产品。在此次推出 Phenom II X4 940 Black Edition 和 Phenom II X4 920 之后，AMD 公司将陆续推出衍生产品，而在 2009 年 6 月底前更新所有中低端产品线后，AMD 45 nm 产品将完全覆盖中高低端市场。

具体产品线划分上，未来的产品线比上一代的 65 nm Phenom 处理器将更加丰富。AMD 公司后续会根据需求定位，推出 AM2＋/AM3＋接口版本、具备 4 MB 三级缓存的 Phenom II X4 800 家族和不具备三级缓存的 Athlon X4 600 处理器系列。未来 AMD 的产品线将形成两种接口，四核、三核、双核并存，以及不同缓存容量变化的局面，以满足不同定位用户群的需求。

此次 AMD Phenom Ⅱ X4 940 处理器依旧采用了三级缓存的设计，同时其将二级和三级的缓存容量总和升级到了 8 MB 大小，单是三级缓存的容量，较上代产品便有了 3 倍的提升。其中，处理器的 4 颗核心分别占用 512 KB 二级缓存，它们共享 6 MB 三级缓存，从而为多线程环境提供独特的支持，有效地减少二级缓存存取延迟，快速地访问三级缓存内的共享数据。在程序运行时，二级缓存可以提高核效率和最小化延时，而三级缓存则更加方便了数据的传输并进一步提高了性能。AMD Phenom Ⅱ的性能提升示意图如图1-5所示。

1.1.3 CPU的主要性能指标

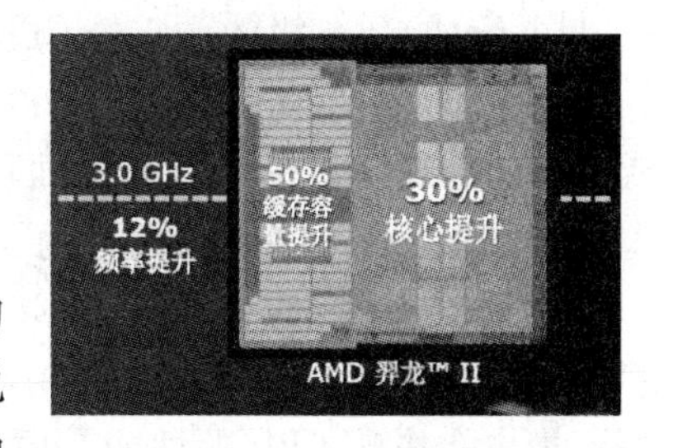

图1-5 AMD Phenom Ⅱ性能提升示意图

CPU的主要性能指标有如下几个。

1. 主频

主频也叫时钟频率，单位是MHz，用来表示CPU的运算速度。虽然说主频和实际的运算速度有关，但只能说主频仅仅是CPU性能表现的一个方面，而不代表CPU的整体性能。CPU的主频＝外频×倍频系数。

2. 外频

外频是CPU的基准频率，单位也是MHz。CPU的外频决定着整块主板的运行速度。目前绝大部分电脑系统中外频也是内存与主板之间的同步运行速度，在这种方式下，可以理解为CPU的外频直接与内存相连通，实现两者间的同步运行状态。外频与前端总线（FSB）频率很容易被混为一谈。对于Intel公司的CPU来说，FSB＝外频×4。

3. 前端总线频率

前端总线（FSB）频率（即总线频率）直接影响CPU与内存直接数据交换的速度。从公式“数据带宽＝（总线频率×数据位宽）/8”可以看出，数据传输最大带宽取决于所有同时传输的数据的宽度和传输速率。例如，现在支持64位的至强Nocona处理器，前端总线频率是800 MHz，按照公式，它的数据传输最大带宽是6.4 GB/s。

4. CPU的位和字长

CPU的位在数字电路和计算机技术中采用二进制，代码只有“0”和“1”，其中无论是“0”或是“1”在CPU中都是1“位”。

计算机技术中对CPU在单位时间内（同一时间）能一次处理的二进制数的位数称为字长。所以能处理字长为8位数据的CPU通常就叫8位CPU。同理，32位CPU就能在单位时间内处理字长为32位的二进制数据。字节和字长不同：由于常用的英文字符用8位二进制就可以表示，所以通常就将8位称为一个字节。而字长是不固定的，对于不同的CPU，字长也不一样。8位CPU一次只能处理一个字节，而32位CPU一次就能处理4字节。同理，字长为64位的CPU一次可以处理8字节。

5. 倍频系数

倍频系数是指CPU主频与外频之间的相对比例关系。在相同的外频下，倍频越高，CPU的频率也越高。但实际上，在相同外频的前提下，高倍频的CPU本身意义并不大。这是因为CPU与系统之间数据传输速率是有限的，一味追求高倍频而得到高主频的CPU就会出现明显的“瓶颈”效应——CPU从系统中得到数据的极限速度不能够满足CPU运算的速度。

6. 缓存

缓存大小也是CPU的重要指标之一，而且缓存的结构和大小对CPU速度的影响非常大，CPU内缓存的运行频率极高，一般是和处理器同频运作，工作效率远远大于系统内存和硬盘。实际工作时，CPU往往需要重复读取同样的数据块，而缓存容量的增大，可以大幅度提升 CPU 内部读取数据的命中率，而不用再到内存或者硬盘上寻找，以此提高系统性能。但是从 CPU 芯片的面积和成本的因素来考虑，缓存都很小。

L1 Cache（一级缓存）是 CPU 的第一层高速缓存，分为数据缓存和指令缓存。内置的一级高速缓存的容量和结构对 CPU 的性能影响较大，不过高速缓冲存储器均由静态 RAM 组成，结构较复杂，在 CPU 芯片面积不能太大的情况下，一级高速缓存的容量不可能做得太大。一般服务器 CPU 的一级缓存的容量通常在 32～256KB。

L2 Cache（二级缓存）是 CPU 的第二层高速缓存，分内部和外部两种芯片。内部的芯片二级缓存运行速度与主频相同，而外部的二级缓存则只有主频的一半。二级高速缓存容量也会影响 CPU 的性能，原则是越大越好，以前家庭用 CPU 容量最大的是 512 KB，现在笔记本电脑中也可以达到 2 MB；而服务器和工作站上所用 CPU 的二级高速缓存更高，可以达到 8 MB 以上。

L3 Cache（三级缓存）分为两种，早期的是外置，现在的都是内置的。三级缓存的应用可以进一步降低内存延迟，同时提升大数据量计算时处理器的性能。降低内存延迟和提升大数据量计算能力对游戏都很有帮助，而在服务器领域增加三级缓存在性能方面也会有显著的提升。具有较大三级缓存的配置利用物理内存会更有效，故它比较慢的磁盘 I/O 子系统可以处理更多的数据请求。具有较大三级缓存的处理器提供了更有效的文件系统缓存行为及较短消息和处理器队列长度。

2007 年是 Tick 年，Intel 公司于 11 月份正式发布首款采用 45 nm 制程的处理器——Core 2 Extreme QX9650；2008 年是 Tock 年，Intel 公司在年底正式发布新一代的微架构处理器——Core i7（研发代号为 Nehalem）。Nehalem 处理器的缓存架构相对于之前的 Pentium 4、Core 2 产品，也有了较大的变化。随着 45 nm 制程的引入，Core 2 处理器的最大二级缓存已经达到 12MB，类似于 FSB。继续无休止地提升二级缓存并不一定能带来明显的效能改善，因此在 Core i7 上，就有了一个全新的缓存架构，如图 1-6。

图 1-6　Core i7 的三级缓存示意图

从 Core i7 的缓存架构示意图可以看出，它选用了共享三级缓存的方式来暂存数据。桌面级四核心处理器的产品具有 8 MB 三级缓存。4 个核心除了分享 8 MB 三级缓存外，每颗核心还单独具备 256 KB 的二级缓存，另外还为每颗核心配备了与 Core 架构极为类似的 64 KB 一级缓存。

7. 制造工艺

制造工艺是指集成芯片（IC）内电路与电路之间的距离。制造工艺的趋势是密集度越来越高。密集度越高的 IC 电路设计，意味着在同样大小面积的 IC 中，可以拥有密度更高、功能更复杂的电路设计。比较成熟的有 180 nm、130 nm、90 nm、65 nm、45 nm 的制造工艺，现在已经有 32 nm 的制造工艺了。

8. 多核心

多核心，也指单芯片多处理器（Chip Multiprocessors，CMP）。CMP 是由美国斯坦福大学提出的，其思想是将大规模并行处理器中的 SMP（对称多处理器）集成到同一芯片内，各个处理器并行执行不同的进程。与 CMP 比较，SMP 结构的灵活性比较突出。

但是，当半导体工艺进入0.18 μm以后，线延时已经超过了门延迟，要求微处理器的设计通过划分许多规模更小、局部性更好的基本单元结构来进行。相比之下，由于CMP结构已经被划分成多个处理器核来设计，每个核都比较简单，有利于优化设计，因此更有发展前途。目前，IBM公司的Power 4芯片和Sun公司的MAJC 5200芯片都采用了CMP结构。多核处理器可以在处理器内部共享缓存，提高缓存利用率，同时简化多处理器系统设计的复杂度。

1.2 主板

主板，又称为主机板（Mainboard）、系统板（Systemboard）或母板（Motherboard），它安装在机箱内，是微机最基本也是最重要的部件之一。主板一般为矩形电路板，上面安装了组成计算机的主要电路系统，一般有BIOS芯片、I/O控制芯片、键盘和面板控制开关接口、指示灯插接件、扩充插槽、主板及插卡的直流电源供电接插件等元件。主板的另一特点是采用了开放式结构。主板上大都有6~8个扩展插槽，供微机外围设备的控制卡（适配器）插接。通过更换这些插卡，可以对微机的相应子系统进行局部升级，使厂家和用户在配置机型方面有更大的灵活性。总之，主板在整个微机系统中扮演着举足轻重的角色。可以说，主板的类型和档次决定着整个微机系统的类型和档次，主板的性能影响着整个微机系统的性能。

1.2.1 主板结构

主板结构是根据主板上各元器件的布局、排列方式、尺寸大小、形状、所使用的电源规格等制定出的通用标准，所有主板厂商都必须遵循。由于主板是电脑中各种设备的连接载体，而这些设备是各不相同的，同时主板本身也有芯片组、各种I/O控制芯片、扩展插槽、扩展接口、电源插座等元器件，因此制定一个标准以协调各种设备的关系是必须的。

主板结构分为AT、Baby-AT、ATX、Micro ATX以及BTX等结构。其中，AT和Baby-AT是多年前的老主板结构，现在已经被淘汰。ATX是目前市场上最常见的主板结构，扩展插槽较多，PCI插槽数量在4~6个，大多数主板都采用此结构。Micro ATX又称Mini ATX，是ATX结构的简化版，扩展插槽较少，PCI插槽数量在3个或3个以下，多用于品牌机并配备小型机箱；而BTX则是Intel公司制定的最新一代主板结构，如图1-7所示。

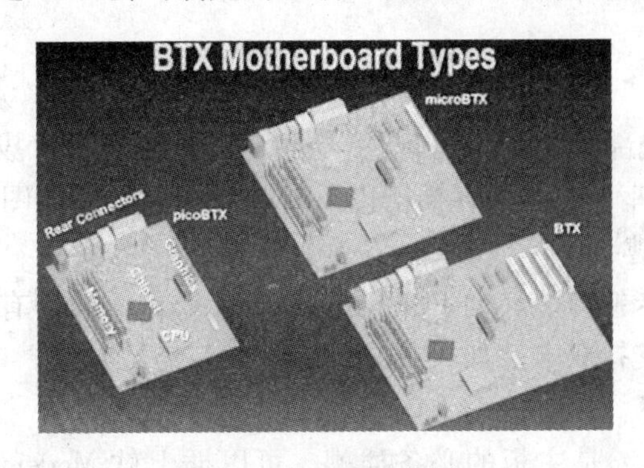

图1-7 BTX示意图

1.2.2 主板的构成

1. 芯片部分

(1) BIOS 芯片

BIOS 芯片是一块方块状的存储器，里面存有与该主板搭配的基本输入输出系统程序。能够让主板识别各种硬件，还可以设置引导系统的设备，调整 CPU 外频等。BIOS 芯片是可以写入的，从而方便用户更新 BIOS 的版本，以获取更好的性能及对电脑最新硬件的支持，当然不利的一面便是会让主板遭受诸如 CIH 病毒的袭击。

(2) 南北桥芯片

横跨 AGP 插槽左右两边的两块芯片就是南北桥芯片。南桥多位于 PCI 插槽的上面；而 CPU 插槽旁边，被散热片盖住的就是北桥芯片。芯片组以北桥芯片为核心，一般情况下，主板都是以北桥的核心名称命名的，如 P45 的主板就是用的 P45 的北桥芯片。北桥芯片主要负责处理 CPU、内存、显卡三者间的数据交流，由于发热量较大，因而需要散热片散热。南桥芯片则负责硬盘等存储设备和 PCI 之间的数据流通。南桥和北桥合称芯片组。芯片组在很大程度上决定了主板的功能和性能。需要注意的是，AMD 平台中部分芯片组因 AMD CPU 内置内存控制器，可采取单芯片的方式。现在某些主板上的芯片组是将南北桥芯片封装到一起，只有一个芯片，这样会减小体积，并大大提高芯片组的功能。常见的 ATX 主板如图 1-8 所示。

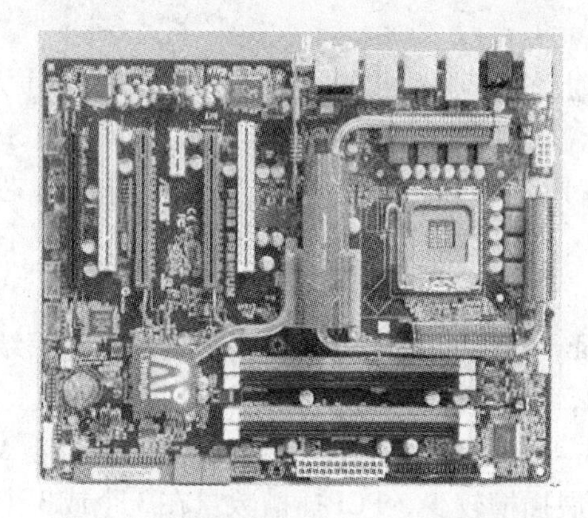

图 1-8　华硕 X－48 是 ATX 标准大板

2. 扩展槽部分

(1) 内存插槽

“插拔部分”是指这部分的配件可以用“插”来安装，用“拔”来反安装，如内存插槽，它一般位于 CPU 插座下方。内存插槽以及 IDE 和电源插槽如图 1-9 所示。

(2) PCI-Express 插槽

目前主流主板上显卡接口多转向 PCI-Exprss。PCI-Exprss 插槽有 1×、2×、4×、8×和 16×之分。目前主板多支持双卡，如 NVIDIA SLI/ ATI 交叉火力。

(3) PCI 插槽

PCI 插槽多为乳白色，是主板的必备插槽，可以插上软 Modem（调制解调器）、声卡、股票接受卡、网卡、多功能卡等设备。PCI 和 PCI-Express 插槽如图 1-10 所示。

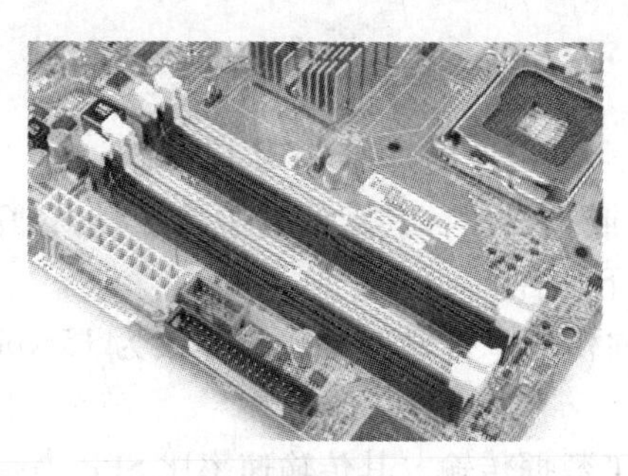

图 1-9　内存插槽以及 IDE 和电源插槽

图 1-10　PCI 和 PCI - Express 插槽

（4）硬盘接口

硬盘接口可分为 IDE 接口和 SATA 接口。在型号老些的主板上，多集成两个 IDE 口，通常 IDE 接口都位于 PCI 插槽下方；而新型主板上的 IDE 接口大多被缩减，甚至没有，取而代之的是 SATA 接口。

SATA 的全称是 Serial Advanced Technology Attachment（串行高级技术附件），它是一种基于行业标准的串行硬件驱动器接口，是由 Intel、IBM、Dell、APT、Maxtor 和 Seagate 公司共同提出的硬盘接口规范。在 IDF Fall 2001 大会上，Seagate 公司宣布了 SATA 1.0 标准，正式宣告了 SATA 规范的确立。SATA 规范将硬盘的外部传输速率理论值提高到了150 MB/s，比 PATA 标准 ATA/100 高出 50%，比 ATA/133 也要高出约 13%，而随着未来后续版本的发展，SATA 接口的速率还可扩展到其 2～4 倍（300 MB/s 和 600 MB/s）。从其发展计划来看，未来的 SATA 也将通过提升时钟频率来提高接口传输速率，让硬盘也能够超频。

3. 对外接口部分

（1）COM 接口（串口）

大多数主板都提供了两个 COM 接口，分别为 COM1 和 COM2，作用是连接串行鼠标和外置 Modem 等设备。COM1 接口的 I/O 地址是 03F8h～03FFh，中断号是 IRQ4；COM2 接口的 I/O 地址是 02F8h～02FFh，中断号是 IRQ3。由此可见，COM2 接口比 COM1 接口的响应具有优先权。COM 接口现在已经很少用了，但是依然保留。

（2）PS/2 接口

PS/2 接口的功能比较单一，仅能用于连接键盘和鼠标。一般情况下，鼠标的接口为绿色，键盘的接口为紫色。PS/2 接口的传输速率比 COM 接口稍快一些，是应用较为广泛的接口之一。现在很多主板上面都只是保留一个键盘接口，而采用 USB 接口作为鼠标的接口。

（3）USB 接口

USB 接口是现在最为流行的接口，最大可以支持 127 个外设，并且可以独立供电，其应用非常广泛。USB 接口可以从主板上获得 500 mA 的电流，支持热插拔，真正做到了即插即用。一个 USB 接口可同时支持高速和低速 USB 外设的访问，由一条 4 芯电缆连接，其中两条是正负电源，另外两条是数据传输线。高速外设的传输速率为 12 Mbit/s，低速外设的传输速率为 1.5 Mbit/s。此外，USB 2.0 标准最高传输速率可达 480 Mbit/s。下一代 USB 接口标准将是 USB 3.0。

（4）声音的输出接口

由于现在的声卡多数集成在主板上面，所以绝大多数主板上有 5.1 声道、7.1 声道的输出接口。

(5) 其他对外接口

还有一些接口只是在少数主板上才可以看到，如 LPT 接口和 MIDI 接口。

1) LPT 接口（并口）。一般用来连接打印机或扫描仪，其默认的中断号是 IRQ7，采用 25 针的 DB - 25 接头。并口的工作模式主要有以下 3 种。

- SPP 标准工作模式：SPP 数据是半双工单向传输，传输速率较慢，仅为 15 kbit/s，但应用较为广泛，一般设为默认的工作模式。
- EPP 增强型工作模式：EPP 采用双向半双工数据传输，其传输速率比 SPP 高很多，可达 2 Mbit/s，目前已有不少外设使用此工作模式。
- ECP 扩充型工作模式：ECP 采用双向全双工数据传输，传输速率比 EPP 还要高一些，但支持的设备不多。

2) MIDI 接口。声卡的 MIDI 接口和游戏杆接口是共用的。接口中的两个针脚用来传送 MIDI 信号，可连接各种 MIDI 设备，如电子键盘等。

计算机的对外接口常出现在机箱的背部，如图 1-11 所示。

图 1-11　计算机背部的对外接口

1.2.3　芯片组

如果说 CPU 是计算机的心脏，那么把芯片组称为计算机的灵魂一点不为过。“芯片组”一词是从英语“Chip”和“Set”两个单词组合而成的 Chipsets 翻译过来的，它们是组成计算机主板的一组非常重要的芯片，是主板的核心组成部分，芯片组通常由 1 ~ 3 块集成电路组成。按照其在主板上的位置的不同，通常分为北桥芯片和南桥芯片。北桥芯片提供对 CPU 的类型和主频、内存的类型和最大容量、ISA/PCI/AGP 插槽、ECC 纠错等支持。南桥芯片则提供对 KBC（键盘控制器）、RTC（实时时钟控制器）、USB（通用串行总线）、硬盘和 ACPI（高级能源管理）等的支持。其中北桥芯片起主导性作用，也称为主桥（Host Bridge）。

到目前为止，能够生产芯片组的厂家有 Intel（美国英特尔）、VIA（中国台湾威盛）、SiS（中国台湾矽统科技）、ULI（中国台湾宇力）、Ali（中国台湾扬智）、AMD（美国超微）、NVIDIA（美国英伟达）、ATI（加拿大公司，已被 AMD 收购）等公司，其中以 Intel、NVIDIA 和 AMD - ATI 的芯片组最为常见。

1. Intel 公司的芯片组

Intel 公司从 Pentium 时代起就提供了性能优越的芯片组系列，其型号最为齐全，也最为复杂。Intel 公司通过芯片组的开发和生产不但优化了 PC 的整体性能，而且还指定了一系列新标准。例如，AGP、PCI Ultra DMA/33 等，有利地推动了 Inter CPU 的市场销售，巩固了 Intel 公司在 PC 市场上领头羊的位置。所以作为最大的 CPU 生产厂家，Inter 公司对芯片组的研发和生产也是极为重视的。

早年，Intel 公司生产的芯片组中有著名的 BX440，有 810 系列、815 系列、845 系列、865/875 系列、915/925 系列、945/955 系列和 965/975 系列等。这些芯片组所构成的主板目前可以在二手市场上看到。随着计算机技术的不断进步，芯片组也在不断地更新换代。对于前面的芯片组不需做过多的介绍，我们就从 Intel 3 系列开始。Intel 3 系列芯片组的开发代号是“Bearlake（熊湖）”，其市场定位如图 1-12 所示。伴随着每一次芯片组的更新就有新的技术问世，Bearlake 芯片组有八大重要改进。

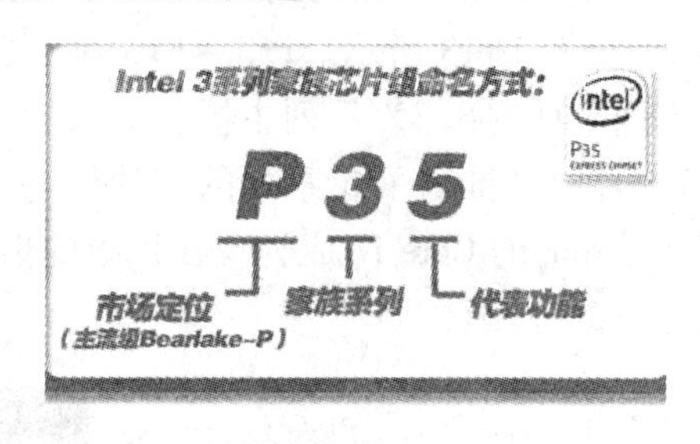

图1-12　Intel 3 系列芯片组市场定位图

1）支持 45nm 的 Penryn 核心处理器。

2）Bearlake 是首个支持 1333MHz 前端总线的桌面级芯片组产品。

3）同时内建 DDR2 和 DDR3 的内存控制器。

4）Bearlake - X 的芯片组率先升级至 PCI - Express 2.0 规格，其每组 Lanes 的单向内部连接速度将由 2.5 Gbit/s 提升至 5 Gbit/s，带宽提升一倍。

5）搭配全新的 ICH9 南桥，去除 PS/2 口。ICH9 新南桥也将分为 ICH9、ICH9R、ICH9DO、ICH9DH 共 4 个版本，与目前的 965 和 ICH8 类似。

6）新一代整合显示核心。Bearlake - G + 真正地硬件支持 Direct X10 规格的 IGP 晶片组，而 G965 及 Bearlake - G 只有软件支持。

7）Bearlake - X 支持完整双 x16 设计，减少因带宽出现“瓶项”的机会。过去 955 只能工作在 x16 + 4X 模式下，而 975X 工作在双 8X 模式下。

8）英特尔首款采用 65nm 工艺的芯片组产品，进一步降低了成本。

- 高端旗舰：X38（替代 975X）。
- 中端主流：P35（替代 P965）。
- 高端整合：G35，首款支持 DX10（替代 G965）。
- 中端整合：G33（替代 945G）。
- 低端整合：G31（替代 946GZ、945GV）。

与之搭配的南桥芯片是 ICH9。ICH9 的重要改进如下。

1）它是首颗内建千兆网卡的南桥芯片。

2）支持 PCI Express 2.0，双倍于目前 PCI Express 的带宽。

3）支持 12 个 USB 2.0 接口，比 ICH8 的 10 个又增加了 2 个。

2008 年，Intel 公司推出了 4 系列芯片组，在普通的台式机平台，包括了两款非整合芯片组 P45、P43 以及 3 款整合芯片组 G45、G43、G41。在性能与规格上，P45 和 G45 分别是两类芯片组中最高的。P45 芯片组在 2008 年可谓大红大紫，虽然在年中才发布，可是其占领市场的速度却是非常之快。目前最为流行的是 4 系列的芯片组，4X（41/43/45/48）系列在 3X 系列的基础上将前端总线从 1333 MHz 提高到 1600 MHz，还加入了 DDR3-1600 的支持，搭配南桥为 ICH10 或 ICH10R，如图 1-13 所示。PCI - Express 也由 1.0 提高到了 2.0，并且支持多卡互连，在整体性能方面全面胜出 3X 系列主板。

为了迎接“Core 7”，Intel 公司又推出了 5 系列的芯片组——5X（51/53/55/58）系列。目前只有 X58 主板上市，搭配 45nm 的 Core i7 成为现在顶级的桌面平台。从图 1-14 中就可以看出芯片组的作用以及南北桥的分工。

图 1-13　P45 北桥和 ICH10 南桥

图 1-14　南北桥的分工

在许多用户看来，Intel 5 系列芯片组显然是 4 系列芯片组的升级产品，用来取代目前 4 系列芯片组在市场中的地位。这一说法并不准确，此次的 5 系列芯片组不仅仅是芯片组的一次简单升级，更重要的是其将会带来主板设计架构的一次革命性变革。

目前整个 5 系列芯片组产品只有 X58 一款产品问世，Intel X58 芯片组相对 X48 芯片组来说，有许多方面的改进：在北桥方面，Intel X58 芯片组支持最新的 LGA1366 Core i7 系列处理器，而 Intel X48 芯片组支持上一代的 LGA775 Core 2 系列处理器；此外，由于 Intel Core i7 系列处理器采用了新的 QPI（Quick Path Interconnect）总线设计，QPI 的每一个链接均为全双工，提供 6.4GB/s 的带宽，而每一个 2 字节宽度的链接在每个方向可以得到 12.8 GB/s 的带宽，从而使得一个单一的 QPI 链接就能够提供 25.6GB/s 的带宽，是 LGA775 平台架构的 2 倍。Intel 公司一向是先发布高端平台，吸引人们的注意力，然后再慢慢地开发中低端平台，这次也不例外，高端的 X58 平台在 2008 年 11 月就发布了，而中低端的 P55 平台也在

2009 年发布，但这两个平台也并不兼容，X58 平台使用的是 LGA 1366 封装，而中低端的平台则使用的是 LGA 1156 平台。

在 5 系列芯片组之前，Intel 公司同一系列的芯片组都支持同一接口的处理器。例如，无论是 3 系列还是 4 系列芯片组，都可以支持 LGA775 接口的处理器。自 P55 芯片组的推出，打破了这一惯例，Intel P55 芯片组将不能支持 LGA1366 处理器，而只能够支持 LGA1156 接口的处理器。桌面级别的 LGA1156 处理器有两款：未集成 GPU 的 45nm 四核心 Lynnfield 处理器和集成了 GPU 的 32nm 双核心 Clarkdale 处理器。此外，Intel P55 芯片组采用的是 DMI 总线，与 X58 采用的 PQI 总线不同，并且由于 LGA1156 处理器只集成了双通道内存控制器，因此 P55 芯片组只支持双通道 DDR3 内存。

根据 Intel 公司的计划，P55 芯片组要到 2009 年下半年才会与 LGA1156 处理器同步上市，也就是意味着在 P55 芯片组上市之前，市场上仍然以 P45 芯片组为主流。X48 芯片组在 X58 芯片组推出之后便已经逐步退出市场；P45 芯片组在 P55 芯片组推出之后也会逐步退出市场，低端市场将会由 P43 芯片组接替。整合芯片组方面，目前市面上的 G45 和 G43 整合芯片组产品在集成了 GPU 的 32 nm 双核心 Clarkdale 处理器问世之后，也会逐步退出市场，低端的 G41 仍然会在低端市场占据一席之地。

对于 Intel 公司的芯片组有几个专用的字母是需要知道的。

- P：popular 主流（如 P35、P45）。
- M：mobile 移动。
- G：graphic 集成显示核心（如 G31、G35、G41、G43、G45 等）。
- Q：商业。
- X：extreme 顶级（如 X48、X58）。

2. AMD-ATI 芯片组

其实，AMD 公司最早生产的芯片组只供自己做科研使用，很少流入市场。2006 年，AMD 公司用 54 亿美元收购著名的图形芯片生产厂商 ATI 公司，从而完成角色的转换。AMD 成为世界上第一个比较全面的公司，既生产 CPU，也生产芯片组和显卡。

收购 ATI 公司不久，利用 ATI 公司的资源，AMD 公司推出了 AMD 690 系列芯片组。2007 年底，AMD 公司推出了 7 系列芯片组。根据定位不同，从高到低，分别是 A790FX、A790X 和 A770（A790FX 支持交叉火力技术，A790X 支持双卡交叉火力技术）。AMD 770 芯片组在规格上支持 HyperTransport 3.0 传输总线，最新的 PCI-Express 2.0 规格也引入到该平台中来。770 芯片组采用 65nm 制程制造，由 TSMC 台积电公司代工，同样支持 AMD Socket AM2 +/AM2 Phenom，Athlon 及 Sempron 处理器，4 条双通道 DIMMs DDRII 533/667/800/1066 内存，容量最高可达 8 GB。相对于此前的入门级 570X，AMD 770 的最大亮点是支持 HyperTransport 3.0 以及 PCI-Express 2.0。值得注意的是，AMD 770 原本不支持 CrossFire 双卡并连模式，但不少厂商却通过破解，把芯片组的 20 条 PCI-Express 通道资源合理地分配给两个 PCI-Express 插槽，从而打开只有高端芯片组才具备的 CrossFire 功能，令 AMD 770 的性价比提升不少。

AMD 公司发布的 7 系列芯片组是第一款 AMD 独立型芯片组。AMD 公司对 7 系列芯片组进行了进一步的市场划分，包含了 790FX、790X 和 770 共 3 款分别不同型号的产品，分别针对发烧友、高性能和主流市场。这 3 款芯片组的市场定位非常明确，不过自 AMD 7 系列芯片组推出至今，最为常见的还是790FX和770两款产品，790X相对来说市场的能见度很低。总的来说，AMD 7系列芯片组首先抢占了市场先机，此外凭借着AMD平台化概念的成功推广，与NVIDIA公司的同类产品相比都具有非常明显的优势，也得到了广大用户的认可。

整合芯片组方面，2008年初推出的AMD 780G芯片组，是业内第一款支持DirectX 10的整合芯片组产品，再一次抢占了市场先机。AMD 780G整合芯片组搭配了全新设计的SB700南桥，其架构如图1-15所示。

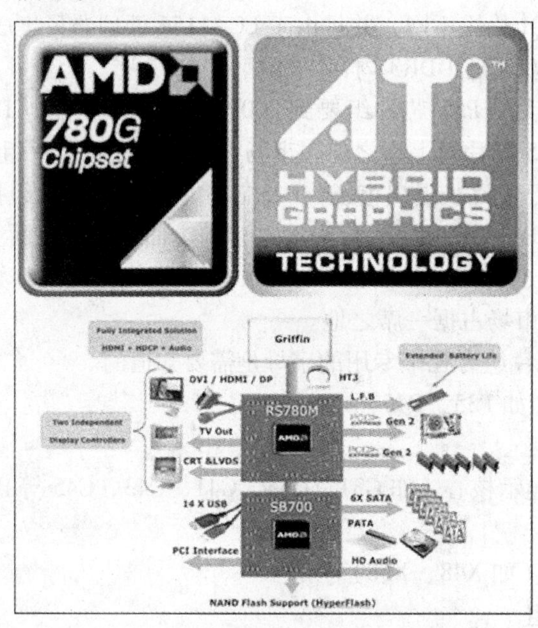

图1-15　AMD的780G芯片组架构图

AMD 790GX芯片组的推出，是将AMD 790X和AMD 780G芯片组的精华进行融合并加以增强后的产品，对AMD整合芯片组的发展起到了锦上添花的作用。AMD公司已于2009年2月发布了下一代的AM3接口处理器，因此与之相配套的主板芯片组自然而然地成为了大家所关注的焦点。由于AM3接口处理器可以做到向下兼容，也就是说现有的7系列芯片组可以通过升级BIOS来支持AM3接口处理器。2009年第二季度，AMD公司发布全新设计的8系列芯片组，包括两款产品，研发代号分别为RD890和RS880。

RD890用来接替目前RD790在市场中的地位。RD890针对高端用户设计，支持DDR3内存，主要用来搭配高端的四核AM3接口处理器使用，支持Hypertransport 3.0总线，将拥有十分强悍的超频性能，并且支持第二代PCI - Express规格，不整合显示核心。南桥方面，2009年AMD公司推出全新设计的SB800南桥，来搭配8系列芯片组使用。SB800南桥在SB750的基础上进行了很大幅度的改进，包括了升级南北桥连接总线的规格、集成PCI - Express 2.0总线控制器、集成千兆以太网控制器、自带时钟发生器、支持AHCI 1.2规范以及增加USB接口数量等。

整合芯片组方面，在RS880发布之前，780G和790GX将会同时存在于市场，不过780G主要是支持AM2 + 接口处理器的居多，790GX目前已经有许多厂商推出了支持DDR3内存的版本；待RS880芯片组发布之后，780G将会逐渐退出市场，RS880芯片组将会成为整合芯片组市场中的主流。不过按照 AMD 公司的规划，790GX 的市场定位要比 RS880 高一些，因此仍然会存在于市场之中。

2007 年 11 月 20 日，AMD 公司正式发布 Spider（蜘蛛）平台，这一备受瞩目的平台包括 AMD Phenom（羿龙）系列原生四核处理器、ATi Radeon HD 3800 系列显卡和 AMD 7 系列桌面型芯片组，如图 1-16 所示。

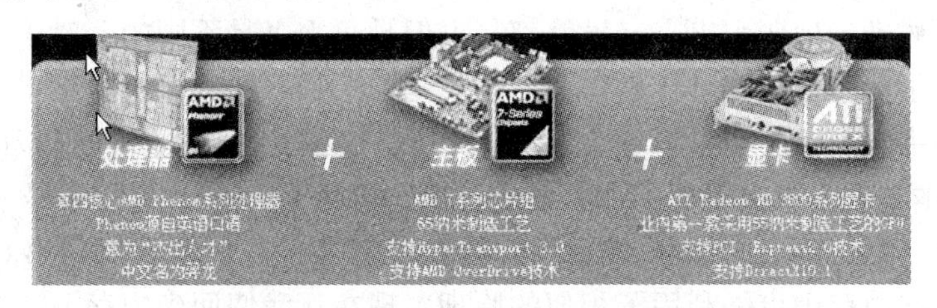

图 1-16　AMD Spider 平台的构成要素

值得关注的是，AMD 公司这次是把新一代的处理器、显卡和芯片组一起发布，也意味着系统平台已经从单个产品逐步走向整套的方案。我们已经知道，NVIDIA 公司拥有强大的显卡和主板的设计能力，但不生产处理器产品；Intel 公司能够制造强劲的处理器和主板，却没有独立的显卡产品；而至目前为止，同时拥有 CPU、Chipset、Graphics 业务的厂商就仅仅只有 AMD 公司一家，AMD 公司已成为世界上第一家可以提供 CPU、独立显卡以及主板整体解决方案的厂商。因此在计算机市场上选配机器的时候常常能听到 3A 平台的说法。

2009 年元月，AMD 第二代 3A 平台——Dragon 平台问世了。Dragon 平台翻译成中文为“龙”平台。全新“龙”平台展现了比“蜘蛛”平台更强大的性能。而根据 AMD 官方资料显示，相比“蜘蛛”平台，“龙”平台日常应用性能提升达到 20% ~ 40%，游戏性能提升幅度更超过 100%。AMD 借助两套 3A 平台的优势，在主流市场上获得了越来越多用户的认可。

图 1-17　全新的“龙”平台

如图 1-17 所示，“龙”平台由 Phenom Ⅱ 四核处理器 + HD 4800 系列显卡 + AMD 7 系列芯片组组建而成。得益于各个配件本身就已十分强大的性能，在进一步的融合之后，整套平台通过 BIOS 及 AMD 的软件进行进一步的优化设置，从而达到更高的效能，为用户提供强有力的性能保证，足以满足用户各种应用的运行。随着 AMD 新一代产品 Radeon HD 4800 系列显卡的上市，以及 Phenom II 处理器的推出，AMD 在“蜘蛛”平台的基础上再次将整个平台的性能提升到新的高度。

1.3　计算机中的存储器

计算机中的存储器根据工作原理的不同，可以分成内存、硬盘和光驱 3 种。

1.3.1　内存

内存是用于存放数据与指令的半导体存储单元，包括 RAM（随机存取存储器）、ROM

（只读存储器）及 Cache（高速缓存）3 部分。其中，又以 RAM 为最重要，所以人们把既能读又能写的 RAM 直接称为内存，其英文全称是 Random Access Memory。在计算机系统的运行中，内存的作用相当于一个中转站。

内存的主要作用是存储代码和数据供 CPU 在需要的时候调用。但是这些数据并不是像用木桶盛水那么简单，而是类似图书馆中用有格子的书架存放书籍一样，不但要放进去还要能够在需要的时候准确地调用出来，虽然都是书但是每本书是不同的，对于内存等存储器来说也是一样的。虽然存储的都是代表 0 和 1 的代码，但是不同的组合就是不同的数据。让我们重新回到书和书架上来。如果有一个书架上有 10 行和 10 列格子（每行和每列都用 0～9 编号），有 100 本书要存放在里面，那么使用一个行的编号和一个列的编号就能确定某一本书的位置。如果已知这本书的编号 36，那么首先锁定第 3 行，然后找到第 6 列就能准确地找到这本书了。在内存中也是利用了相似的原理。现在让我们回到内存上，对于它而言，数据总线是用来传入数据或者传出数据的。因为存储器中的存储空间是像前面提到的存放图书的书架一样通过一定的规则来定义的，所以可以通过这个规则来把数据存放到存储器上相应的位置，而进行这种定位的工作就要依靠地址总线来实现了。

下面详细介绍内存的结构。

（1）PCB

PCB（印制电路板）是构成内存条的基础，长条形的外观也是内存被称为“内存条”的直接原因。作为连接内存颗粒的物质载体，PCB 的质量直接影响到内存的稳定性。一般要求是 6 层板。

（2）内存颗粒

内存颗粒是内存条的核心。现在世面上流行的大容量内存条，一般每一面有 8 颗内存颗粒，和内存条的长方向垂直，直接焊接在 PCB 上。内存条是单面还是双面，决定了一根内存条上的内存颗粒总数是 8 颗还是 16 颗。有的内存条上一面就有 9 颗内存颗粒，多出来的一颗是用来做 ECC 奇偶校验的，这样的内存条也就叫 ECC 内存条。与 CPU 相同，内存颗粒上都印刷有生产厂家、编号等信息。从编号中，可以看出内存颗粒的容量、数据宽度、工作速度、工作电压等重要参数。用容量乘以内存颗粒的数量，就可以得到整根内存条容量的大小。内存的数据宽度，决定了内存配合 CPU 工作的方式。

（3）SPD 芯片

SPD（Serial Presence Detect，连续存在侦测）芯片里面记录了内存工作的最基本的参数，主板启动对内存进行检查时可以根据其中的信息调整内存的读写等待时间等工作状态。

（4）引脚数目

内存条的插入部分都是镀金的，以保证良好的接触性和电气性能。因此，内存条的引脚也称为“金手指”。SDRAM 内存条有 168 个金手指；DDR 内存条有 184 个金手指；DDR2 有 240 个金手指。

什么是 DDR（Double Data Rate）内存条？DDR SDRAM 内存是由三星公司提出，再由日电、三菱、富士通、东芝、日立、德州仪器、现代等 8 家公司共同制定的内存规范，它得到了 AMD、VIA 与 SiS 公司等主要芯片组厂商的支持。由于该技术无需授权费用，生产技术成熟，价格便宜，加之性能优良，现在已逐渐成为内存的主流。这种内存采用了 DLL（Delay Locked Loop，延时锁相环）技术对数据进行精确定位，在时钟的上升沿和下降沿都可传输数据，这样在不提高时钟频率的前提条件下，就可以达到SDRAM的双倍传输速率。

DDR2 SDRAM是由JEDEC（电子设备工程联合委员会）进行开发的新生代内存技术标准，它与上一代DDR内存技术标准最大的不同就是，虽然同样采用了在时钟的上升/下降沿同时进行数据传输的基本方式，但DDR2内存却拥有两倍于上一代DDR内存预读取能力(即4位数据读预取)。换句话说，DDR2内存每个时钟能够以4倍外部总线的速度读/写数据，并且能够以内部控制总线4倍的速度运行。DDR2的部分参数见表1-4。

表1-4　DDR2部分参数

DDR2规格	核心频率/MHz	总线频率/MHz	等效传输频率/MHz	数据传输率/MB/s
DDR2 400	100	200	400	3200
DDR2 533	133	266	533	4300
DDR2 667	166	333	667	5300
DDR2 800	200	400	800	64001

现在人们逐步走入DDR3时代。DDR3相比于DDR2有更低的工作电压，性能更好更为省电；DDR2的4位预读升级为8位预读。DDR3目前最高能够达到1600 MHz的频率，由于目前最为快速的DDR2内存频率已经提升到800 MHz/1066 MHz，因而首批DDR3内存模组将会从1333 MHz开始起跳。同品牌的DDR2和DDR3对比如图1-18所示。

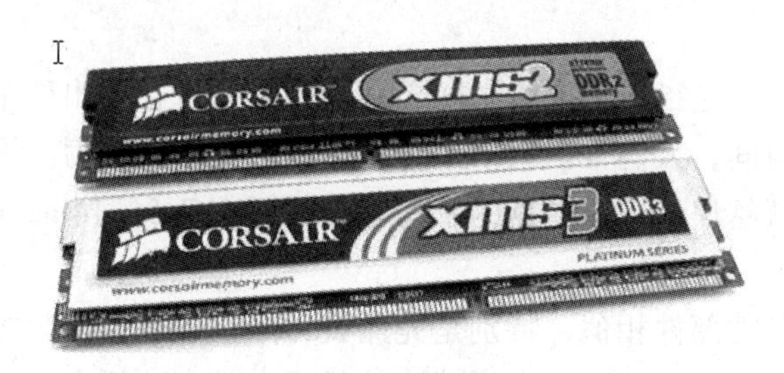

图1-18　海盗船DDR2和DDR3

1.3.2　硬盘

硬盘（Hard-Disk，HD）是计算机系统中极为重要的设备，存储着大量的用户资料和信息。如果说内存是计算机数据中转站的话，那么硬盘就可以看成是计算机存放数据的仓库。计算机的硬盘主要由碟片、磁头、磁头臂、磁头臂服务定位系统和底层电路板、数据保护系统以及接口等组成，如图1-19所示。硬盘是一种采用磁介质的数据存储设备，数据存储在密封于洁净的硬盘驱动器内腔的若干磁盘片上。这些盘片一般是在以铝为主要成分的片基表面涂上磁性介质所形成，在磁盘片的每一面上，以转动轴为轴心、以一定的磁密度为间隔的若干同心圆就被划分成磁道（Track），每个磁道又被划分为若干扇区（Sector），数据就按扇区存放在硬盘上。在每一面上都相应地有一个读写磁头（Head），所以不同磁头的所有相

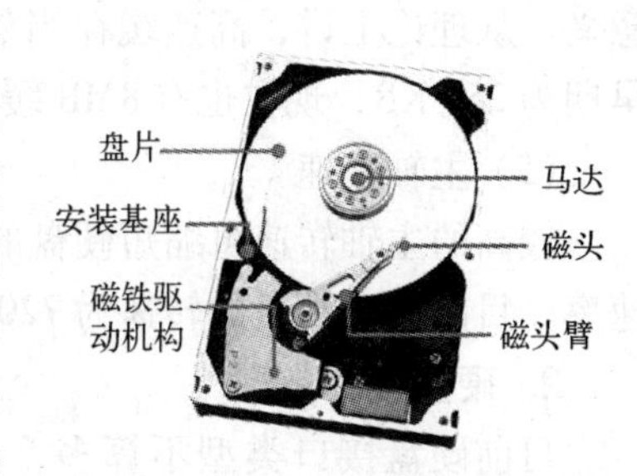

图1-19　硬盘内部结构示意图

同位置的磁道就构成了所谓的柱面（Cylinder）。传统的硬盘读写都是以柱面、磁头、扇区为寻址方式的（CHS 寻址）。硬盘在上电后保持高速旋转（5400 rad/min 以上），位于磁头臂上的磁头悬浮在磁盘表面，可以通过步进电机在不同柱面之间移动，对不同的柱面进行读写。

1. 基本参数

计算机硬盘的技术指标主要围绕在盘片大小、盘片多少、单碟容量、磁盘转速、磁头技术、服务定位系统、接口、缓存、噪音和 S. M. A. R. T. [⊖] 等参数上。硬盘的参数不多，主要有容量、传输率、寻道时间、高速缓存、主轴转速、单碟容量、柱面数、磁头数、扇区数等。

（1）硬盘容量

硬盘容量常以兆字节（MB，一百万字节）和千兆字节（GB，十亿字节）为单位，IBM 公司生产的第一片硬盘才 50 MB，如今已经有数百 GB 的硬盘上市了。

（2）数据传输率

硬盘的数据传输率是衡量硬盘速度的一个重要参数，它与硬盘的转速、接口类型、系统总线类型有很大关系，它是指计算机从硬盘中准确找到相应数据并传输到内存的速率，以每秒可传输多少兆字节（MB/s）来衡量，IDE 接口目前最高的是 133 MB/s，SATA 已经达到了 150 MB/s，SATA II 达到了 300 MB/s。

（3）寻道时间

这里的寻道时间主要是指平均寻道时间，它是指计算机在发出一个寻址命令，到相应目标数据被找到所需的时间，人们常以它来描述硬盘读取数据的能力。平均寻道时间越小，硬盘的运行速度相应也就越快。一般硬盘的平均寻道时间在 7. 5 ~ 14 ms。

（4）高速缓存

硬盘与计算机的其他部件相似，特别是光储类，硬盘也通过将数据暂存在一个比其磁盘速度快得多的缓冲区来提高速度，这个缓冲区就是硬盘的高速缓存。硬盘上的高速缓存可大幅度提高硬盘存取速度，这是由于目前硬盘上的所有读写动作几乎都是机械式的，真正完成一个读取动作大约需要 10 ms 以上；而在高速缓存中的读取动作是电子式的，同样完成一个读取动作只需要大约 50 ns。由此可见，高速缓存对大幅度提高硬盘的速度有着非常重要的意义。从理论上讲，高速缓存当然是越大越好，但鉴于成本较高，缓存目前一般为 2 MB，早期为 256 KB，现在也有 8MB 缓存的普通硬盘。

（5）主轴转速

较高的主轴转速可缩短硬盘的平均寻道时间和实际读写时间，从而提高硬盘的数据传输速率。目前主流硬盘的转速为 7200 rad/min。

2. 硬盘接口类型

目前硬盘接口类型不算多，主要有 IDE、SCSI、SATA 共 3 种。IDE 许多时候以 Ultra ATA 代之，很多人习惯将 Ultra ATA 硬盘称为 IDE 硬盘，但需要说明的是 IDE 的概念要大于

⊖ S. M. A. R. T. 是一种硬盘检测技术，现在的硬盘都具备这种检测技术。在 BIOS 中将其设置为“开启”，则当硬盘出现问题时，有该技术的硬盘就会给出提示。

ATA——原则上所有硬盘驱动器集成控制器的设计都属于IDE，SCSI也不例外。当然，以IDE指代ATA已经形成很大的惯性，SATA开始将IDE与ATA区别开来。成熟廉价的是IDE，最新兴的是SATA，稳定价高的SCSI。最早出现的是IDE接口，后来出现SCSI接口，主要面向服务器。如果仔细观察可以发现，最近计算机业界的系统总线都是朝串行发展，硬盘的接口总线SATA是个代表，包括已经顶替AGP接口的图形接口标准PCI-Express，都朝着串行方向发展。

（1）IDE接口

IDE（Integrated Drive Electronics）是早期的硬盘接口，属于并行接口。它经过数年的发展变得成熟、廉价、稳定。IDE接口使用一根40芯或80芯的扁平电缆连接硬盘与主板，每条线最多连接两个IDE设备（硬盘或光储），如图1-20所示。目前主板全部提供两个IDE接口，IDE接口又分为UDMA/33、UDMA/66、UDMA/100、UDMA/133。1996年底，昆腾和Intel公司共同开发了Ultra DMA/33的新型EIDE接口，因其数据传输率为33 MB/s，故称UDMA/33，后面的UDMA/66、UDMA/100、UDMA/133命名同上。Ultra DMA把时钟脉冲的上升和下降沿均用做选通信号，即每半个时钟周期传输一次数据，这就使得最大外部传输速率从16.6 MB/s倍增至33.3 MB/s。另外，Ultra DMA采用总线控制方式，在硬盘上有直接内存通道控制器，可大大降低硬盘在读写时对CPU的占用率，可将对CPU的占用率从92%降至52%，这也是Ultra DMA的一个重要作用。IDE线有40针，共80条线缆连接到主板（40根地线）。一条IDE线缆最多可以连接两台IDE设备，主要用来连接硬盘和CD、DVD光驱，并分为Master（主）和Slave（从）设备。这一设定主要靠设备上的跳线决定。

图1-20　IDE插槽和80芯IDE连接线

（2）SATA接口

SATA，即Serial-ATA（串行），用来代替传统的PATA（Parallel-ATA，并行）。第一代SATA已经逐渐普及，其理论最高传输速率可达到150 MB/s。线缆长度大约1 m。SATA具有更快的外部接口传输速率，数据校验措施更为完善，初步的传输速率已经达到了150 MB/s，比IDE最高的UDMA/133还高不少。由于改用线路相互之间干扰较小的串行线路进行信号传输，因此相比原来的并行总线，SATA的工作频率得到大大提升。虽然总线位宽较小，但SATA 1.0标准仍可达到150 MB/s，未来的SATA 2.0/3.0更可提升到300 MB/s以至600 MB/s，并且SATA具有更简洁方便的布局连线方式，在有限的机箱内，更有利于散热，简洁的连接方式使内部电磁干扰降低很多。SATA属于点对点连接，即硬盘直接连接到主板。其插槽和数据连接线如图1-21所示。

图 1-21　SATA 插槽和数据连接线

1.3.3 光驱

光驱是台式机里比较常见的一个配件。随着多媒体的应用越来越广泛，使得光驱在台式机诸多配件中已经成为标准配置。目前，光驱可分为 CD-ROM 驱动器、DVD 光驱（DVD-ROM）、康宝（COMBO）和刻录机等。

光盘借助一种非磁性记录介质，经激光照射后可形成小凹坑，每一凹坑为一位信息。这种介质的吸光能力强、熔点较低，在激光束的照射下，其照射区域由于温度升高而被熔化，在介质膜张力的作用下熔化部分被拉成一个凹坑，此凹坑可用来表示一位信息。因此，可根据凹坑和未烧蚀区对光反射能力的差异，利用激光读出信息。工作时，将主机送来的数据经编码后送入光调制器，调制激光源输出光束的强弱，用以表示数据 1 和 0；再将调制后的激光束通过光路写入系统到物镜聚焦，使光束成为 1 大小的光点射到记录介质上，用凹坑代表 1，无坑代表 0。读取信息时，激光束的功率为写入时功率的 1/10 即可。读光束为未调制的连续波，经光路系统后，也在记录介质上聚焦成小光点。无凹处，入射光大部分返回；在凹处，由于坑深使得反射光与入射光抵消而不返回。这样，根据光束反射能力的差异将记录在介质上的“1”和“0”信息读出。

1. CD-ROM 光驱

CD-ROM 光驱又称为致密盘只读存储器，是一种只读的光存储介质。它是利用原本用于音频 CD 的 CD-DA（Digital Audio）格式发展起来的。CD-ROM 盘不大，直径只有 120 mm。其中心有一个 15 mm 直径的孔，盘片外沿有一个 1 mm 宽的无数据环，环绕中心孔的13.5 mm 内环也不存放任何数据。事实上，盘片上真正存放数据的空间只有 38 mm 宽。盘片由 1.6 mm 宽的磁道和 1.0 μm 宽的螺旋构成，数据被记录在具有不同长度的凹槽和凸起上，而载有这些凹槽和凸起的螺旋达到了 5 km 长，这种记录数据的方式，是与软盘、硬盘记录数据方式的一个重要差别。

2. DVD 光驱

DVD 最初的含义是数字视频光盘，从本质上说，它是一种超级的高密度光盘。与 CD-ROM 盘相比，DVD 使用波长更短的红色激光，可读取更小的凹坑和更密的光道。因此使用同样大小的光盘，CD-ROM 盘可存储 680 MB 的数据，而 DVD 却可存储 4.7 GB 的数据，相当于 7 张 CD-ROM 盘的总容量。除了兼容 DVD-ROM、DVD-VIDEO、DVD-R、CD-ROM 等常见的格式外，对于 CD-R/RW、CD-I、VIDEO-CD、CD-G 等都能很好地支持。

一般现在的 DVD 用红色激光；HD-DVD、Blue ray 用蓝紫色激光。蓝紫色激光光盘的储存密度大得多，存储音量达到单碟双层 50 GB。HD-DVD 的存储容量为 30 GB。

3. COMBO 光驱

COMBO（中文称为“康宝”）光驱是一种集合了 CD 刻录、CD-ROM 和 DVD-ROM 为一体的多功能光存储产品。

4. 刻录光驱

刻录光驱包括 CD-R、CD-RW（W 代表可反复擦写）和 DVD 刻录机等，其中 DVD 刻录机又分 DVD + R、DVD-R、DVD + RW、DVD-RW 和 DVD-RAM。刻录机的外观和普通光驱差不多，只是其前置面板上通常都清楚地标识着写入、复写和读取 3 种速度。

下一代的 DVD 标准经过多年的竞争，在 2008 年的 3 月底有了最后的结果。随着东芝公司的退出，由索尼公司提出的蓝光 DVD 标准得到世界上一些大的娱乐公司的支持。蓝光是现今领先全球的下一个 DVD 标准。目前，蓝光放像/刻录机在日本市场的占有率是 95%，占据压倒性销售优势，在美国市场也已占领大半壁江山，并且还在上升，在美国蓝光光盘已达到 70% 的市场份额。在中国红光 DVD 占有一定的份额。

1.4 显示系统设备

1.4.1 显卡

显卡的主要作用是负责将 CPU 送来的影像数据，处理成显示器可以接受的格式，再送到显示屏上形成影像。显卡现在已经成为了电脑配件中最为重要的部分，特别是对于热衷游戏的玩家而言，一张性能不错的显卡更是电脑的必备硬件。而在选购一张显卡之时，往往会看到许多相关的显卡信息，从显卡参数上反映出来，显卡参数成为了消费者辨别一张显卡的快捷方式。

1. 常见的显卡参数

（1）显示核心

显示核心就是人们常说的 GPU，它在显卡中起到的作用就像电脑整机中的 CPU 一样，而 GPU 主要负责处理视频信息和 3D 渲染工作。在很大程度上，GPU 对一张显卡的性能好坏起到决定性的作用。

常见的显示芯片厂商有 ATI、NVIDIA、Intel、SiS、Matrox 和 3D Labs。其中 Intel 和 SiS 主要生产集成显示芯片，而 Matrox 和 3D Labs 则主要面向专业图形领域。目前主流的独立显卡芯片市场主要被两大派系占据，它们分别是 ATI 和 NVIDIA，而由于 ATI 现在已经被 AMD 收购，以后显卡市场上的争夺战，将由 AMD - ATI 和 NVIDIA 主演。

（2）核心代号

这是显示芯片的开发代号。制造商在对显示芯片设计时，为了方便批量生产、销售、管理以及驱动程序的统一，对一个系列的显示芯片给出了相应的代号。相同的核心代号，可以根据不同的市场定位，再对核心的架构或核心频率、搭配的显存颗粒进行控制，不同型号的显示芯片得以产生，从而可以满足不同的性能、价格和市场，起到细分产品线的目的。

（3）芯片型号

以芯片型号细分核心代号这种做法，还可以将当初生产出来、性能较弱的显卡芯片，通过屏蔽核心管线或降低显卡核心频率等方法，将其处理成完全合格的、较为低端的产品。例如，NVIDIA 的 GeForce 7300GT 和 7600GT 为两个型号的显卡，它们同样采用了代号为 G73 的显示核心，而为了区分两者的级别，7600GT 拥有 12 条渲染管线和 5 个顶点着色器，而 7300GT 则被缩减至 8 条渲染管线和 4 个顶点着色器。因此，虽然 7300GT 和 7600GT 同样采用了代号为 G73 的显示芯片，但两者仍然是有区别的。

（4）显存位宽

显存位宽是显存在一个时钟周期内所能传送数据的位数，位数越大则瞬间所能传输的数据量越大。常见的显存位宽有 64 位、128 位、256 位、320 位和 512 位，从显存位宽上也可以判断一张显卡的级别。通常来说，显存位宽越高的显卡级别越高。而一张显卡的显存位宽，一般是由显卡核心的显存位宽控制器决定的，因此就算搭配了 8 颗 16 M×32 bit 的 GDDR3 显存颗粒的 GeForce 8600GTS 显卡，其显存位宽也仅是 128 位，这是因为 GeForce 8600GTS 的核心已经规定了显存位宽的规格为 128 位。

（5）显存容量

显存容量越大，所能存储的数据就越多。而在这里，需要指出的是，并不是所有的显卡，显存容量越大就越好，现在有许多中低端显卡，如 GeForce 8500GT、GeForce 7300GT 都配备了 512 MB 的显存容量，其实这对中低端显卡的性能是没有任何影响的。打一个简单的比喻，你拿一个水杯到一个湖里打水，你打到多少的水不取决于这个湖的水量有多大，而是取决于你的水杯有多大。

（6）显存速度

常见的显卡参数中，还可以看见如“DDR3：1.4 ns”这类参数，这里的 DDR3 表示的则是显存类型，而后面的 1.4 ns 表示的则为显存速度。显存速度一般以 ns（纳秒）为单位，越小表示显存的速度越快，显存的性能越好。在目前常见的显存类型中，GDDR2 的显存速度为 4.0～2.0 ns，GDDR3 的显存速度为 2.0～0.8 ns，而目前最新的 GDDR4 技术，显存速度则由 0.9 ns 开始起跳。

（7）显存频率

显存频率也是最常见的显卡参数之一，它一定程度上反应着该显存的速度，以 MHz（兆赫兹）为单位。DDR 显存的理论工作频率计算公式是：显存理论工作频率 = 1000/显存速度 ×2。

2. 显卡芯片的主要厂家

目前市面上主流显卡的 GPU 生产厂商有两大家：NVIDIA 和 AMD-ATI。

1993 年，Jen-Hsun Huang（黄仁勋）、Curtis Priem 和 Chris Malachowsky 决定成立一个新的图形开发公司，在当时也许是一个很不起眼的事情，可是历史证明，从那时就已注定今天会出现一个举世闻名的显示芯片制造商——NVIDIA。他们当时的梦想也非常简单——研制世界最先进的图形加速芯片。

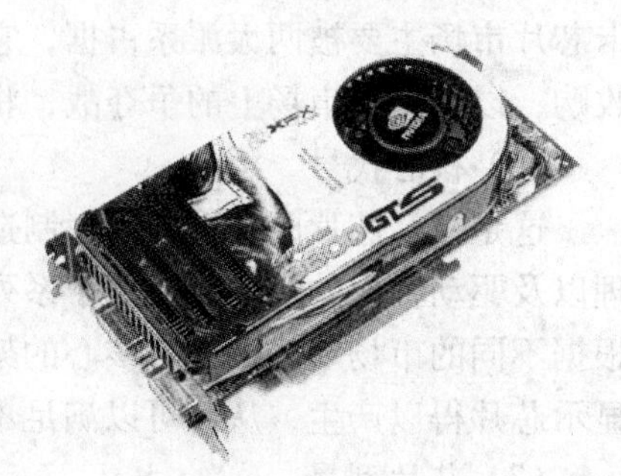
图 1-22　GeForce 8800GTS

2006 年 11 月 8 日，NVIDIA 公司推出了第八代，也是其第 4 代 PCI-Express 显卡——GeForce 8800GTX/GTS，如图 1-22 所示。DirectX 10 第一卡的美誉已经花

落 NVIDIA 公司。2007 年 5 月 2 日，NVIDIA 公司抢在当时的 ATI 公司发布 R600 之前正式发布其新款旗舰级显卡 8800Ultra。至此，GeForce 8 系列的高中低端全线产品均已部署完毕。

曾经的王朝——ATI 公司一直是 NVIDIA 的竞争对手。被 AMD 公司收购以后，AMD 公司在 2007 年 11 月 15 日发布了 RV670 图形核心，携带 Radeon HD 3870 和 Radeon HD 3850 两款产品进军中高端显卡市场。作为 AMD 公司的拳头产品，RV670 最大亮点说是采用先进的 55 nm 制程，这也是业界的第一款 55 nm GPU。得益于 55 nm 制程，RV670 在成本、频率方面都较 NVIDIA 的 GF8800GT 更具优势。即使是规格更高的 HD 3870，也较 GF8800GT 512 MB 版本有优势。在频率方面，Radeon HD 3850 的频率也达到了 680 MHz，而 HD 3870 的频率更高达 780 MHz，远高于此前的 R600，也较 G92 高出不少。但 RV670 的功耗更低了：根据官方资料显示，采用 RV670 核心的 Radeon HD 3870 的最大功耗为 105 W，而 Radeon HD 3850 的最大功耗则更低，仅为 95W。在流处理器方面，AMD 在 RV670 采取一视同仁的作法——HD 3850、HD 3870 的流处理器数量同样是 320 个，这也将让低规格的 HD 3850 更具吸引力。除此之外，RV670 还支持 CrossFire X 多路交火互联功能，最大可支持 4 路的交火互联、实现 4 卡 8 屏幕输出后，较 GF8800GT 的双路 SLI 更要专业，而且 RV670 还支持 DirectorX 10.1，也使 RV670 市场周期更长。HD 3870 显卡如图 1-23 所示。

图 1-23　HD 3870 显卡

1.4.2　液晶显示器

人们平时所说的 LCD，其英文全称为 Liquid Crystal Display，中文即液态晶体显示器，简称为液晶显示器。作为近几年才兴起的新产品，液晶显示器已经全面取代笨重的 CRT 显示器成为现在主流的显示设备。

液晶是一种几乎完全透明的物质。它的分子排列决定了光线穿透液晶的路径。到 20 世纪 60 年代，人们发现给液晶充电会改变它的分子排列，继而造成光线的扭曲或折射，由此引发了人们发明液晶显示设备的念头。世界上第一台液晶显示设备出现在 20 世纪 70 年代初，被称之为 TN-LCD（扭曲向列）液晶显示器。尽管是单色显示，它仍被推广到了电子表、计算器等领域。20 世纪 80 年代，STN-LCD（超扭曲向列）液晶显示器出现，同时 TFT-LCD（Thin Film Transistor LCD，薄膜场效应晶体管 LCD）液晶显示器技术被研发出来，80 年代末 90 年代初，日本掌握了 STN-LCD 及 TFT-LCD 生产技术，LCD 工业开始高速发展。

TFT-LCD 是有源矩阵类型液晶显示器（AM-LCD）中的一种。和 TN 技术不同的是，

TFT 的显示采用“背透式”照射方式——假想的光源路径不是像 TN 液晶那样从上至下，而是从下向上。这样的作法是在液晶的背部设置特殊光管，光源照射时通过下偏光板向上透出。由于上下夹层的电极改成 FET 电极和共通电极，在 FET 电极导通时，液晶分子的表现也会发生改变，可以通过遮光和透光来达到显示的目的。因其具有比 TN-LCD 更高的对比度和更丰富的色彩，荧屏更新频率也更快，故 TFT 俗称“真彩”。相对于 DSTN 而言，TFT-LCD 的主要特点是为每个像素配置一个半导体开关器件。由于每个像素都可以通过点脉冲直接控制。因而每个节点都相对独立，并可以进行连续控制。这样的设计方法不仅提高了显示屏的反应速度，同时也可以精确控制显示灰度，这就是 TFT 色彩较 DSTN 更为逼真的原因。

液晶显示器的优点如下。

(1) 大大提高桌面利用率

大屏幕液晶显示器轻薄的机身对提高桌面利用率是显而易见的。19 英寸的 CRT 显示器其厚度普遍有 40 cm 之巨，而当时相同尺寸的液晶显示器厚度不超过 4 cm，大大节约了桌面空间。随着双头输出显卡的普及，越来越多的用户需要同时使用两台显示器，笨重硕大的 CRT 显示器显然不再适合，液晶显示器才是最佳对象。不同规格的液晶显示器如图 1-24 所示。

图 1-24　液晶显示器

(2) 易于悬挂、拼接

大屏幕液晶显示器大多数均设有 VESA 标准的悬臂接口，可以方便与各种各样的悬臂支架配合应用在特殊的场合中，而液晶显示器特有的窄边框设计使其在拼接成屏幕墙的时候更加完美。而 CRT 由于重量及外形原因，悬挂及拼接电视墙相对成本要高很多，且效果并不理想。

(3) 接口更丰富、DVI 成为标准配置

传统的 D-Sub 模拟接口和数字化的 DVI 视频接口已经成为当时大屏幕液晶显示器事实上的标准配置。用户不但可以通过数字化的视频接口享受无信号失真的干净画面和操控的便利性，还可以通过传统 D-Sub 接口兼容旧显卡让两台主机共用同一台显示器。多数大屏幕液晶显示器还配备了其他模拟视频输入接口和 3.5 mm 音频输入接口以供多媒体应用，部分产品甚至还配备 USB Hub。而小屏幕液晶显示器由于产品普遍定位较低和可供利用空间有限，只有在某些高端型号才配备部分上述接口。

(4) 分辨率更高，相同尺寸的可视面积更大

传统的 CRT 显示器分辨率普遍要比同尺寸的液晶显示器要低，17 英寸 CRT 显示器的分辨率普遍为 1024×768 像素，而 17 英寸普屏 LCD 支持 1280×1024 像素，同时它的可视面积相当于 19 英寸 CRT 显示器的可视面积。更高的分辨率可以在屏幕上显示更多的信息，即使

以后观看 1920×1080 像素的 HDTV 节目源也不至于丢失太多的像素。另外，更大显示面积令用户在欣赏电影时不再只局限于一个视觉效果最佳的“皇帝位”，即便是 2～3 人也能同时看到相同质量的画面。

从近几年 LCD 技术发展的现状和趋势来看，它们无一不是围绕着同一主题——“追求人类肉眼舒适性极限”。另外，除了追求视觉舒适性极限之外，技术的发展使应用的范围更加广泛，如 3D 显示、触摸屏技术等，基本都是现有技术的延伸和应用。

1.5 输入系统设备

1.5.1 键盘

键盘是最常用也是最主要的输入设备。通过键盘，人们可以将英文字母、数字、标点符号等输入到计算机中，从而向计算机发出命令、输入数据等。计算机用键盘是从打字机演变而来的，最初的键盘为 84 键，目前经常使用的键盘为 101 键或 104 键。很多品牌机上还设置了专用键。

键盘的外形分为标准键盘和人体工程学键盘。人体工程学键盘是在标准键盘上将指法规定的左手键区和右手键区这两大板块左右分开，并形成一定角度，使操作者不必有意识的夹紧双臂，保持一种比较自然的形态，这种设计的键盘被 Microsoft 公司命名为自然键盘（Natural Keyboard），对于习惯盲打的用户可以有效地减少左右手键区的误击率，如字母“G”和“H”。有的人体工程学键盘还有意加大常用键（如空格键和回车键）的面积，在键盘的下部增加护手托板，给以前悬空手腕以支持点，减少由于手腕长期悬空导致的疲劳。这些都可以视为人性化的设计。

目前 PC 的键盘都采用活动式键盘，键盘作为一个独立的输入部件，具有自己的外壳。键盘面板根据档次采用不同的塑料压制而成，部分优质键盘的底部采用较厚的钢板以增加键盘的质感和刚性，不过这样一来无疑增加了成本，所以不少廉价键盘直接采用塑料底座的设计。外壳为了适应不同用户的需要，键盘的底部设有折叠的支持脚，展开支撑脚可以使键盘保持一定倾斜度，不同的键盘会提供单段、双段甚至三段的角度调整。

键盘的接口有 AT 接口、PS/2 接口和最新的 USB 接口。现在的台式机多采用 PS/2 接口，大多数主板都提供 PS/2 键盘接口。而较老的主板常常提供 AT 接口，也被称为“大口”，现在已经不常见了。USB 作为新型的接口，一些公司迅速推出了 USB 接口的键盘，USB 接口只是一个卖点，对性能的提高收效甚微，愿意尝试且 USB 端口尚不紧张的用户可以选择。

目前市场上最炙手可热的无线技术也被应用在键盘上。无线技术的应用使得用户摆脱键盘线的限制和束缚，一端是计算机，另一端的用户可毫无拘束，自由地操作，主要的技术有蓝牙、红外线等。而两者在传输的距离及抗干扰性不同。一般来说蓝牙在传输距离和安全保密性方面要优于红外线。红外线的传输有效距离约为 1～2 m 左右，而蓝牙的有效距离约为 10 m 左右。无线键盘的前途无量，它不仅在于解决电脑周边配备的问题，也为未来将电脑多功能的娱乐化的发展铺平了道路，如利用电视的屏幕浏览 Internet，收看网路电视节目等。

1.5.2 鼠标

人们移动鼠标，把移动距离及方向的信息变成脉冲送给计算机，再由计算机把脉冲转换成坐标数据，从而达到指示位置的目的。1968 年 12 月 9 日，鼠标诞生于美国加州斯坦福大学。设计鼠标的初衷就是为了使计算机的操作更加简便，并代替键盘烦琐的指令。现在市面上的鼠标种类很多，按其结构分可分为机械式、半光电式、光电式、轨迹球式和网鼠等，鼠标的接口分为串口、PS/2 口和 USB 口 3 种。鼠标及其内部结构如图 1-25 所示。

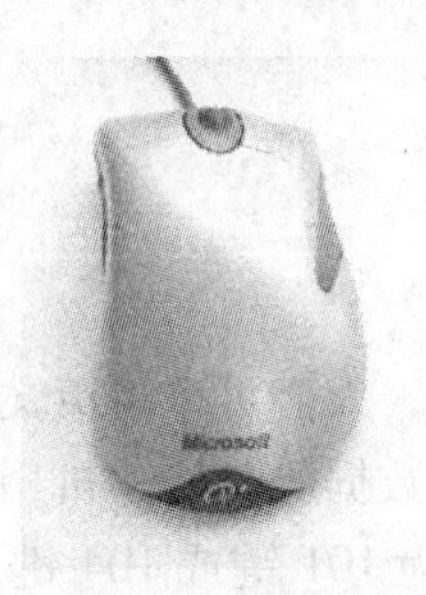

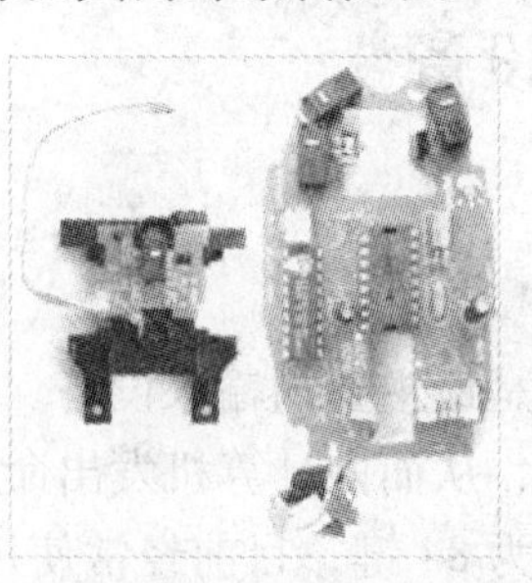

图 1-25　鼠标及其内部结构

鼠标的技术指标有如下几个。

(1) 分辨率

鼠标的分辨率（CPI）越高，在一定的距离内可获得越多的定位点，鼠标将更能精确地捕捉到使用者的微小移动，尤其有利于精准的定位；另一方面，CPI 越高，鼠标在移动相同物理距离的情况下，鼠标指针移动的逻辑距离会越远。过去这个指标一直被称做 DPI（Dots per Inch，像素每英寸），可以用来表示光电鼠标在物理表面上每移动 1 英寸（约 2.54 cm）时其传感器所能接收到的坐标数量。例如，罗技 MX 510 光电鼠标的分辨率为 800 dpi，也就是说，当使用者将鼠标移动 1 英寸时，其光学传感器就会接收到反馈回来的 800 个不同的坐标点，经过分析这 800 个不同坐标点的反馈，鼠标箭头同时会在屏幕上移动 800 像素点。两者都是表示鼠标分辨率的标准，只是 CPI 的表达方式更加精准。

(2) 刷新率

刷新率又称为内部采样率、扫描频率、帧速率等，它是对鼠标光学系统采样能力的描述参数。发光二极管发出光线照射工作表面，光电二极管以一定的频率捕捉工作表面反射的快照，交由数字信号处理器（DSP）分析和比较这些快照的差异，从而判断鼠标移动的方向和距离。显然，刷新率的高低决定了图像的连贯性以及对微小移动的响应，刷新率越高则在越短的时间内获得的信息越充分，图像越连贯，帧之间的对比也更有效和准确，表现在实际使用效果上则是鼠标的反应将更加敏捷、准确和平稳（不易受到干扰），而且对任何细微的移动都能做出响应。Microsoft 公司新一代采用的 IntelliEye 技术的产品，扫描频率高达 6000 次/s，从而完美地解决了鼠标高速移动时光标乱飘的问题，6000 次/s 的刷新率也是目前最高的刷新率，罗技公司的 MX 光学引擎技术也达到了 5200 次/s。

(3) 像素处理能力

在提高处理能力的途径上，罗技公司与 Microsoft 公司走的是两条道路：Microsoft 公司是单纯提高帧速率（高达 6000 帧/s），而罗技公司则在提高帧速率（提高至 5200 帧/s）的同时提高了像素数。罗技公司在发布 MX 引擎时引入了"像素处理能力"这一指标。这一指标能够更加直观地说明光电鼠标的性能，其单位为像素/s，计算公式为：像素处理能力 = 每帧像素数 × 帧速率（即刷新率）。

（4）按键点按次数

这也是衡量鼠标性能好坏的一个指标。优质鼠标内每个微动开关的正常寿命都不少于 10 万次的点按，而且手感要适中，不能太软或太硬。质量差的鼠标在使用不久后就会出现不灵活或者损坏等问题。如果鼠标点按不灵敏，会给操作带来诸多不便。

1.5.3 摄像头

摄像头分为数字摄像头和模拟摄像头两大类。

数字摄像头可以直接捕捉影像，然后通过串、并口或者 USB 接口传到计算机里。现在市场上的摄像头基本以数字摄像头为主，而数字摄像头中又以使用新型数据传输接口的 USB 数字摄像头为主，目前市场上可见的绝大部分都是这类产品。

模拟摄像头可以将视频采集设备产生的模拟视频信号转换成数字信号，进而将其储存在计算机里。模拟摄像头捕捉到的视频信号必须经过特定的视频捕捉卡将模拟信号转换成数字模式，并加以压缩后才可以转换到计算机上运用。由于模拟摄像头的整体成本较高等原因，USB 接口的传输速度远远高于串口、并口的速度，因此现在市场热点主要是 USB 接口的数字摄像头，如图 1-26 所示。

图 1-26　数字摄像头

1.5.4 扫描仪

扫描仪是一种计算机外部设备，是通过捕获图像并将之转换成计算机可以显示、编辑、储存和输出的数字化输入设备，如图 1-27 所示，照片、文本页面、图样、美术图画、照相底片、菲林软片，甚至纺织品、标牌面板、印制板样品等都可作为扫描对象，扫描仪可提取和将原始的线条、图形、文字、照片、平面实物转换成可以编辑的文件。

扫描仪属于计算机辅助设计（CAD）中的输入系统，通过计算机软件和计算机输出设备（激光打印机、激光绘图机）接口，组成计算机处理系统。

图 1-27　扫描仪

1. 扫描仪的分类

按照工作原理的不同，扫描仪可分为以下几类。

1）手持式：目前并不流行，光学分辨率一般在 100 ~ 600 dpi 之间，大多是黑白的。

2）平板式：又称 CCD 扫描仪，主要扫反射稿。光学分辨率一般在 300 ~ 2400 dpi 之间，色彩位数可达 48 位。

3）胶片扫描仪：主要用来扫描幻灯片、摄影负片、CT 片及专业胶片，具有高精度、层次感强的特点，附带的软件较专业。

4）滚筒式：扫描仪以点光源一个一个像素地进行采样，采用 RGB 分色技术，比较专业。

5）CIS 扫描仪：CIS 即“接触式图像传感器”，它不需光学成像系统，结构简单、成本低廉、轻巧实用，但是对扫描稿厚度和平整度要求严格，成像效果比 CCD 差。

2. 扫描仪的工作原理

目前市面上常见的扫描仪采用的是两种完全不同的工作原理。一种是 CCD 技术，以镜头成像到感光元件上，其原理和之前介绍的摄像头原理类似，通过 CCD 感光器件来获得图像信息；另一种则是 CIS 接触式扫描。CIS 技术过去主要使用在传真机制造方面，它的图像在用 LED 灯管扫过之后会直接通过 CID 感光元件记录下来，不需使用镜片折射，因此整个机体能够做得很轻薄。它比较适合用在文件或一般平面图文的扫描，而不适合用来扫描立体物品或透射稿。

3. 扫描仪的技术指标

扫描仪有各式各样的技术指标，下面简要介绍一下常见的指标。

（1）扫描精度

扫描精度即分辨率，是衡量一台扫描仪档次高低的重要参数，它所体现的是扫描仪在扫描时所能达到的精细程度。扫描精度通常以 DPI 表示，和喷墨打印机的技术指标类似，DPI 值越大，则扫描仪扫描的图像越精细。扫描分辨率分为光学分辨率（真实分辨率）和插值分辨率（最大分辨率）两类，前者是硬件形式的，后者是软件形式的。

（2）色彩位数

色彩位数表明了扫描仪在识别色彩方面的能力和能够描述的颜色范围，它决定了颜色还原的真实程度，色彩位数越大，扫描的效果越好、越逼真，扫描过程中的失真就越少。

（3）灰度级

扫描仪的灰度级水平反映了扫描时提供由暗到亮层次范围的能力，具体说就是扫描仪从纯黑到纯白之间平滑过渡的能力。灰度级位数越大，相对来说扫描结果的层次就越丰富、效果越好。

（4）扫描幅面

扫描幅面是指扫描仪所能扫描的范围，也就是纸张的大小，一般有 A4、A4+、A3 等。

（5）可选配件

通常，可选配件是指送纸器（ADF）和透扫适配器（TMA），并非所有的扫描仪都支持外加配件。也有些扫描仪甚至集成了 TMA 功能。

1.6 其他部件

1.6.1 机箱

计算机的机箱常称为计算机的“家”，前面介绍的各种基本部件都要安放在里面（辅助外设是放在机箱外面的）。机箱不仅起到紧固计算机主板的作用，还可以为计算机部件遮挡灰尘，并且能够有效地降低噪音，如图 1-28 所示。

在介绍机箱的选购之前，先来简单了解一下主流市场上机箱的种类。机箱的种类主要有 AT、ATX、Micro ATX 共 3 种。AT 机箱主要应用于只能支持安装 AT 主板的早期机器中，目

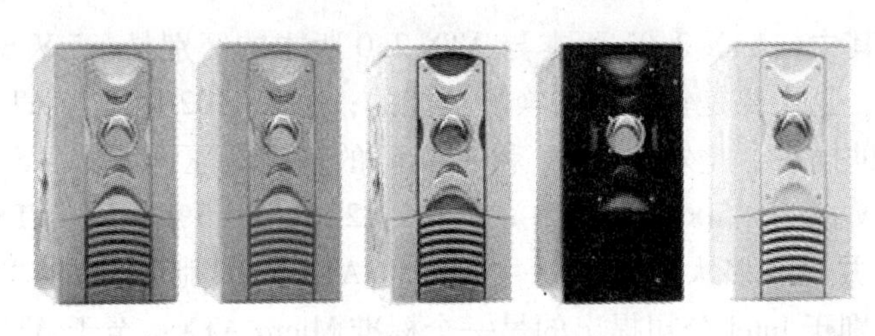

图 1-28　机箱

前已经不多见；ATX 机箱是目前最常见的机箱，支持现在绝大部分类型的主板；Micro ATX 机箱是在 ATX 机箱的基础之上建立的，为了进一步地节省桌面空间，因而比 ATX 机箱体积要小一些。各种类型的机箱只能安装其所支持类型的主板，一般是不能混用的，而且电源也有所差别。所以大家在选购时一定要注意。机箱按照规格来分类还可以分为超薄、半高、3/4 高、全高和立式、卧式机箱之分。3/4 高和全高机箱拥有 3 个或 3 个以上的 5.25 英寸驱动器安装槽和两个 3.5 英寸软驱槽。超薄机箱主要是一些 AT 机箱，只有一个 3.5 英寸软驱槽和两个 5.25 英寸驱动器槽。半高机箱主要是 Micro ATX 机箱，它有 2 ~ 3 个 5.25 英寸驱动器槽。在选择时最好以标准立式 ATX 机箱为准，因为它空间大，安装槽多，扩展性好，对于散热也比较好，完全能适应大多数用户的需要。

从第一台 PC 诞生开始，人们对 PC 的性能要求不断提高，Intel 处理器也领先客户的需求不断推出新品，随着 CPU 处理器主流核心频率的步步提升，PC 也得到了充分的空间来展示性能。随之而来，机箱内部的“温室效应”也成为技术人员绞尽脑汁要解决的技术难关。什么是真正的“38℃机箱”呢？那就是按照 Intel CAG 1.1 规范设计，通过 TAC 1.1 标准检测的机箱。Intel 公司为了确保自己的处理器能在一个“安全”的环境内工作，便推出了一个近于机箱散热风流设计规范。2001 年 Intel 公司推出了 CAG 1.0 标准，即在 25℃室温下，规定机箱电脑内温度不能超过 42℃，到 2003 年，Intel 更是推出了最新最高规格的 CAG 1.1 标准，即在 25℃室温下，机箱电脑内温度不能超过 38℃。38℃机箱如图 1-29 所示。

图 1-29　38℃机箱

1.6.2　电源

计算机的电源是计算机工作时动力的来源。现在都是用的 ATX 电源。ATX 规范是 1995 年由 Intel 公司制定的新的主机板结构标准，是英文“AT Extend”的缩写，可以翻译为“AT 扩展标准”。而 ATX 电源就是根据这一规格设计的电源。与 AT 电源相比，ATX 电源外形尺寸并没有多大变化，主要是增加了 +3.3V 和 +5V Standby 两路输出和一个 PS - ON 信号，输出线改成一个 20 芯线给主板供电。经过多年的发展，ATX 电源已经发展有 5 个版本[⊖]：ATX 2.0 版本、ATX 2.01 版本、ATX 2.02 版本、ATX 2.03 版本和 ATX 12V 版本（也称

⊖ 其实应该有 6 个版本，还有一个 ATX 1.01 版本，这是最早版本，其与 ATX 2.0 版本没有多大的区别，主要是在风扇散热方式上：ATX 1.01 版本采用的是吹风方式散热，而后来的版本是采用抽风散热。

ATX 2.04 版本）。其中，ATX 2.01 版本与 ATX 2.0 版本的区别是 +5 V Standby 输出电流从 10 mA 改为 720 mA，这主要是针对网络唤醒功能的；ATX 2.02 版本与 ATX 2.01 版本相比增加了一个 6 芯的辅助插头，此外将 -5 V 和 -12 V 的输出电压误差由 -5 ×（1 ±5%）V 和 -12 ×（1 ±5%）V 改为 -5 ×（1 ±5%）V 和 -12 ×（1 ±5%）V；ATX 2.03 版本与 ATX 2.02 版本从实质上并没有多大的区别，主要是将 ATX 2.02 版本中的 “Micro ATX ” 改为 “Mini-ATX”，以区别于 Intel 公司提出的另一个标准 Micro ATX；至于 ATX 12 V 版本就是人们常说的 P4 电源的电源标准。ATX 12 V 与 ATX 2.03 的区别是：加强了 +12VDC 端的电流输出能力，并对 +12 V 的电流输出、涌浪电流峰值、滤波电容的容量、保护等做出了新的规定；新增加了 P4 电源连接线；加强了 +5VSB 的电流输出能力。此外，自带串口 ATA 电源接头的下一代电源标准也初现端倪，它拥有不同接头，可同时支持 12 V、5 V 及 3.3 V 3 种电压。机箱铭牌如图 1-30 所示。

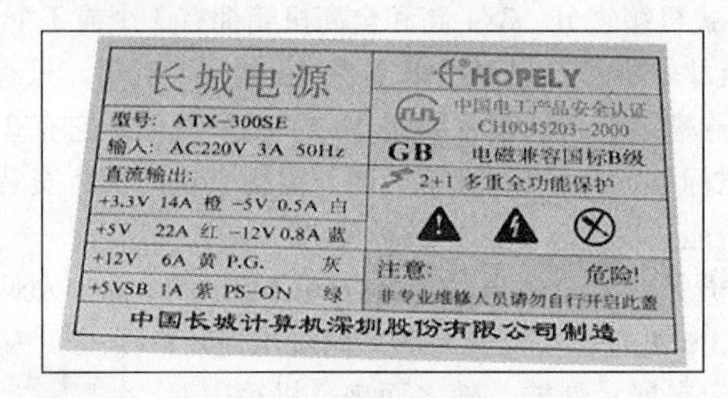

图 1-30　机箱铭牌

电源的输出接口有如下几种。

（1）电源的主要输出接口

电源的主要输出接口是指电源给主板、显卡、硬盘、光驱、软驱等设备提供了哪些供电接口。首先是主板上的主供电接口，以前主板的主供电接口是 20 针的，而从 ATX 12V 规范开始，很多主板开始使用 24 针的主供电接口，显然购买带有 24 针主供电接口的电源更合适。当然，为了解决向下兼容的问题，大部分 ATX 12 V 电源主供电接口都采用“分离式”设计或附送一条 24 针到 20 针的转换接头，这样设计非常体贴。电源连接线如图 1-31 所示。

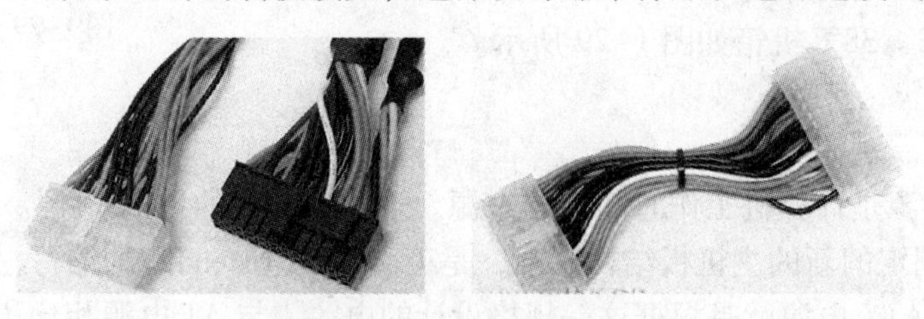

图 1-31　电源连接线

（2）4 针电源端口

4 针的 D 型接口往往接驳 IDE 设备，如 IDE 接口的硬盘和光驱，如图 1-32 所示。而现在使用的 SATA 硬盘和光驱其电源接口是一个扁平的特殊接口。

（3）提供给显卡的专用电源接口

高端显卡功耗较大，必须采用 4 针或 6 针额外供电，才能正常运行，如图 1-33 所示。

图 1-32　4 针电源接口

图 1-33　显卡外接电源

1.6.3　声卡与音箱

1997 年，Intel 公司提出了多媒体的概念。同年第一款声卡诞生在创新公司，从此计算机迈入有声世界。在计算机常用的基本部件中，最不为大家重视的就是声卡和音箱。大家愿意在显卡和显示器上面多花钱，愿意在硬盘和内存条上面多花钱，最不愿意在声卡和音箱上面花钱。目前板载声卡几乎成为主板的标准配置了，没有板载声卡的主板反而比较少了，如图 1-34 所示。

板载软声卡没有声卡主处理芯片，在处理音频数据的时候会占用部分 CPU 资源，在 CPU 主频不太高的情况下会略微影响到系统性能。目前 CPU 主频早已用 GHz 来进行计算，而音频数据处理量却增加的并不多，相对于以前的 CPU 而言，CPU 资源占用率已经大大降低，对系统性能的影响也微乎其微了，几乎可以忽略。

图 1-34　板载 ALC650 声卡芯片

板载声卡最大的优势就是性价比，而且随着声卡驱动程序的不断完善，主板厂商的设计能力的提高，以及板载声卡芯片性能的提高和价格的下降，板载声卡越来越得到用户的认可。如果要求不高，现在主板上的集成声卡就可以满足要求，装机时只需配置音箱就可以了。

选择音箱应该注意下面几个参数。

1. 灵敏度

灵敏度的定义为：在 1 W 电功率输入音箱时，在正前方离音箱 1 m 处所接受到的声压级（用 dB 表示）。灵敏度其实是很容易理解的一个概念，具体体现为音箱的推动难易。灵敏度高的音箱，在同一功率下，输出声压（音量大小的单位）比灵敏度低的音箱声压低。一般家庭宜选购灵敏度在88 dB以上的音箱，灵敏度偏低的音箱不适宜家庭使用。为了在小功率功放时也能输出一定声压，形成良好的3D立体声场，尽量使用灵敏度高的音箱。

2. 频率响应

频率响应也称为频率失真或频率特性，指扬声器重放声压的不匀均性，单位以分贝（dB）表示。高保真音响要求频率响应至少要达到（20～20000）Hz±3 dB以上，这是一个比较高的要求。大部分人对同一节目小于2～4 dB的频率响应变化就不易觉察。而音箱要做到频率响应达到20 Hz是非常难的，书架式音箱达到65 Hz，落地式音箱达到30 Hz已经很不错，而且要求误差在±2 dB内已经有非常好的效果。对于家用而言，选购灵敏度高、动态范围大的音箱较好，还要注意其应具备相当重量，播放时没有明显谐振。

3. 功率

在选购音箱时要注意几个功率概念。首先是最大承受功率，因为最大承受功率关系到功放机。承受功率应根据功放的最大输出来选择，要合理使用功放，即能使音箱淋漓尽致地发挥其最佳潜能，又不能因过分加大功率而损坏音箱。而另一个要关注的就是最小推动功率。低于最小连续推动功率，音箱的动态功率余量不够，容易让功放处于超负荷工作而损坏功放和喇叭。因此选购音箱要注意其最小推动功率值。

4. 阻抗

音箱的阻抗和功放的阻抗系数有关。音箱阻抗高，与功放配合时阻尼系数就较大，音箱比较容易受功放控制。一般不要选取低阻抗音箱，因为当功放在低负载阻抗下，虽能输出较大功率，但其谐波失真和互调失真等指标较差，某些功放的性能甚至变得非常差。常用的有6 Ω与8 Ω的音箱，4 Ω以下的则尽量少选。

1.7 有问有答

问： CPU有那么多的参数，购买时应该重点关注哪几个参数？

答： 在购买CPU时，至少应该知道其中的8个参数：核心、工艺、主频、外频、倍频、前端总线、一级缓存和二级缓存。

问： 台式机用的CPU和笔记本用的CPU主要有什么区别？

答： 根据笔记本需要移动和便携的特点，要求笔记本专用CPU功耗低、耗电少、散热小并且效率高。所以同样是“酷睿”双核，但分为不同的系列。尤其是最近上网本的流行，更是催生了一种新的CPU——Atom，音译为“阿童木”，中文名字翻译成“凌动”。Intel公司在2008年的3月份发布了Atom系列处理器，主要分为面向上网本、上网机以及面向MID（移动互联网终端设备）的几种处理器产品。Atom也是Intel历史上体积最小和功耗最低的处理器产品。Atom处理器基于专门为小型、低功耗的设备而设计的全新微架构，采用全新45 nm High－K芯片技术，该设计支持多线程以实现更好的性能并提高系统的响应能力。所有这一切都在一个尺寸不到25 mm^2 的芯片上完成。每个细长的Intel Atom处理器芯片的硅晶片中封装了4700万个晶体管，而11个处理器芯片也只有人民币一角钱硬币大小。

问： 前端总线（FSB）和HT有什么区别？

答： 这是两个容易混淆的概念。在Intel公司生产的CPU中，前端总线是指CPU与北桥联系的通路。选购主板和CPU时，要注意两者的搭配问题。AMD的HT是HyperTransport的简称，中文翻译为“超级传输通道”，是由 AMD 公司开发的一种点对点的数据传输总线，HyperTransport 技术从规格上讲已经有 HT 1.0、HT 2.0、HT 3.0、HT 3.1 版本。

注意：要和 Intel 公司的超线程“HT（Hyper－Threading）”区分开来。

问：南北桥的区别是什么呢？

答：简单的说就是北桥主内，南桥主外。北桥主要负责 CPU 与内存和显卡交换数据，而剩下的任务就是南桥的了。顺便说明一下，所谓的集成显卡，就是把具有显示功能的芯片做在北桥里面。

问：由两根内存组成双通道就可以提高效率一倍吗？

答：不是的。这里要特别提醒使用者，这个双通道里面的“双”其英文的含义就不是人们常使用的“double”，而是“dual”。举个浅显的例子：双通道是把马路拓宽一倍，但是汽车的数量不是增加一倍。尽管此时某些汽车可以跑的速度是快了一些，但运送的货物不是原来的两倍。现在购买计算机一般都会把内存条组建成双通道，那么读者在购买两根内存条的时候应该根据“同批次、同编号、同品牌、同容量和同单双面”的“五同原则”来购买。为了避免出现不必要的麻烦，最好还是购买套装产品，如图 1-35 所示。

图 1-35　套装产品

1.8　习题

1. 目前市面上流行的 Intel 公司的“酷睿”CPU 有哪些特点？
2. 目前市面上流行的 AMD 公司的“羿龙”CPU 有哪些特点？
3. 与“酷睿”CPU 相对应的芯片组有哪些？
4. 与“羿龙”CPU 相对应的芯片组有哪些？
5. 目前市面上常见的内存条有哪几种？
6. 硬盘常见的接口有哪几种？
7. 生产显卡芯片的主要厂家是哪几个？
8. 液晶显示器的主要优点是什么？

第 2 章　计算机系统的硬件组装

本章导读

读者已经基本了解了计算机各组成部件的性能、作用和参数，为组装计算机打下了基础。本章主要介绍计算机各个部件的连接方式和安装过程，并且介绍操作系统的安装。

学习目标

- 掌握：计算机系统中各硬件的安装方法
- 理解：计算机 BIOS 设置和硬盘分区的重要性
- 了解：计算机系统安装的全过程

2.1　装机前的准备

2.1.1　组装前的准备工作

通过第 1 章的学习，读者已初步了解了计算机各个部件的基本参数和基本功用。在组装计算机之前，还应该做什么呢？首先应该根据“好用、够用、适用”的基本原则写出符合自己需要的配机单。要想写得很规范，就要多跑市场，多上网，多看资料。拟定出一套采购方案后，还要选择合适的时间去购买。在购买配件时，要尽量避开寒暑假和节假日的购机高峰时间，并找一家有实力的大公司购买，以便售后服务能够有保障。装机配置单如表 2-1 所示。

表 2-1　装机配置单

名　称	型　号	数　量	价　格
CPU			
主板			
内存			
硬盘			
显示器			
光驱			
显卡			
声卡			
机箱			
电源			
键盘			

（续）

名　称	型　号	数　量	价　格
鼠标			
音箱			
总计			

电脑配置的高低不是由其中一两个部件的性能决定的，要记住“木桶原理”，考虑性能指标合理的搭配。主要关键部件尽量选用知名厂家的主流产品，这样可以减少部件间的兼容性不好引起的系统不稳定。

装机所需的工具主要是一支带磁性的十字螺钉旋具（螺丝刀），使用它可以很方便地安装机箱内的螺丝。另外还要准备一把尖嘴钳以及镊子和一字螺钉旋具作为备用。

2.1.2 组装时的注意事项

（1）防止静电

计算机部件是高度集成的电子元件，由于我们穿着的衣物会相互摩擦，很容易产生静电，而这些静电则可能将集成电路内部击穿造成设备损坏。因此，最好在安装前，用手触摸一下自来水管或洗手以消除身上携带的静电。

（2）正确对待元器件

在安装过程中对所有的元器件都要轻拿轻放，应避免手指碰到板卡上的集成电路组件，只接触板卡的边缘部分，不要弯曲电路板。任何一件部件都不能从高处跌落，即使是强度不大的冲击都有可能导致元器件的致命损坏。

（3）正确的安装方法

在安装的过程中一定要注意正确的安装方法，不可粗暴或强行安装，稍微用力不当就可能使引脚折断或变形。对于安装后位置不到位的设备不要强行使用螺钉固定，因为这样容易使板卡变形，日后易发生接触不良的情况。用螺钉旋具紧固螺钉时，应做到适可而止，不可用力过猛，胆大心细一定会成功。

2.1.3 实际安装过程

1. 安装 CPU

当前市场中，Intel 处理器主要有赛扬 D、奔腾 4、双核奔腾 D、Core 2 四大系列，它们全部采用 LGA 775 接口，其安装方法也完全相同。图 2-1 所示为 LGA 775 接口的 Intel 处理器，全部采用了触点式设计，这种设计最大的优势是不用再去担心针脚折断的问题，但对处理器的插座要求更高。

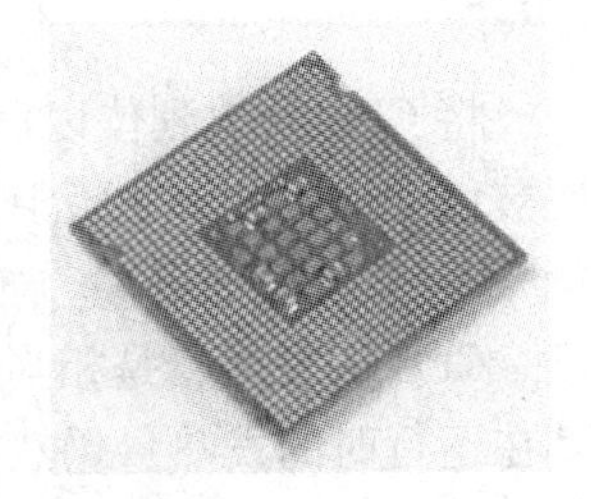

图 2-1　LGA 775 的“Core” CPU

图 2-2 所示是主板上的 LGA 775 处理器的插座。在安装 CPU 之前，首先要打开插座。

打开的方法是：用适当的力向下微压固定 CPU 的压杆，同时用力往外推压杆，使其脱离固定卡扣。压杆脱离卡扣后，便可以顺利地将压杆拉起。接下来，将固定处理器的盖子与压杆反方向提起。揭开盖子后的 LGA 775 插座如图 2-3 所示。

图 2-2　LGA 775 处理器的插座

图 2-3　揭开盖子后的 775 插座

在安装处理器时，通过仔细观察可以看到，在 CPU 处理器的一角上有一个三角形的标志，另外仔细观察主板上的 CPU 插座，同样会发现一个三角形的标志。在安装时，处理器上印有三角标志的角要与主板上印有三角标志的角对齐，然后慢慢地将处理器轻压到位，如图 2-4 所示。

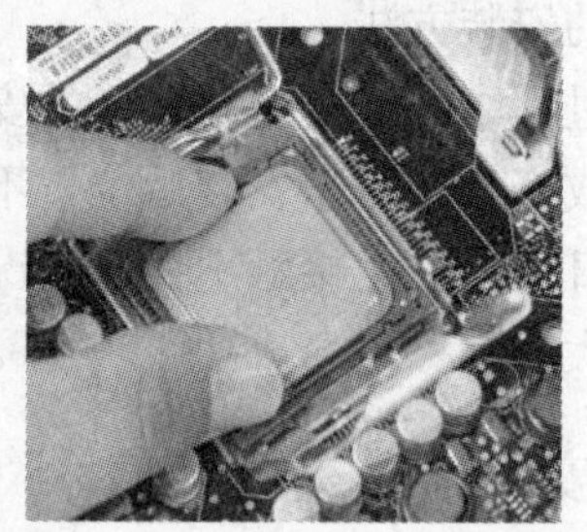

图 2-4　CPU 安装完毕

将 CPU 安放到位以后，盖好扣盖，并反方向稍微用力扣下处理器的压杆。至此，CPU 便被稳稳地安装到主板上，安装过程结束。

2. 安装散热器

CPU 的发热量是相当惊人的，虽然目前 65 W 的产品已经成为当前主流，但即使这样，其在运行时的发热量仍然很大。因此，选择一款散热性能出色的散热器特别关键。如果散热器安装不当，对散热的效果也会大打折扣。图 2-5 所示是 Intel LGA 775 针接口处理器的原装散热器，它较之前的 478 针接口散热器相比做了很大的改进，由以前的扣具设计改成了如今的四角固定设计，散热效果也得到了很大的提高。安装散热器前，首先要在 CPU 表面均匀地涂上一层导热硅脂。现在的很多散热器在购买时已经在底部与 CPU 接触的部分涂上了导热硅脂，这时就没有必要再在处理器上涂上一层了。安装时，散热器的 4 个角要对齐，然后拧紧螺钉，如图 2-6 所示。

图 2-5　Intel LGA 775 原装散热器

图 2-6　4 角对齐的散热器

固定好散热器后，还要将散热风扇接到主板的供电接口上。找到主板上安装风扇的接口（主板上的标志字符为 CPU_ FAN），将风扇插头插好即可，如图 2-7 所示。值得注意的是，目前有 4 针和 3 针等几种不同的风扇接口，在安装时要辨别一下。由于主板的风扇电源插头都采用了防呆式的设计，反方向无法插入，因此安装起来相当方便，如图 2-7 所示。

3. 安装内存条

在内存成为影响系统整体系统的最大瓶颈时，双通道的内存设计大大解决了这一问题。提供 Intel 64 位处理器支持的主板目前均提供双通道功能，因此建议大家在选购内存时尽量选择两根同规格的内存来搭建双通道。主板上的内存插槽一般都采用两种不同的颜色来区分双通道与单通道。将两条规格相同的内存条插入到相同颜色的插槽中，即打开了双通道功能，如图 2-8 所示。

图 2-7　接风扇的电源

图 2-8　不同颜色的插槽组成双通道

安装内存时，先用手将内存插槽两端的扣具打开，然后将内存平行放入内存插槽中内存插槽也使用了防呆式设计，反方向无法插入，大家在安装时可以对应一下内存与插槽上的缺口，用两拇指按住内存两端轻微向下压，听到“啪”的一声响后，即说明内存安装到位，如图 2-9 所示。

图 2-9　安装内存条

4. 将主板安装固定到机箱中

目前，大部分主板板型为 ATX 或 MATX 结构，因此机箱的设计一般都符合这种标准。在安装主板之前，先将机箱提供的主板垫脚螺母安放到机箱主板托架的对应位置（有些机箱购买时就已经安装）。

安装到位以后就可以拧紧螺钉，固定好主板。在装螺钉时，注意每颗螺钉不要一次性地就拧紧，等全部螺钉安装到位后，再将每颗螺钉拧紧，这样做的好处是随时可以对主板的位置进行调整，如图 2-10 所示。

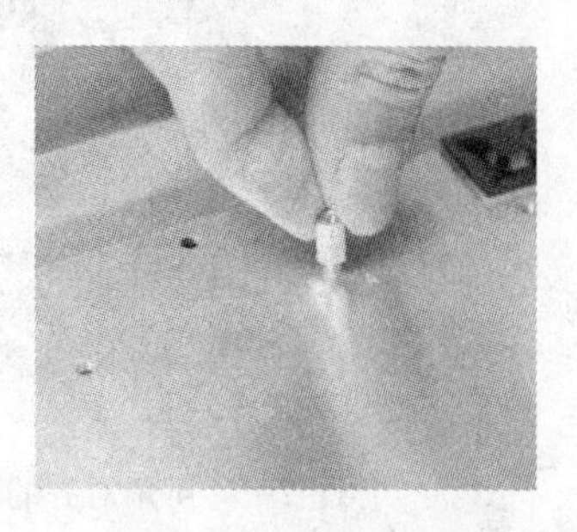

图 2-10　先固定机箱螺钉，然后上主板的螺钉

5. 安装硬盘

在安装好 CPU、内存之后，需要将硬盘固定在机箱的 3.5 英寸硬盘托架上。对于普通的机箱，只需要将硬盘放入机箱的硬盘托架上，拧紧螺钉使其固定即可，如图 2-11 所示。很多用户使用了可拆卸的 3.5 英寸机箱托架，这样安装起硬盘来就更加简单。

图 2-11　安装硬盘

6. 安装光驱

安装光驱的方法与安装硬盘的方法大致相同，对于普通的机箱，只需要将机箱 4.25 英寸的托架前的面板拆除，并将光驱放入对应的位置，拧紧螺钉即可，如图 2-12 所示。但还有一种抽拉式设计的光驱托架，下面简单介绍安装方法。这种光驱设计比较方便，在安装前，首先要将类似于抽屉设计的托架安装到光驱上。

图 2-12　安装光驱

7. 安装显卡

目前，PCI - Express 显卡已经是市场主力军，AGP 显卡基本上见不到了。安装显卡时，

用手轻握显卡两端，垂直对准主板上的显卡插槽，向下轻压到位后，再用螺钉固定即可完成了显卡的安装过程，如图 2-13 所示。安装完显卡之后，剩下的工作就是安装所有的线缆接口。

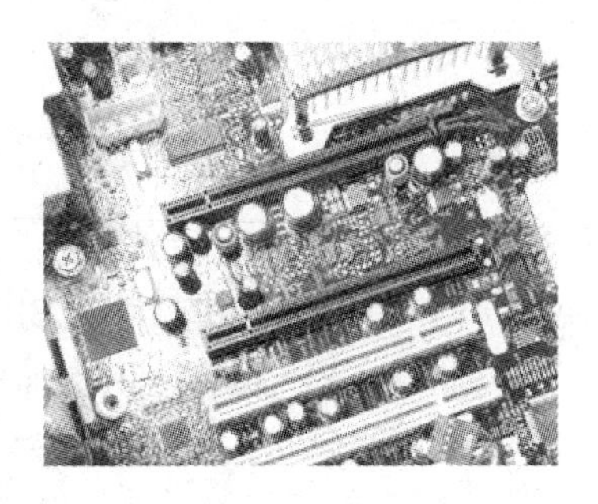
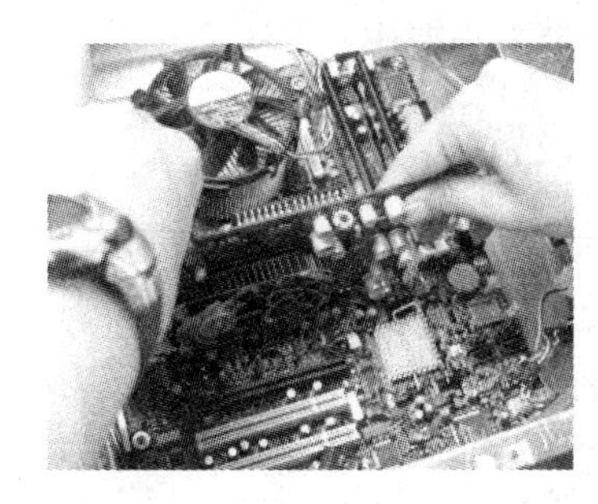

图 2-13　安装显卡

8．连接机箱至主板的控制线

在机箱上有电源开关、复位按键、硬盘信号灯、电源指示灯、前置面板 USB 插座和前置面板音频输入/输出插孔，这些开关的连接线与主板相连接。所对应的插头分别标明的是 POWER SW（无极性插头）、RESET SW（无极性插头）、HDD LED（有 +/- 极性插头）、POWER LED（有 +/- 极性插头）、USB（有 +/- 极性插头）、AUDIO（有 +/- 极性插头），如图 2-14 所示。

图 2-14　连接机箱控制线

在主板上，有与之对应的两排插针，分别标有 PWR、RESET、POWER LED、HDD LED、AAFP、USB。这些插针一般在主板靠近机箱底部的位置。将机箱上各个连接线的连接插座插入主板相应的插针上，即可完成机箱控制线与主板的连接，有 +/- 极性的插座要注意插入方向（一般红线或彩色线为 +），如果插反了，指示灯则不亮。

接好后先要进行检查，然后进行整理。最后安装机箱的电源，方法比较简单，放入到位后，拧紧螺钉即可，这里不做过多的介绍。安装顺序可以颠倒，但是要以方便为准。例如，电源可以最先安装，这是对大机箱而言；而对于小机箱，应该是先装主板，最后安装电源，否则主板就会被电源挡住放不下了。

现在有些高端主板的附件中配有一个跳线接口，小小的跳线部分也尽显人性化的设计理念。可以把机箱的跳线全部插在这个跳线接口上，然后把跳线接口再插在主板的跳线上。连接跳线如图 2-15 所示。

图 2-15　新型的连接跳线

至此计算机硬件组装即告完成。

2.2 计算机系统设置

计算机的硬件组装完成以后，就要进行BIOS设置和硬盘分区了，这也是一个装机员应该做的第2步和第3步工作。

2.2.1 BIOS设置

BIOS（Basic Input Output System）从字义上称为“基本输出与输入系统”，专门负责系统中各种参数设定，放在主机板上一颗小小的快闪EEPROM内存模块中。BIOS，作为开机之后CPU要进行处理的第一个“可执行程序”，它将带领CPU去一一识别加载于主板的重要硬件和集成元件，如硬盘、显卡、声卡以及各种接口。然后它按照预设顺序读取存储器上的操作系统引导文件，如DOS、Windows或Linux等。顺利引导系统之后，BIOS基本功成身退、隐于后台，如果有需要还可以直接通过系统接口，在系统界面中更改相关设定，以便让整体系统运行更加高效。这就是BIOS的使命。BIOS芯片是主板上一块长方形或正方形芯片。BIOS中主要存放以下程序段。

1）自诊断程序。通过读取CMOS RAM中的内容，识别硬件配置，并对其进行自检和初始化。

2）CMOS设置程序。引导过程中，用特殊热键启动，进行设置后，存入CMOS RAM中。

3）系统自举装载程序。在自检成功后，将磁盘相对0道0扇区上的引导程序装入内存，让其运行以装入系统。

4）主要I/O设备的驱动程序和中断服务。

由于BIOS直接和系统硬件资源打交道，因此总是针对某一类型的硬件系统，而各种硬件系统又各有不同，所以BIOS也不尽相同。随着硬件技术的发展，同一种BIOS也先后出现了不同的版本，新版本的BIOS比起老版本来说功能更强。每一块主机板都有专属BIOS版本，以处理其独特的硬件配备，最主要BIOS程序有Award公司的BIOS和AMI公司的BIOS两种。而BIOS菜单架构与所用专用术语的命名方式会因不同厂家而略有出入。开启计算机或重新启动计算机后，在屏幕显示“Waiting…”时，按下〈Del〉键就可以进入CMOS的设置界面，如图2-16所示。

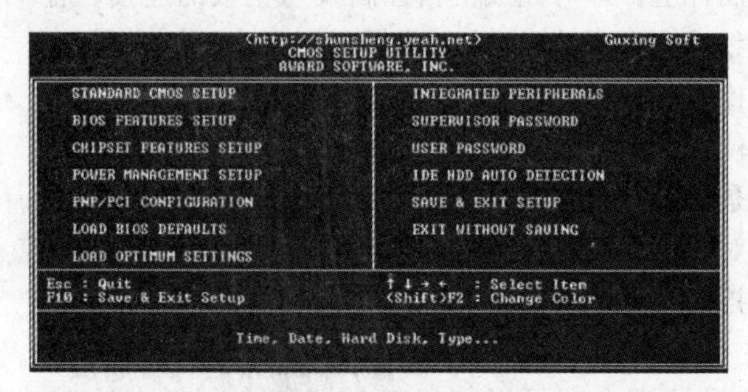

图2-16 BIOS的界面

相关菜单如下。

- STANDARD CMOS SETUP（标准CMOS设定）：用来设定日期、时间、软硬盘规格、工作类型以及显示器类型。

- BIOS FEATURES SETUP（BIOS 功能设定）：用来设定 BIOS 的特殊功能，如病毒警告、开机磁盘优先程序等。
- CHIPSET FEATURES SETUP（芯片组特性设定）：用来设定 CPU 工作相关参数。
- POWER MANAGEMENT SETUP（省电功能设定）：用来设定 CPU、硬盘、显示器等设备的省电功能。
- PNP/PCI CONFIGURATION（即插即用设备与 PCI 组态设定）：用来设置 ISA 和其他即插即用设备的中断以及其他参数。
- LOAD BIOS DEFAULTS（载入 BIOS 预设值）：用来载入 BIOS 初始设置值。
- LOAD OPRIMUM SETTINGS（载入主板 BIOS 出厂设置）：这是 BIOS 的最基本设置，用来确定故障范围。
- INTEGRATED PERIPHERALS（内建整合设备周边设定）：主板整合设备设定。
- SUPERVISOR PASSWORD（管理者密码）：计算机管理员设置进入 BIOS 修改设置密码。
- USER PASSWORD（用户密码）：设置开机密码。
- IDE HDD AUTO DETECTION（自动检测 IDE 硬盘类型）：用来自动检测硬盘容量、类型。
- SAVE & EXIT SETUP（存储并退出设置）：保存已经更改的设置并退出 BIOS 设置。
- EXIT WITHOUT SAVING（沿用原有设置并退出 BIOS 设置）：不保存已经修改的设置，并退出设置。

当用户选择其中的一项后，按〈Enter〉键就进入下一个子菜单。

（1）STANDARD CMOS SETUP（标准 CMOS 设定）

标准 CMOS 设定中包括了 DATE 和 TIME 设定，用户可以在这里设定自己计算机上的时间和日期，如图 2-17 所示。

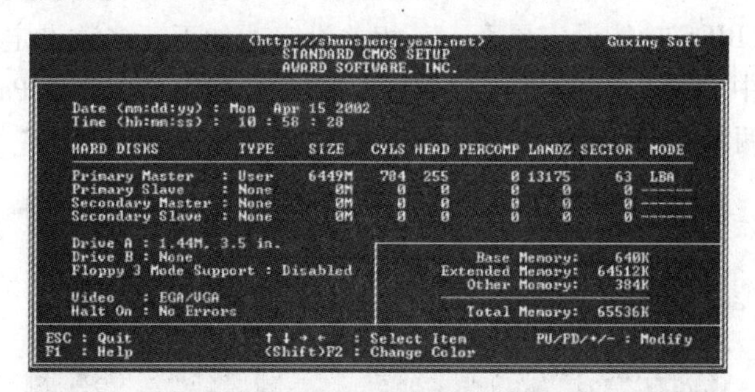

图 2-17　标准 CMOS 设定界面

日期下面是硬盘情况设置，列表中存在 Primary Master（第 1 组 IDE 主设备）；Primary Slave（第 1 组 IDE 从设备）；Secondary Master（第 2 组 IDE 主设备）；Secondary Slave（第 2 组 IDE 从设备）。这里的 IDE 设备包括了 IDE 硬盘和 IDE 光驱，第 1 组、第 2 组设备是指主板上的第 1 根、第 2 根 IDE 数据线，一般来说靠近芯片的是第 1 组 IDE 设备，而主设备、从设备是指在一条 IDE 数据线上接的两个设备，大家知道每根数据线上可以接两个不同的设备，主、从设备可以通过硬盘或者光驱的后部跳线来调整。

后面是IDE设备的类型和硬件参数，TYPE用来说明硬盘设备的类型，用户可以选择Auto、User、None的工作模式，Auto是由系统自己检测硬盘类型，在系统中存储了1~45类硬盘参数，在使用该设置值时不必再设置其他参数；如果使用的硬盘是预定义以外的，那么就应该设置硬盘类型为User，然后输入硬盘的实际参数（这些参数一般在硬盘的表面标签上）；如果没有安装IDE设备，则可以选择None参数，这样可以加快系统的启动速度，在一些特殊操作中，也可以通过这样来屏蔽系统对某些硬盘的自动检查。

SIZE表示硬盘的容量；CYLS表示硬盘的柱面数；HEAD表示硬盘的磁头数；PRECOMP表示写预补偿值；LANDZ表示着陆区，即磁头起停扇区。最后的MODE是硬件的工作模式，用户可以选择的工作模式有：NORMAL（普通模式）、LBA（逻辑块地址模式）、LARGE（大硬盘模式）、AUTO（自动选择模式）。NORMAL模式是原有的IDE方式，在此方式下访问硬盘BIOS和IDE控制器对参数不做任何转换，支持的最大容量为528 MB；LBA模式所管理的最大硬盘容量为8.4 GB；LARGE模式支持的最大容量为1 GB；AUTO模式是由系统自动选择硬盘的工作模式。

Video设置是用来设置显示器工作模式的，也就是EGA/VGA工作模式。

Halt On是错误停止设定，其参数者All Errors BIOS（检测到任何错误时将停机）、No Errors（当BIOS检测到任何非严重错误时，系统都不停机）、All But Keyboard（除了键盘以外的错误，系统检测到任何错误都将停机）、All But Diskette（除了磁盘驱动器的错误，系统检测到任何错误都将停机）、All But Disk/Key（除了磁盘驱动器和键盘外的错误，系统检测到任何错误都将停机）。它用来设置系统自检遇到错误的停机模式，如果发生以上错误，那么系统将会停止启动，并给出错误提示。界面右下方还有系统内存的参数：Base Memory（基本内存）、Extended Memory（扩展内存）、Other Memory（其他内存）和Total Memory（全部内存）。

（2）BIOS FEATURES SETUP（BIOS功能设定）

图2-18所示是BIOS功能设定界面，其相关设定项如下。多数设定项有Enabled和Disabled两种选项，其中Enabled表示开启，Disabled表示禁用，使用〈Page Up〉键和〈Page Down〉键可以在这两者之间切换。

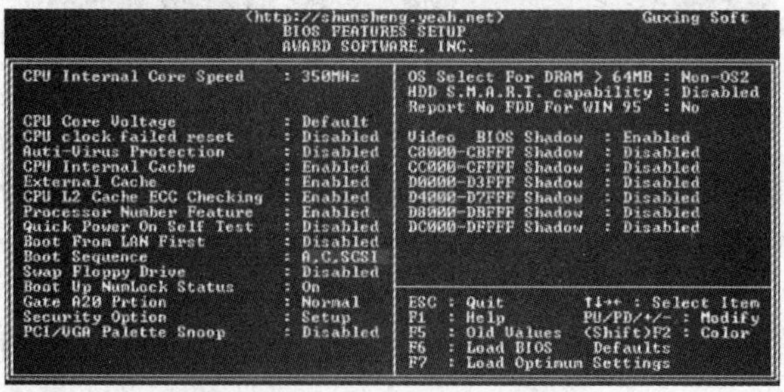

```
(http://shunsheng.yeah.net)                    Guxing Soft
                   BIOS FEATURES SETUP
                  AWARD SOFTWARE, INC.

CPU Internal Core Speed      : 350MHz     OS Select For DRAM > 64MB : Non-OS2
                                          HDD S.M.A.R.T. capability : Disabled
                                          Report No FDD For WIN 95  : No
CPU Core Voltage             : Default
CPU clock failed reset       : Disabled   Video  BIOS Shadow  : Enabled
Auti-Virus Protection        : Disabled   C8000-CBFFF Shadow  : Disabled
CPU Internal Cache           : Enabled    CC000-CFFFF Shadow  : Disabled
External Cache               : Enabled    D0000-D3FFF Shadow  : Disabled
CPU L2 Cache ECC Checking    : Enabled    D4000-D7FFF Shadow  : Disabled
Processor Number Feature     : Enabled    D8000-DBFFF Shadow  : Disabled
Quick Power On Self Test     : Disabled   DC000-DFFFF Shadow  : Disabled
Boot From LAN First          : Disabled
Boot Sequence                : A,C,SCSI
Swap Floppy Drive            : Disabled
Boot Up NumLock Status       : On
Gate A20 Prtion              : Normal     ESC : Quit        ↑↓→← : Select Item
Security Option              : Setup      F1  : Help        PU/PD/+/- : Modify
PCI/VGA Palette Snoop        : Disabled   F5  : Old Values  (Shift)F2 : Color
                                          F6  : Load BIOS    Defaults
                                          F7  : Load Optimum Settings
```

图2-18　BIOS功能设定界面

- CPU Internal Core Speed：CPU当前的运行速度。
- CPU Internal Cache/External Cache：CPU内/外快速存取。
- CPU L2 Cache ECC Checking：CPU二级缓存快速存取记忆体错误检查修正。

- Quick Power On Self Test：快速开机自我检测，此选项可以调整某些计算机自检时检测内存容量 3 次的自检步骤。
- Boot From LAN First：网络开机功能，此选项可以远程唤醒计算机。
- Boot Sequence：开机优先顺序。这是常用的功能，通常设置的顺序是 A、C、SCSI、CDROM，如果需要从光盘启动，那么可以调整为 ONLY CDROM，正常运行最好调整为由 C 盘启动。
- Swap Floppy Drive：交换软驱盘符。
- Boot Up NumLock Status：开机时小键盘区情况设定。
- Security Option：检测密码方式。如设定为 Setup，则每次打开机器时屏幕均会提示输入口令（普通用户口令或超级用户口令，普通用户无权修改 BIOS 设置），不知道口令则无法使用机器；如设定为 System，则只有在用户想进入 BIOS 设置时才提示用户输入超级用户口令。

（3）SATA 硬盘 BIOS 设置

现在用的基本都是 SATA 硬盘，所以关于这一项单独提出来。开机并按〈Del〉键进入主板的 BIOS 设置页面后，找到硬盘的相关设置。选择“Integrated Peripherals”选项，进入硬盘选项设置界面，如图 2-19 所示。

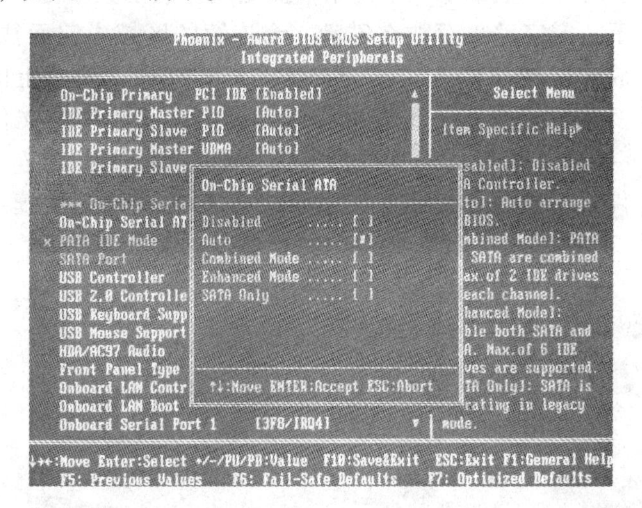

图 2-19　使用 SATA 设备

其中，“On-Chip Serial ATA”选项用来选择 SATA 控制器的工作模式，它有 Disabled、Auto、Combined mode、Enhanced mode、SATA only 等几个选项。

- Disabled：禁用 SATA 设备，它是默认值。在使用 SATA 硬盘时，要开启此项。
- Auto：由 BIOS 自动侦测存在的 SATA 设备。
- Conbined Mode：SATA 硬盘被映射到 IDE1 或 IDE2 口，模拟为 IDE 设置，此时要在 Serial ATA Port0/1 Mode 中选定一个位置启用 SATA 设备。
- Enhanced Mode：允许使用所有连接的 IDE 和 SATA 设备，最多支持 6 个 ATA 设备，要在 Serial ATA Port0/1 Mode 中设定一个 SATA 设备作为主 SATA 设备。
- SATA Only：只能使用 SATA 设备。

2.2.2 硬盘分区

经过基本的 BIOS 设置后，就可以进行硬盘分区了。大家常常会在计算机上看到 C 盘、D 盘、E 盘等符号，这就是硬盘分区以后的结果。其目的就是为了更合理、有效地保存数据，为文件安放提供更宽松的余地。现在所使用的 PC 机的硬盘，仍然沿用的是出现第一台 PC 时，由 IBM 公司的工程师设计的硬盘分区原理。

硬盘诞生于 1956 年，IBM 公司的工程师开始就规定一个硬盘可以有 4 个主分区，可以安装不同的操作系统。现在不管使用哪种分区软件，在给新硬盘上建立分区时都要遵循以下的顺序：建立主分区→建立扩展分区→建立逻辑分区→激活主分区→格式化所有分区，如图 2-20 所示。

1. 分区的基础知识

一个硬盘的主分区也就是包含操作系统启动所必需的文件和数据的硬盘分区，要在硬盘上安装操作系统，则该硬盘必须得有一个主分区。扩展分区也就是除主分区外的分区，但它不能直接使用，必须再将它划分为若干个逻辑分区。逻辑分区也就是人们平常在操作系统中所看到的 D、E、F 等盘。

文件占用磁盘空间时，基本单位不是字节而是簇。簇的大小与磁盘的规格有关。同一个文件的数据并不一定完整地存放在磁盘一个连续的区域内，而往往会分成若干段，像一条链子一样存放。这种存储方式称为文件的链式存储。硬盘上的文件常常要进行创建、删除、增长、缩短等操作。这样操作做得越多，硬盘中的文件就可能被分得越零碎（每段至少是一簇）。但是，由于硬盘上保存着段与段之间的连接信息（即 FAT），操作系统在读取文件时，总是能够准确地找到各段的位置并正确读出。硬盘存储数据的基本原理如图 2-21 所示。

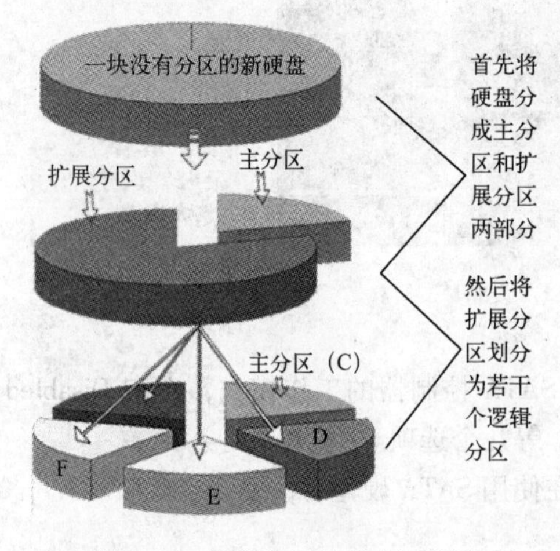

图 2-20 硬盘分区的基本原理图

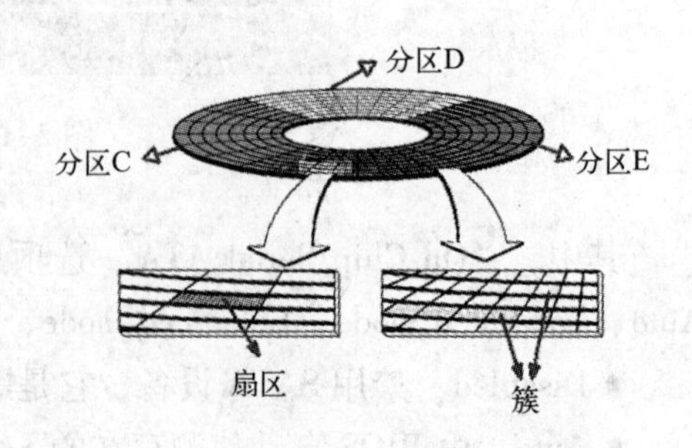

图 2-21 硬盘存储数据的基本原理图

2. 常用的分区格式

（1）FAT16

FAT 的全称是“File Allocation Table（文件分配表系统）”，该文件系统 1982 年开始应用于 MS-DOS 中。FAT 文件系统的主要优点是它可以被多种操作系统访问，如 MS-DOS、

Windows 所有系列和 OS/2 等。这一文件系统在使用时遵循 8.3 命名规则（即文件名最多为 8 个字符，扩展名为 3 个字符）。同时 FAT 文件系统无法支持系统高级容错特性，不具有内部安全特性等。

（2）FAT32

FAT32 是 FAT16 文件系统的派生，比 FAT16 支持更小的簇和更大的分区，这就使得 FAT32 分区的空间分配更有效率。FAT32 主要应用于 Windows 98 及后续 Windows 系统（实际从未正式发布的 Windows 97，即 OSR2 就开始支持了），它可以增强磁盘性能并增加可用磁盘空间，同时也支持长文件名。

（3）NTFS

NTFS（New Technology File System）是 Microsoft Windows NT 的标准文件系统，它也同时应用于 Windows 2000/XP/2003。它与旧的 FAT 文件系统的主要区别是 NTFS 支持元数据（MetaData），并且可以利用先进的数据结构提供更好的性能、稳定性和磁盘的利用率。NTFS 有 3 个版本：在 NT 3.51 和 NT 4 中的 1.2 版，Windows 2000 中的 3.0 版和 Windows XP 中的 3.1 版。这些版本有时被提及为 4.0 版、5.0 版和 5.1 版。更新的版本添加了额外的特性，如 Windows 2000 引入了配额。在兼容性方面，Windows 的 95/98/98SE 和 ME 版都不能识别 NTFS 文件系统。

3 种格式基本参数的比较如表 2-2 所示，其功能支持方面的比较如表 2-3 所示。表中可以看出，在系统的安全性方面，NTFS 文件系统具有很多 FAT32/FAT16 文件系统所不具备的特点，而且基于 NTFS 文件系统的 Windows 2000/XP/2003 运行速度要快于基于 FAT 文件系统的；而在与 Windows 9X 的兼容性方面，FAT 则优于 NTFS。

表 2-2　3 种格式基本参数的比较

文件系统	OS 兼容性				簇最大量	最大容量	可实现最大分区容量	
	Windows NT	Windows 95	Windows 98 (OSR2/ME)	Windows 2000/XP/2003			Windows 98	Windows 2000 /XP/2003
FAT16	✓	✓	✓	✓	65535	4 GB	2 GB	4 GB
FAT32	×	×	✓	✓	4177918	2TB	127.53GB	32 GB
NTFS	✓	×	×	✓	4294967296	16EB	不支持	2TB

表 2-3　3 种格式功能支持方面的比较

文件系统	容错性	长文件名支持	配额功能	访问权限	加密功能	更多特性
FAT16	较差	×	×	×	×	少
FAT32	较差	✓	×	×	×	一般
NTFS	好	✓	✓	✓	✓	丰富

2.2.3　分区操作

现在有很多的分区工具，这里介绍广泛使用的 DM 万用版，该软件可以在网上下载得到。

启动 DM，进入 DM 的目录并直接输入“dm”，弹出一个说明窗口，按任意键进入主画面。DM 提供了一个自动分区的功能，完全不用人工干预全部由软件自行完成，选择主菜单中的“(E)asy Disk Instalation”即可完成分区工作，如图 2-22 所示。虽然方便，但是这样就不能按照使用者的意愿进行分区，因此一般情况下不推荐使用。

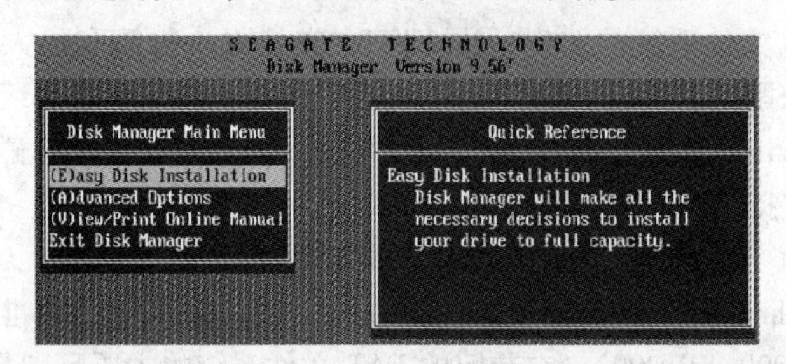

图 2-22　启动界面

可以选择“(A)dvanced Options”进入二级菜单，然后选择“(A)dvanced Disk Installation”进行分区的工作，如图 2-23 所示。

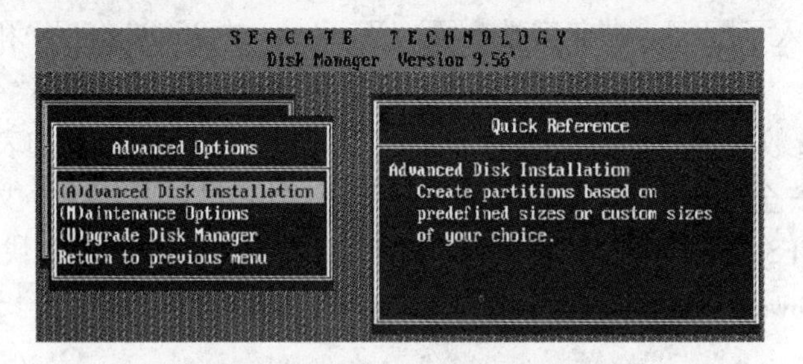

图 2-23　二级子菜单界面

接着会显示硬盘的列表，如图 2-24 所示。直接按〈Enter〉键即可。

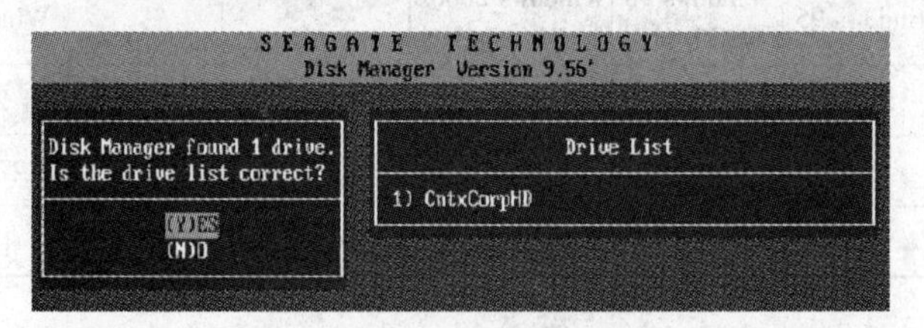

图 2-24　硬盘列表一

如果 PC 机有多个硬盘，按〈Enter〉键后会让用户选择需要对哪个硬盘进行分区的工作，如图 2-25 所示。

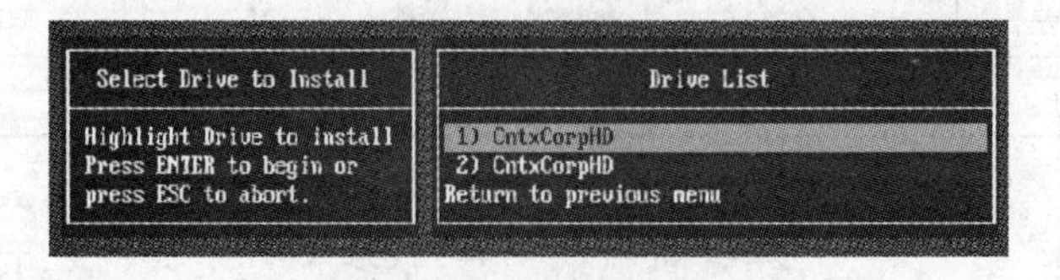

图 2-25　硬盘列表二

然后是分区格式的选择，一般来说选择 FAT32 的分区格式，如图 2-26 所示。

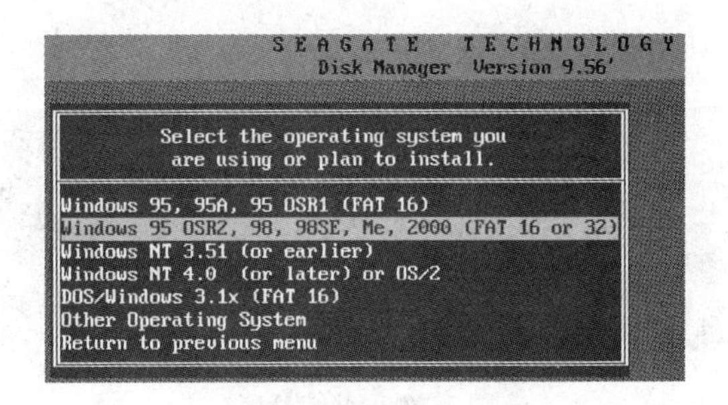

图 2-26　选择分区格式

接下来是一个确认是否使用 FAT32 的窗口，如图 2-27 所示。要说明的是，FAT32 跟 MS-DOS 存在兼容性问题，也就是说在 DOS 下无法使用 FAT32。

图 2-27　分区格式的确认

进入如图 2-28 所示的选择分区大小的界面。DM 提供了一些自动的分区方式，如果用户需要按照自己的意愿进行分区，则选择“OPTION（C）Define your own”。

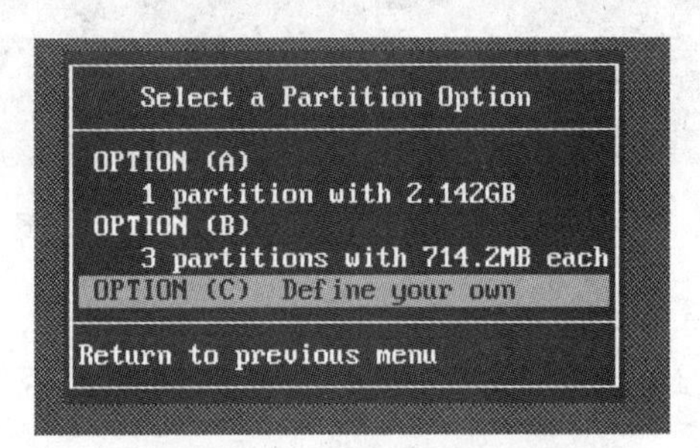

图 2-28　分区大小的选择

接下来，输入分区的大小，如图 2-29 所示。

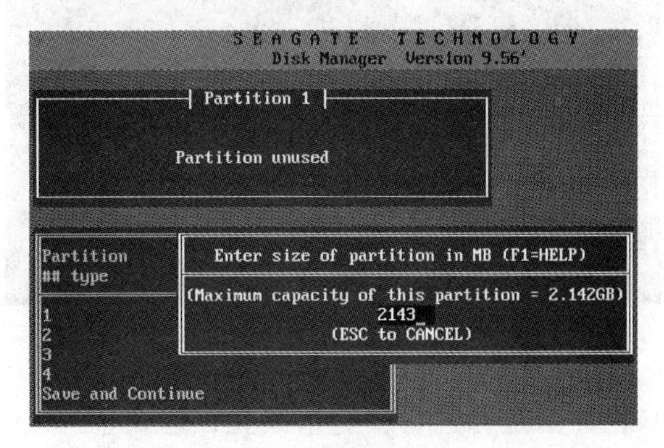

图 2-29　确定分区的大小

首先输入主分区的大小，然后输入其他分区的大小。这个工作是不间断进行的，直到硬盘所有的容量都被划分，如图 2-30 所示。

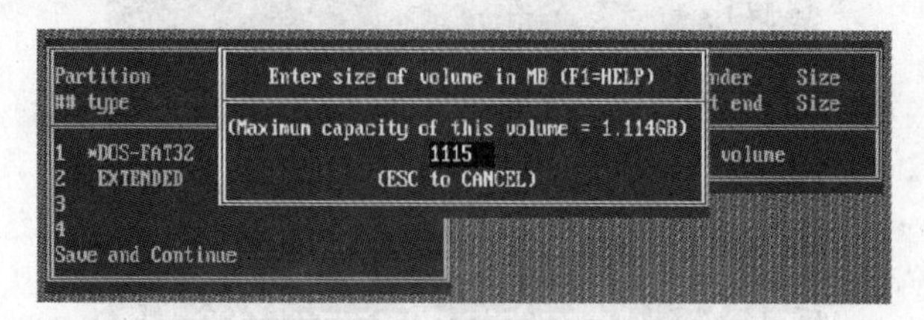

图 2-30　继续分区

完成分区数值的设定，会显示最后分区详细的结果，如图 2-31 所示。此时你如果对分区不满意，还可以通过下面一些提示的按键进行调整。例如，按〈DEL〉键删除分区，按〈N〉键建立新的分区。

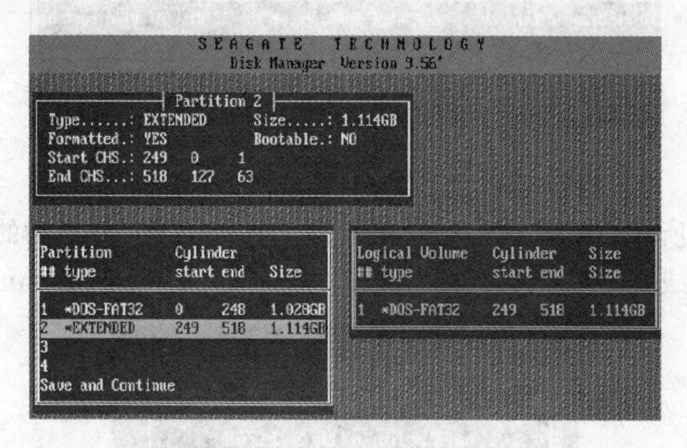

图 2-31　显示结果

设定完成后选择“Save and Continue”选项保存设置的结果，此时会出现提示窗口，再次确认用户的设置，如果确定按〈Alt + C〉组合键继续，否则按任意键回到主菜单，如图 2-32 所示。

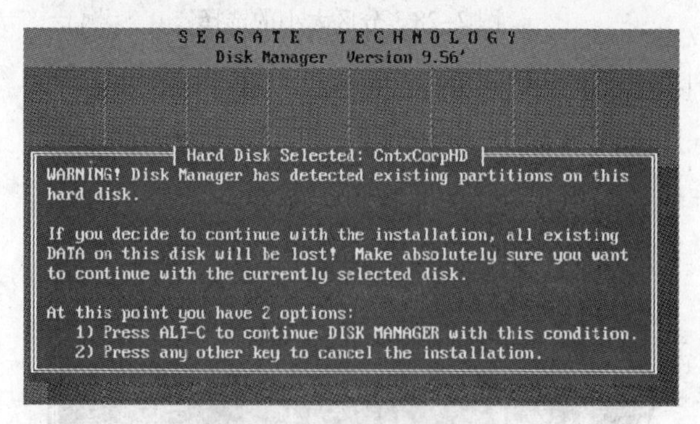

图 2-32　保存结果

接下来是提示窗口，询问是否进行快速格式化，建议选择“(Y)ES”，如图 2-33 所示。

然后是一个询问的窗口，询问用户分区是否按照默认的簇进行，选择“(Y)ES”，如图 2-34 所示。

Fast Format will reduce installation time by
verifying only system areas. Use Fast Format?
(Y)ES
(N)O

图 2–33　选择快速格式化

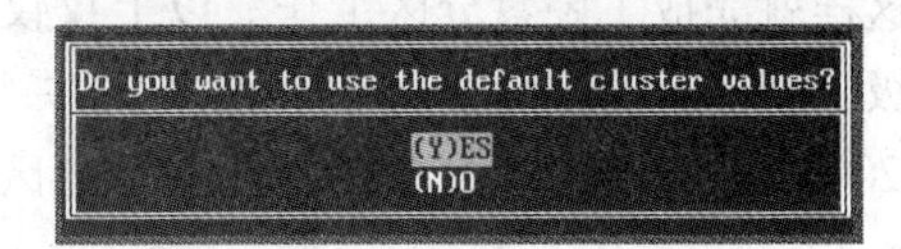

图 2–34　进一步确认

最后出现是最终确认的窗口，选择“(Y)ES”即可开始分区的工作，如图 2–35 所示。

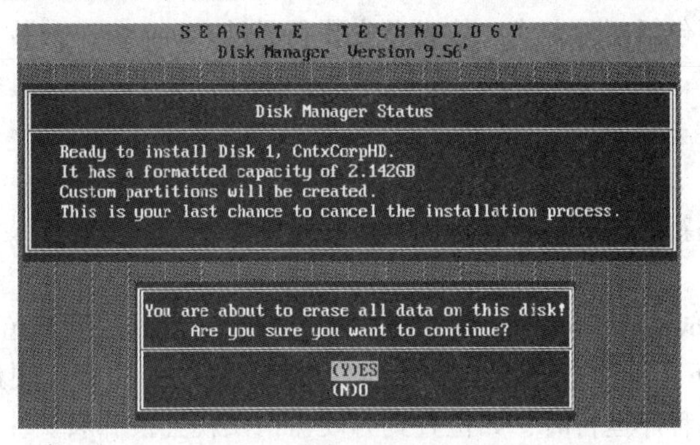

图 2–35　最终确认

此时 DM 就开始分区的工作，稍微片刻完成，如图 2–36 所示。在这个过程中要保证系统不断电。

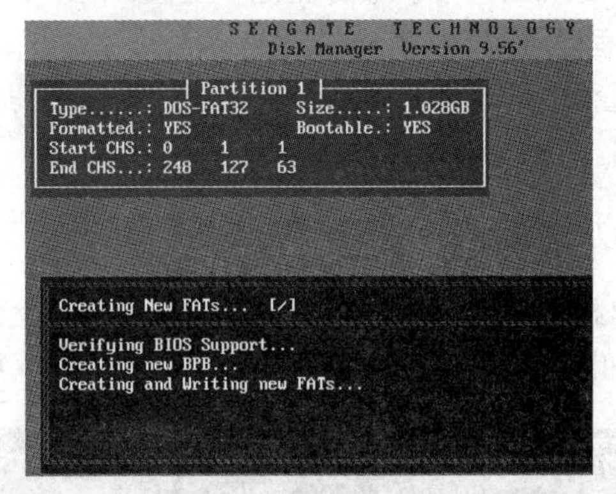

图 2–36　分区进行界面

完成分区工作会出现一个提示窗口，按任意键继续，如图 2–37 所示。

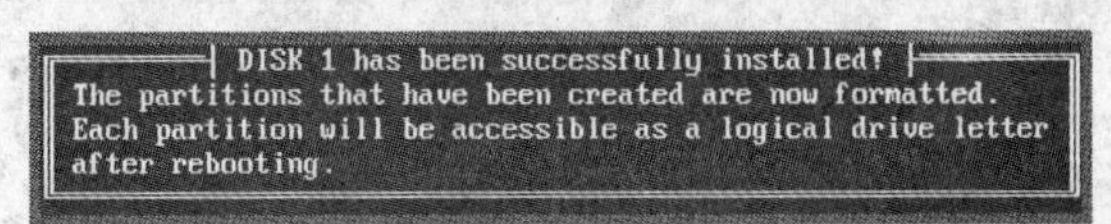

图 2–37　提示窗口

出现重新启动的提示，如图 2–38 所示。虽然 DM 提示可以使用热启动的方式重新启动，最好还是按“主机”上的“RESET”按钮重新启动。

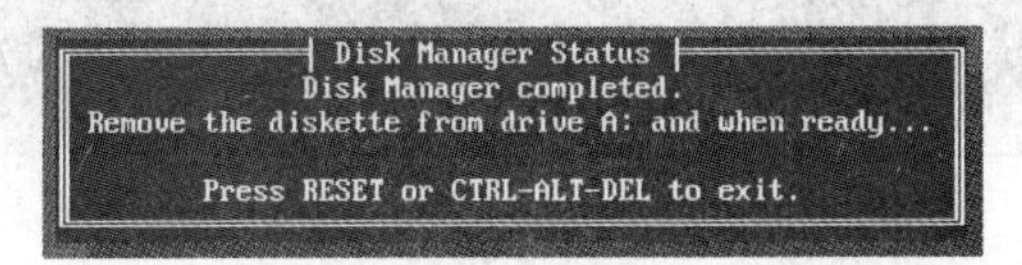

图 2–38　重新启动

这样就完成了硬盘分区工作。以上仅仅只是介绍了 DM 最基本的使用方法，DM 还有很多高级功能。其实硬盘分区还有很多软件，如国产软件 Disk Genius，另外还可以利用 Windows 2000 和 Windows XP 中的功能进行分区。硬盘分区完成后就可以安装系统了。

2.3 系统安装

系统的安装主要包括两种方式：从光盘安装和通过 Ghost 快速安装。从光盘安装方式主要用于个人单机安装；通过 Ghost 快速安装方式主要用于大量计算机的系统安装。

2.3.1 安装准备

系统安装可以是新的计算机安装，也可以是系统崩溃时的重新安装。具体安装准备工作如下。

1）准备好 Windows XP Professional 简体中文版安装光盘，并检查光驱是否支持自启动。

2）可能的情况下，在运行安装程序前用磁盘扫描程序扫描所有硬盘，检查硬盘错误并进行修复，否则安装程序运行时，如检查到有硬盘错误就会很麻烦。

3）用纸张记录安装文件的产品密钥（安装序列号）。

4）可能的情况下，用驱动程序备份工具（如驱动精灵）将原 Windows XP 下的所有驱动程序备份到硬盘上（如“F:\Drive”）。最好能记下主板、网卡、显卡等主要硬件的型号及生产厂家，预先下载驱动程序备用。

5）如果需要在安装过程中格式化 C 盘或 D 盘（建议安装过程中格式化 C 盘），最好备份 C 盘或 D 盘有用的数据。

2.3.2 设置用光盘启动系统

1）计算机启动还在自检（屏幕为黑屏白字，同时在屏幕右上角还显示一个图标）时按住键盘上的〈Del〉键，如图 2-39 所示，即可进入“CMOS Setup Utility”界面。

图 2-39　启动画面

2）利用光标移动键选择“Advanced BIOS Features”选项，如图 2-40 所示。

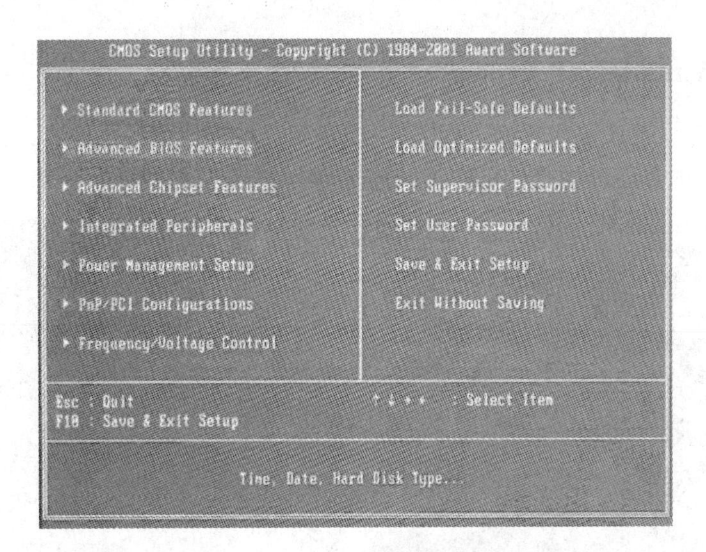

图 2-40　先要进行 BIOS 设置

3）按〈Enter〉键进入该项设置并选择“First Boot Device”项，如图 2-41 所示，利用〈Page Up〉键或〈Page Down〉键将它修改为相应项，如果用光盘启动则更改为“CDROM”。

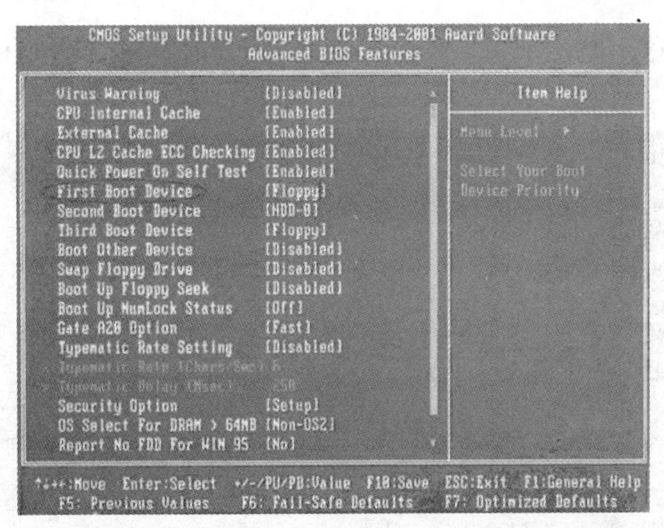

图 2-41　选择启动顺序

4）最后按〈F10〉键保存后退出 BIOS 设置。此时放入相应启动盘便可从该盘进行启动了。

在光驱中放入系统安装光盘，重启后在出现“CD..”字样时按〈Enter〉键即可进入系统安装画面，如图 2-42 所示。如看不到该字样，说明还不是光驱启动，则需重新到 BIOS 里设置。

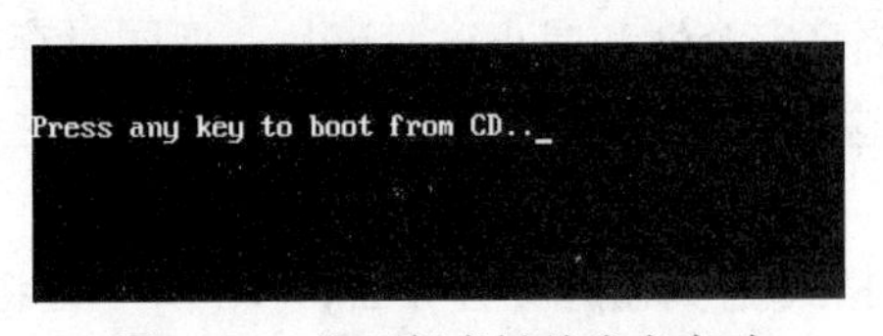

图 2-42　按下任意键从光盘启动

2.3.3 安装 Windows XP Professional

光盘自启动后，进入安装界面，如图 2-43 所示。根据界面提示内容，按〈Enter〉键进入如图 2-44 所示的界面，接受许可协议，按〈F8〉键进入下一步。

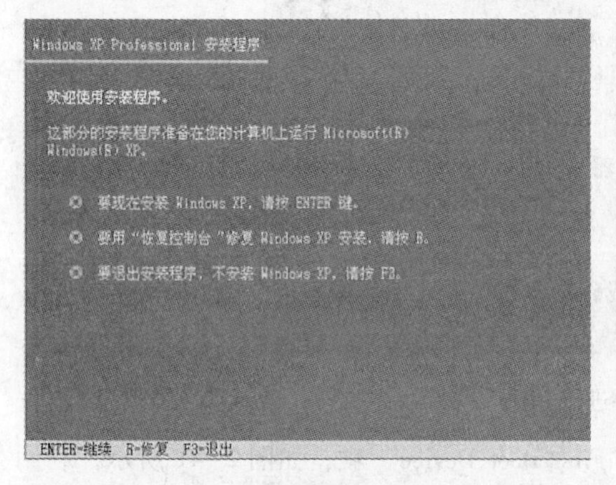

图 2-43　按照提示进行操作　　图 2-44　接受许可协议

如图 2-45 所示，用键盘的方向键选择安装系统所用的分区，如果已格式化 C 盘请选择 C 分区，选择好分区后按〈Enter〉键。

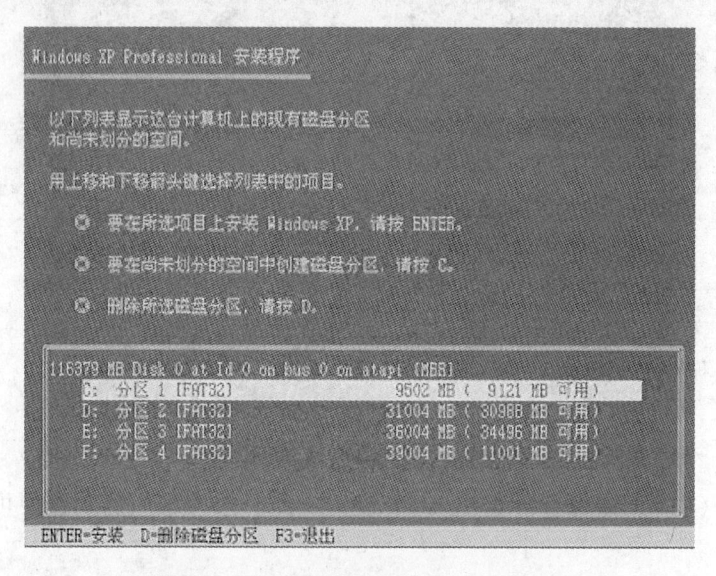

图 2-45　也可以在这里进行分区和格式化

对所选分区可以进行格式化，从而转换文件格式或保存现有文件系统。需要注意的是，NTFS 格式可节约磁盘空间提高安全性和减小磁盘碎片，但同时存在很多问题 OS 和 98/ME 下看不到 NTFS 格式的分区。这里选择"用 FAT 文件系统格式化磁盘分区（快）"，按〈Enter〉键，如图 2-46 所示。

进入如图 2-47 所示的格式化 C 盘的警告界面，按〈F〉键将格式化 C 盘。

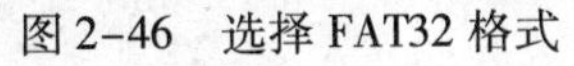

图 2-46　选择 FAT32 格式

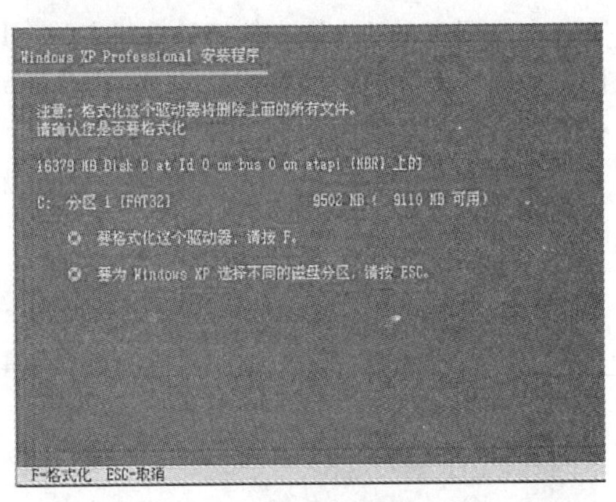

图 2-47　准备格式化 C 盘

格式化进行中的界面如图 2-48 所示。格式化后会出现欢迎界面，这个时候计算机开始复制文件，如图 2-49 所示。文件复制完毕后，安装程序开始初始化 Windows 配置。然后系统将会自动在 15 s 后重新启动。

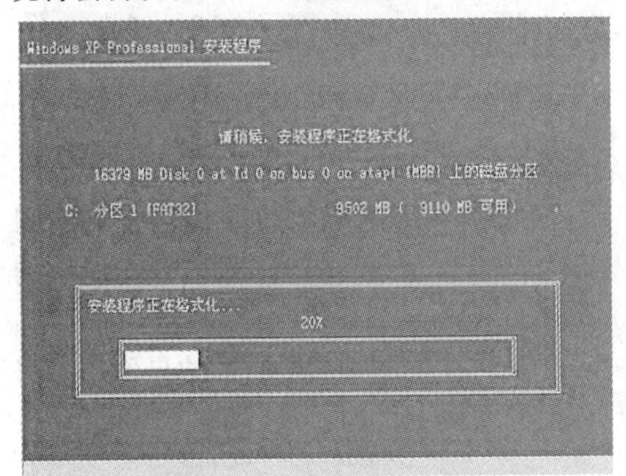

图 2-48　开始格式化

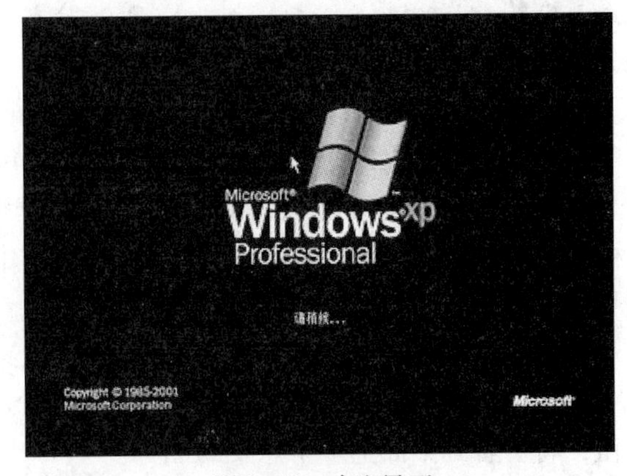

图 2-49　欢迎界面

过几分钟后，出现“区域和语言设置”界面，选用默认值即可，直接单击“下一步”按钮。输入姓名和单位，这里的姓名是以后注册的用户名，单击“下一步”按钮。然后输入安装序列号，单击“下一步”按钮，如图 2-50 所示。

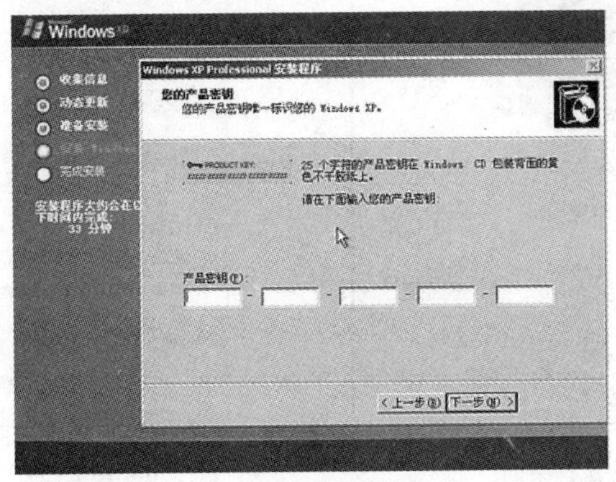

图 2-50　输入序列号

安装程序自动为用户创建计算机名称，用户可任意更改，并可设置系统管理员密码，如图 2-51 所示。需要注意的是，“Administrator”系统管理员在系统中具有最高权限，平时登录系统最好不要使用这个账号。

继续安装 Windows XP 操作系统，后面就不用用户参与了，安装程序会自动完成全过程，如图 2-52 所示。

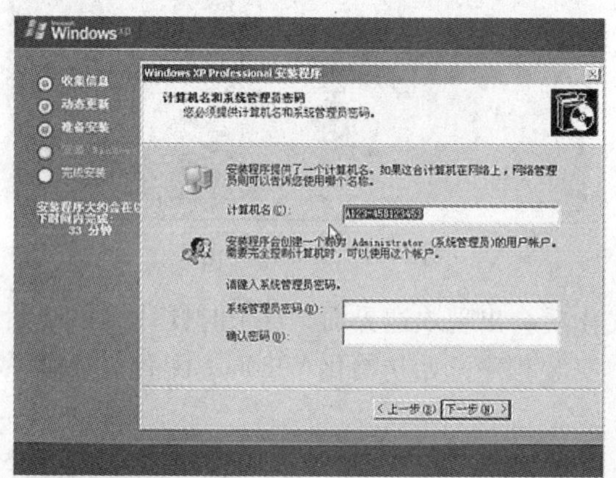

图 2-51　修改计算机名和设置系统管理员密码

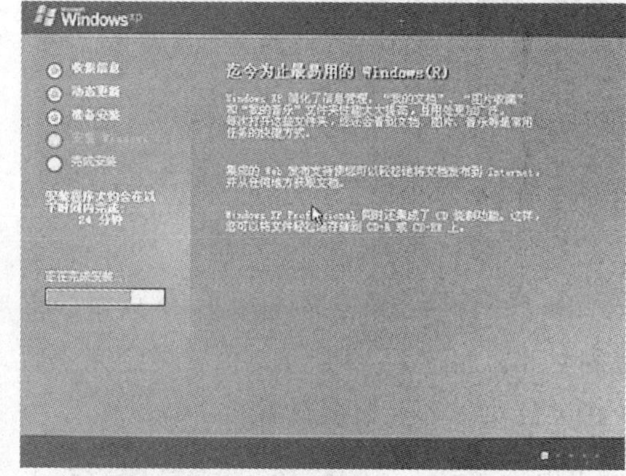

图 2-52　安装程序自动完成安装

安装完成后自动重新启动，出现如图 2-49 所示的启动画面。

第一次启动需要较长时间，启动后的桌面只有回收站一个图标。想要找回常见的图标可在桌面上单击鼠标右键，在弹出的菜单中选择“属性”命令，打开如图 2-53 所示的界面。

单击“桌面”选项卡，并单击“自定义桌面”按钮。在如图 2-54 所示的界面中，将“我的文档”、“我的电脑”、“网上邻居” 3 个项目前面的空格上打钩，然后单击“确定”按钮，将会看到桌面上多了想要的图标。

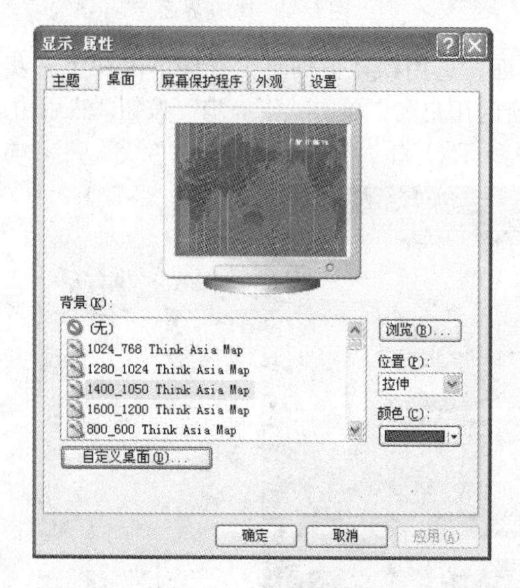

图 2-53　选择桌面

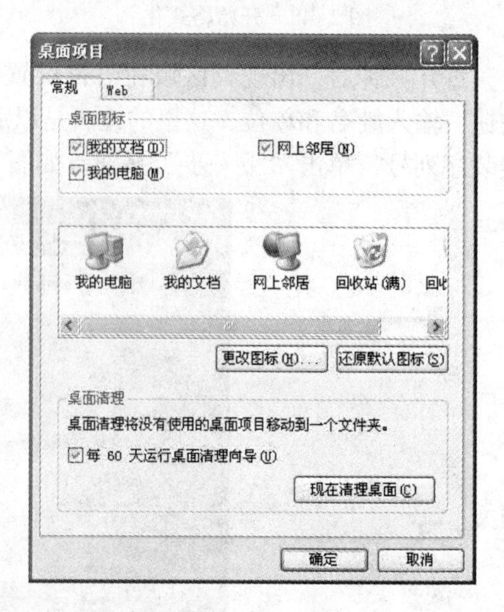

图 2-54　常用的图标

2.4 安装驱动程序

完成操作系统的安装并不意味着整个安装过程的结束，还需要为各种硬件设备安装相应的驱动程序。安装驱动程序是在操作系统安装完成之后、安装应用软件之前必须要做的工作。只有为硬件安装了合适的正确的驱动程序之后，才能确保硬件设备的正常工作，计算机才能发挥出真正的功效。

2.4.1 驱动程序概述

驱动程序（Device Driver，设备驱动程序）是一种可以使计算机和设备通信的特殊程序，相当于硬件的接口。操作系统只有通过这个接口，才能控制硬件设备的工作，假如某设备的驱动程序未能正确安装，便不能正常工作。因此，驱动程序被誉为“硬件的灵魂”和“硬件和系统之间的桥梁”等。

从理论上讲，所有的硬件设备都需要安装相应的驱动程序才能正常工作，但像 CPU、内存、主板、软驱、键盘、显示器等设备却并不需要安装驱动程序也可以正常工作，而显卡、声卡、网卡等却一定要安装驱动程序，否则便无法正常工作。这主要是由于 CPU 等硬件对于一台个人电脑来说是必需的，所以早期的设计人员将这些硬件列为 BIOS 能直接支持的硬件。换句话说，CPU 等硬件安装后就可以被 BIOS 和操作系统直接支持，不再需要安装驱动程序。但是对于显卡等硬件，则必须要安装驱动程序，不然这些硬件就无法正常工作。

驱动程序安装的一般顺序为：主板芯片组（Chipset）→显卡（VGA）→声卡（Audio）→网卡（LAN）→无线网卡（Wireless LAN）→红外线（IR）→触控板（Touchpad）→PCMCIA 控制器（PCMCIA）→读卡器（Flash Media Reader）→调制解调器（Modem）→其他（如电视卡、CDMA 上网适配器等）。不按顺序安装很有可能导致某些软件安装失败。

2.4.2 获取驱动程序的途径

一般情况下，可以通过以下几种途径获取驱动程序。

1. 使用操作系统自带的驱动程序

操作系统本身附带大量的通用驱动程序，在安装系统的同时，安装程序会自动检测计算机的硬件配置情况，并会在自带的驱动程序库内找到相应的驱动程序后自动进行安装。这就是许多硬件不需要安装单独安装驱动程序的原因。

2. 使用硬件本身附带的驱动程序

一般来说，每个硬件设备生产商都会针对自己硬件设备的特点开发专门的驱动程序，并在销售硬件设备的同时免费提供。这些由设备厂商自己开发的驱动程序大都具有较强的针对性，其性能比通用程序好得多。

3. 通过网络下载自己需要的程序

上网下载驱动程序一般有两种情况：一种是硬件厂商把更新的驱动程序放在网上，免费供用户下载，多用于修改某些 BUG，或者是用于部分提高性能；还有一种情况是用户不慎将自己所买硬件附带的驱动程序丢失，由于某种原因系统崩溃，重新安装时需要再次安装驱动程序，这样就可以在网上获得。

2.5 有问有答

问：在配机器时，只注重 CPU 的配置，其他硬件不那么注重可以吗？

答：这样的想法是不好的。计算机是由十几个部件组成的一个完整的系统，哪一个部件的性能低下都会对计算机整体产生影响。这就是著名的“木桶原理”。试想，假如组成水桶的 13 块木板（相对于计算机的 13 个部件）基本都是上好的楠木，其中只有一块木板是其他比较差的材料并且生虫了，那么这个木桶还能装多少水呢？

问：什么品牌的硬盘最好？

答：现在市面上的硬盘大概有 4 个品牌：希捷、西部数据、三星和日立。希捷在收购迈拓以后成为世界上最大的硬盘生产厂家；西部数据的口号是“视数据安全为生命”，在学生这一类消费人群中有相当的市场份额；三星的存储技术也是世界一流；日立硬盘的前身则是大名鼎鼎的 IBM 公司硬盘事业部。

现在购买硬盘品牌不是最重要的，关键是采用了什么样的先进技术。例如，现在都会购买采用了垂直记录技术的硬盘。采用垂直记录技术（Perpendicular Magnetic Recording），盘片的磁化不像目前水平记录技术那样发生在盘片所在的平面上，而是发生在与盘片相垂直的平面上，如图 2-55 所示。这样一来，数据位就是指向上或向下的定向磁化区域（在水平记录技术中，数据位的磁化是在磁盘平面上，在与磁头运动方向相同和相反的点之间翻转）。介质淀积在软磁衬底上，衬底的作用是作为写磁场返回路径的一部分并有效地生成记录磁头的镜像，这将使记录磁场增强一倍，故能达到比水平记录技术更高的记录密度。值得一提的是，垂直记录并不会因这项强化而提高功率消耗或产生更高热能，这对于对耗电与热量敏感的笔记本电脑非常关键。此外，垂直记录也因为能够强化数据对于热衰退的阻抗能力而提升了硬盘可靠性。对于生产厂商来说，垂直记录技术可延长磁盘储存装置的发展年限；对消费者来说，则可提供更高容量的硬盘容量。此前，IBM 公司开发的 GMR 磁头能够达到的盘片密度仅为 8 GB 每平方英寸，而现在业界利用垂直记录技术可以将 GMR 磁头升级到每平方英寸 150 GB 以上，这就为硬盘提升单碟容量打下了坚实的基础；同时，更大的面密度有利于提高磁盘性能。一块 3.5 英寸硬盘将能存储 2TB（1TB = 1000 GB）数据。

对于同样采用垂直记录技术的硬盘，出厂日期越近越好。例如，希捷的 7200.12 就比 7200.11 要好得多。

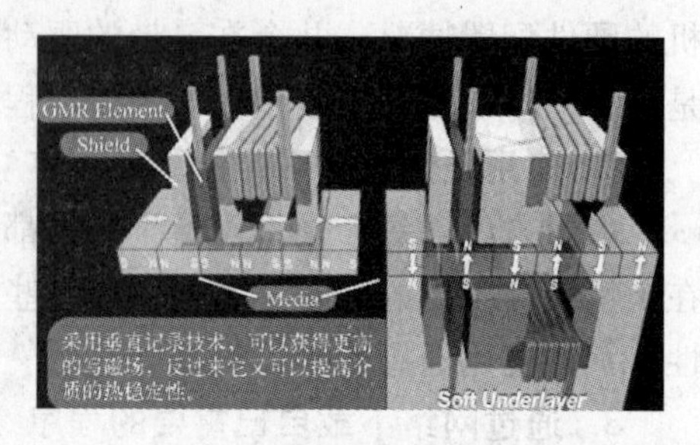

图 2-55　水平记录和垂直记录原理示意图

问：购买硬盘的原则是什么呢？

答：购买硬盘的原则是“更大、更快、更安全”。特别要提醒注意的是这里的“更大”，不是指总的容量，而是指单碟容量要大。例如，对于一个 160 G 的硬盘有单碟和双碟之分，则要买单碟容量是 160 G。同理，如果一个 250 G 的硬盘有两种，一种是两碟，一种是由 3 张碟片组成，那么就应该买两碟的。如果 1 TB 的硬盘只有 3 张碟片组成而没有别的种类，则只能买 3 碟的了。

问：购买主板需要注意什么？

答：购买主板需要注意以下5个基本要素。

1）注意芯片组的型号和拥有的功能。

2）注意主板的用料和做工。

3）注意主板的特色功能和稳定性。

4）注意主板的性价比。

5）注意售后服务。

问：内存在升级扩大容量的时候会出现新旧内存条混插的情况，此时要注意什么呢？

答：要注意就低原则，也就是说要把旧的内存条放在0号内存槽中，把新的内存条放在1号内存槽中，依此类推。

2.6 习题

1. 主分区、扩展分区和逻辑分区之间是什么关系？
2. 硬盘格式化常用的有哪几种方法？
3. 常用的硬盘接口有哪几种？
4. FAT32和NTFS各有什么优缺点？
5. 如果遇到系统没有携带的驱动程序该怎么处理？
6. 一般情况下，C盘分区时取多大为宜？
7. 如何安装多操作系统？
8. 一台计算机中最多可以安装多少种操作系统？

第3章　注册表配置与系统优化

本章导读

在学习了第1章和第2章以后，读者基本可以组装出一台个人计算机了。如果想要使机器运转更加流畅，效率更高，则需要进一步学习本章的内容。本章主要介绍注册表的概念、组成结构，注册表的导入、导出和备份与恢复，以及介绍注册表在系统优化的使用方法。另外本章还介绍两种常用的系统优化软件："优化大师"和"兔子魔法"。

学习目标

- 掌握：计算机系统中注册表的用法
- 理解：计算机系统中合理配置的重要性
- 了解：计算机系统中优化软件的使用

3.1　注册表的使用

注册表是Windows系统存储关于计算机配置信息的数据库，包括了系统运行时需要调用的运行方式的设置。但其烦琐的"芝麻"型结构往往导致用户"望表而退"。所以，这里将系统介绍注册表，从而帮助读者来了解注册表，以便修改注册表或使用一些注册表工具来优化自己的系统。

3.1.1　注册表的用途

注册表的功能非常强大，是Windows操作系统的核心。注册表里储存着大量的系统信息，包括外设、驱动程序、软件、用户记录等。通过修改注册表，用户可以对系统进行限制、优化等。注册表里面所有的信息平时都是由Windows操作系统自主管理的，但也可以通过软件或手工修改。

3.1.2　注册表的组成

在注册表中，所有的数据都是通过一种树状结构以键和子键的方式组织起来，十分类似于目录结构。每个键都包含了一组特定的信息，每个键的键名都与它所包含的信息相关。如果这个键包含子键，则在注册表编辑器窗口中，代表这个键的文件夹左边将有"+"符号，以表示在这个文件夹中有更多的内容。如果这个文件夹被用户打开了，那么"+"就会变成"-"，如图3-1所示。

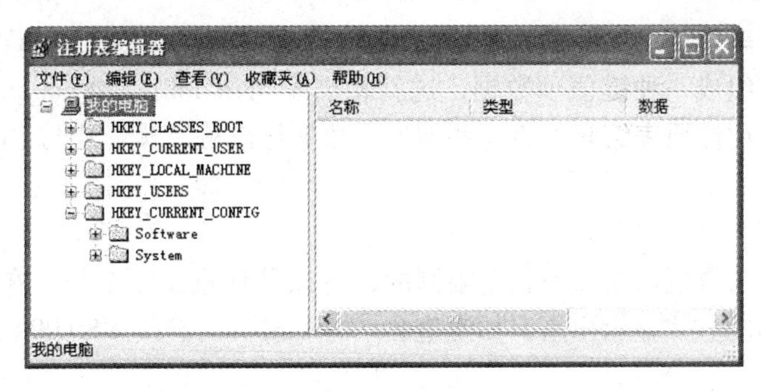

图 3-1 注册表结构

1. 根键

注册表包含有六大根键，它们的作用如下。

(1) HKEY_ USERS

该根键保存了存放在本地计算机口令列表中的用户标识和密码列表。每个用户的预配置信息都存储在 HKEY_ USERS 根键中。HKEY_ USERS 是远程计算机中访问的根键之一。

(2) HKEY_ CURRENT_ USER

该根键包含本地工作站中存放的当前登录的用户信息，包括用户登录名和暂存的密码(此密码在输入时是隐藏的)。用户登录 Windows XP 时，其信息从 HKEY_ USERS 中相应的项复制到 HKEY_ CURRENT_ USER 中。

(3) HKEY_ CURRENT_ CONFIG

该根键存放着定义当前用户桌面配置（如显示器等）的数据，最后使用的文档列表(MRU) 和其他有关当前用户的 Windows XP 中文版的安装信息。

(4) HKEY_ CLASSES_ ROOT

该根键包含注册的所有 OLE 信息和文档类型，是从 HKEY_ LOCAL_ MACHINE\SOFTWARE\CLASSES 复制的。根据在 Windows XP 中文版中安装的应用程序的扩展名，该根键指明其文件类型的名称。

(5) HKEY_ LOCAL_ MACHINE

该根键存放本地计算机硬件数据，此根键下的子关键字包括在 System. dat 中，用来提供 HKEY_ LOCAL_ MACHINE 所需的信息；或者在远程计算机中可访问的一组键中。

该根键中的许多子键与 System. ini 文件中设置项类似。

(6) HKEY_ DYN_ DATA

该根键存放了系统在运行时动态数据，此数据在每次显示时都是变化的，因此，此根键下的信息没有放在注册表中。

2. 键和子键

注册表通过键和子键来管理各种信息。但是，注册表中的所有信息是以各种形式的键值项数据保存下来。在注册表编辑器右窗格中，保存的都是键值项数据。这些键值项数据可分为如下 3 种类型。

(1) 字符串值

在注册表中，字符串值一般用来表示文件的描述、硬件的标识等。通常它由字母和数字组成，最大长度不能超过 255 个字符。例如，“ D:\pwin98\trident ” 为键值名 “ a ” 的键值，它是一种字符串值类型的。同样地，“ ba ”也为键值名“ MRUList”的键值。通过键值名、键值就可以组成一种键值项数据，这就相当于 Win. ini、Ssytsem. ini 文件中小节下的设置行。其实，使用注册表编辑器将这些键值项数据导出后，其形式与 INI 文件中的设置行完全相同。

（2）二进制值

在注册表中，二进制值是没有长度限制的，可以是任意个字节长。在注册表编辑器中，二进制以十六进制的方式显示出来，如键值名“Wizard”的键值“80 00 00 00”就是一个二进制。

（3）DWORD 值

DWORD 值是一个 32 位（4 个字节，即双字）长度的数值。在注册表编辑器中，系统将以十六进制的方式显示 DWORD 值。在编辑 DWORD 数值时，可以选择用十进制还是十六进制的方式进行输入。

3.1.3 注册表编辑器

既然注册表是一个数据库，自然可以用各类工具进行编辑。本节将介绍几种常用的注册表编辑器。

1. 运行注册表编辑器

Regedit. exe 作为一个 16 位的注册表编辑器，仍然包含在 Windows XP 中。它具有强大的搜索功能，其运行方法是：使用 System32 目录下的 Regedit32. exe；或者在“开始”菜单的“运行”项中输入“regedit”，单击“确定”按钮，如图 3-2 所示。

图 3-2 运行注册表编辑器

2. 注册表编辑器功能

Regedit32. exe 增加了以下的功能。

1）记忆功能。每次启动注册表编辑器后能自动定位到上次关闭时所在的位置。

2）收藏夹功能。用户可以通过该项功能，在修改注册表时将经常访问的一些地址加入到收藏夹中，方便日后使用。

3）直接查看键值类型。在编辑器窗口中除了可以看到键值名称和数据外，还可以看到键值类型。

3.1.4 注册表的备份

注册表以二进制方式存储在硬盘上，用户在修改注册表时难免会引起一些问题，甚至是致命的故障，所以对注册表文件进行备份和恢复就具有非常重要的意义。除此之外，用户还可以将注册表中的某一主键或子键保存为文本文件，并且打印出来，用来研究注册表的结构。

1. 用注册表编辑器直接导出注册表备份

直接导出注册表，就是用 Windows XP 自带的注册表编辑器 Regedit. exe 里面的功能备份注册表。可以在成功运行注册表编辑器后，通过单击“注册表”菜单下的“导出”命令实现，如图 3-3 所示。

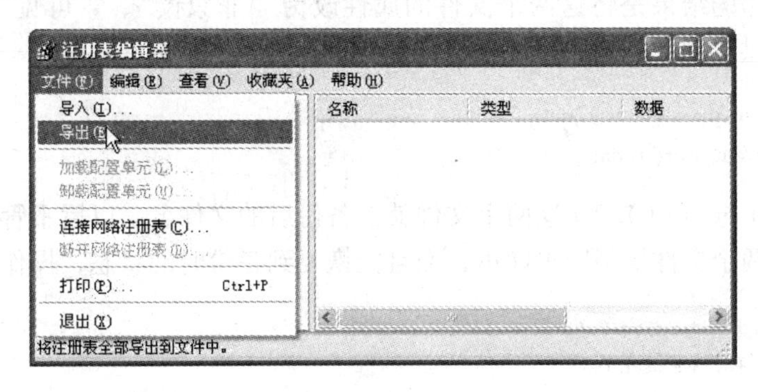

图 3-3 “导出”命令

在弹出的对话框中选择导出范围，如图 3-4 所示。

图 3-4 导出文件保存

- 选择“全部”单选项时，系统会将注册表文件备份在硬盘上，生成扩展名为 . reg 的文件。
- 选择“选择分支”单选项时，可以保存某一个根键，或者某一个主键（子键）。

在 Windows XP 中，在保存某些根键或子键时，会因为其使用的用户不同，或者该根键或子键正在被系统使用，会提示禁止访问的警告。

2. 在 DOS 模式下备份注册表

首先计算机启动并进入 DOS 环境，进行如下操作：

```
cd windows
attrib -r -h -s system. dat
attrib -r -h -s user. dat
```

执行上述操作的结果是将这两个文件的属性改为“非只读”、“可见”和“非系统”，这样的文件才可供复制，复制操作如下：

```
Copy system. dat system( ). dat
Copy user. dat user( ). dat
```

System( ). dat 与 user( ). dat 这两个文件就是备份后的文件名。以后不管注册表坏到什么程度，只要把这两个文件复制回去即可，而且能恢复到备份时的状态，操作如下：

```
attrib +r +h +s system. dat
attrib +r +h +s user. dat
```

重新将这两个文件的属性恢复成“只读”、“隐藏”和“系统文件”。

操作完成后，重新启动计算机。

3.1.5 注册表的恢复

在注册表损坏时，恢复到系统正常状态时的注册表的方法通常有如下几种。

1. 重新启动系统

Windows XP 注册表中的许多信息都是保存在内存中的，如 HKEY-DYN-DATA 根键中的子键信息。用户可以通过重新将硬盘中的信息调入内存来修正各种错误。每次启动系统时，注册表都会把硬盘中的信息调入内存。

2. 使用安全模式启动

如果在启动 Windows XP 系统时遇到注册表错误，则可以在安全模式下启动。在启动时，按〈F5〉键，Windows XP 将在安全模式下启动，此时系统可以自动修复注册表问题。

3. 使用 System. lst 恢复系统注册表

如果 Windows XP 启动或者运行时故障太多，而且也没有给 Windows XP 的系统注册表做过备份，或者根本启动不了 Windows XP，则可以使用 System. lst 恢复系统注册表。

Windows XP 在成功安装后会把第一次正常运行时的 Windows XP 系统信息保存在启动盘根目录下的 System. lst 文件中，这个文件的属性是 HSR（隐藏、系统、只读）的，并且此文件不会随 Windows XP 系统配置的改变而改变。因此，用户在没有其他办法的情况下，可使用这个文件进行最保守的恢复。

下面介绍使用 System. lst 恢复系统注册表的操作步骤（Windows XP 安装在 C:\Windows 目录下）。

在 DOS 环境下，执行如下命令：

```
Attrib -h -r -s C:\System. lst
```

```
Attrib  -h  -r  -s C:\Windows\System.dat
Copy C:\System.lst C:\Windows\System.dat
Attrib  +h  +r  +s C:\System.lst
Attrib  +h  +r  +s C:\Windows\System.dat
```

返回到 Windows XP 环境下，重新启动计算机即可。

4. 重新安装

当用户很难找到导致注册表毁坏的原因时，可以重新安装驱动程序、应用程序或者 Windows XP 操作系统。虽然重新安装 Windows XP 会花费比较长的时间，但是与查找注册表中的错误相比，能节省不少时间。

为了帮助用户快速地安装 Windows XP，下面介绍一种简单快捷的方法，操作步骤如下。

1）将 Windows XP 光盘中的根目录下的所有文件复制到 D:\Windows 目录中。

2）在 DOS 提示符下输入 Smartdrv 10 240 10 240（创建 10MB 的磁盘高速缓冲区）。

3）在 DOS 提示符下输入 D:\Windows，开始安装 Windows XP。

3.1.6 修改注册表

1. 添加键值

添加键值步骤如下。

1）打开注册表列表，直到出现要在其中添加新值的文件夹。

2）用鼠标右键单击要在其中添加新值的文件夹，选择“新建”命令，然后选择要添加的值的类型，如“字串值”、“二进制值”或“双字节值”等，如图 3-5 所示。此时将出现一个具有临时名称的新值。

3）为新值键入一个名称，然后按〈Enter〉键。

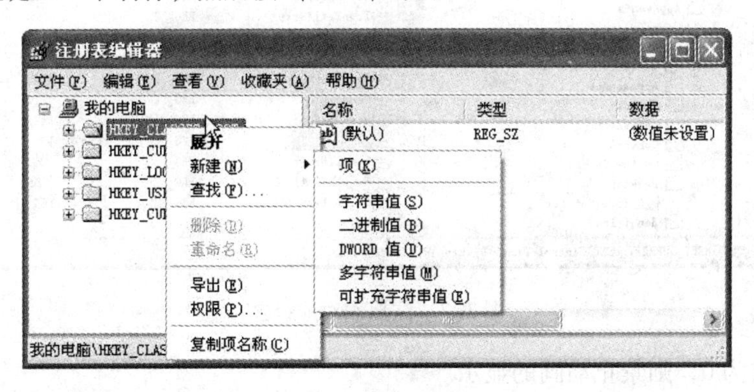

图 3-5 添加键值

2. 修改值

1）双击要更改的值。

2）在“编辑字符串”对话框中，通过输入一个新的值来更改数值数据，如图 3-6 所示。

3）单击“确定”按钮保存所做更改。

图 3-6 修改键值

3.1.7 注册表优化的综合使用

1. 系统优化

(1) 加快窗口显示速度操作

用户可以通过修改注册表来改变窗口从任务栏弹出以及最小化回归任务栏的动作，步骤如下。

1) 打开注册表编辑器，找到 HKEY_ CURRENT_ USER \ ControlPanel \ Desktop \ WindowMetrics 子键分支，如图 3-7 所示，在右边的窗口中找到 MinAniMate 键值，其类型为 REG_SZ，默认情况下此健值的值为 1，表示打开窗口显示的动画。

图 3-7 注册表对应键值

2) 把它改为 0，则禁止动画的显示。

3) 接下来从开始菜单中选择“注销”命令，激活刚才所做的修改即可。

(2) 修改磁盘缓存以加速 Windows XP 操作

磁盘缓存对 Windows XP 运行起着至关重要的作用，但是默认的 I/O 页面文件比较保守。所以，对于不同的内存，采用不同的磁盘缓存是比较好的做法。

打开注册表编辑器，找到 HKEY_ LOCAL_ MACHINE \SYSTEM \CurrentControlSet \Control \Session Manager \Memory Management \IoPageLockLimit 子键分支，根据内存大小修改其十六进制值。

- 64M：1000。
- 128M：4000。
- 256M：10000。
- 512M 或更大：40000。

重新启动计算机即可。

（3）加快开机及关机速度操作

在 Windows XP 中关机时，系统总会发送消息到运行程序和远程服务器，通知它们系统要关闭，并等待接到回应后系统才开始关机的。如果要加快开机速度的话，我们先设置自动结束任务的时间。实现步骤如下。

1）打开注册表编辑器，依次展开 HKEY_ CURRENT _ USER \ Control Panel \ Desktop 分支，找到 AutoEndTasks 子键，将其设置为 1，如图 3-8 所示。

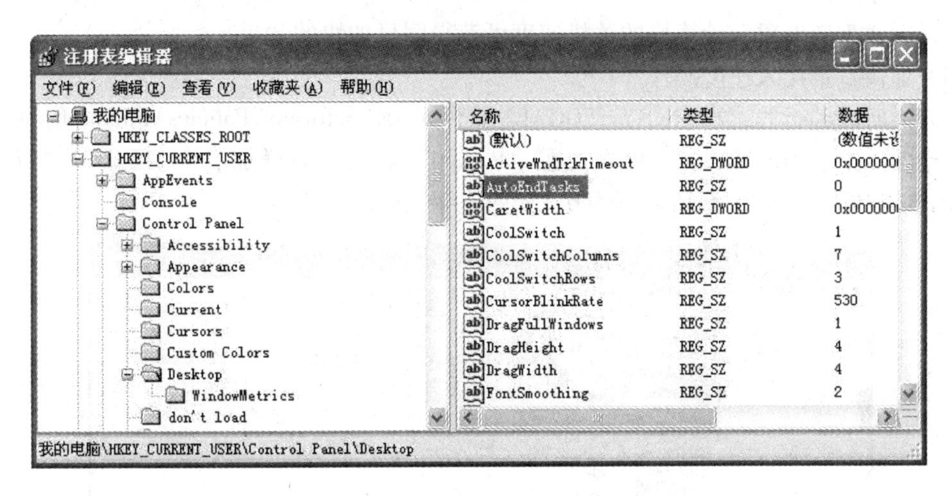

图 3-8 注册表对应键值

2）再将该分支下的 HungAppTimeout 子键设置为 1000，将“WaitToKillService”改为 1000（默认为 5000）即可，如图 3-9 和图 3-10 所示。

图 3-9 注册表对应键值

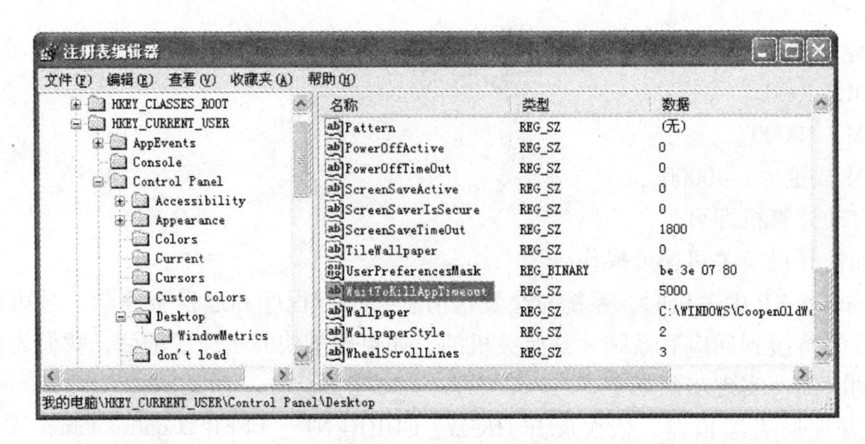

图 3-10　注册表对应键值

通过这样重新设置，计算机的关机速度可获得明显加快的效果。

（4）加快宽带接入速度操作

打开注册表编辑器，在 HKEY_ LOCAL_ MACHINE \ Software \ Policies \ Microsoft \ Windows 子键中增加一个名为“Psched”的项，在“Psched”右面窗口增加一个 DWORD“双安节”值“NonBestEffortLimit”，数值数据为 0，如图 3-11 所示。

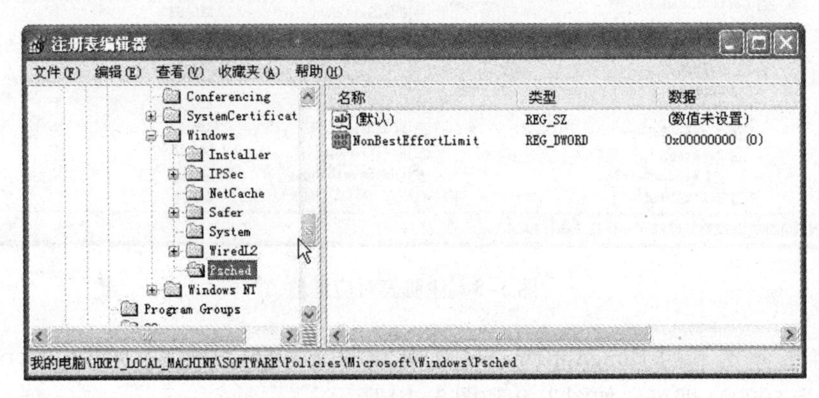

图 3-11　新建注册表对应键值

（5）加速菜单显示操作

1）打开如图 3-12 所示的“显示属性”对话框，在“外观”选项卡中单击“效果”按钮，在弹出的“效果”对话框中，下将“淡入淡出效果”改为“滚动效果”，如图 3-13 所示。

2）然后打开注册表编辑器，定位到 HKEY_ CURRENT_ USER \ Control Panel \ Desktop \ 分支，在右边窗口中双击键值名 Menushowdelay，将默认的值改为 0 或比 400 小的数值即可，如图 3-14 所示。

（6）系统级图标的删除操作

将 HKEY_ LOCAL_ MACHINE \ Software \ Microsoft \ Windows \ CurrentVersion \ Explorer \ Desktop \ NameSpace 中对应的分支主键删除即可，如图 3-15 所示。

（7）添加控制面板中的组件到开始菜单中的操作

在 HKEY_ CLASSES_ ROOT \ CLSID 中查找关键字“控制面板”，找到时记下相应的主键值（这里键值为｛21EC2020-3AEA-1069-A2DD-08002B30309D｝）然后在 C:\Windows \ Star-Menu 中建立名为“控制面板｛21EC2020-3AEA-1069-A2DD-08002B30309D｝”的文件夹即可。

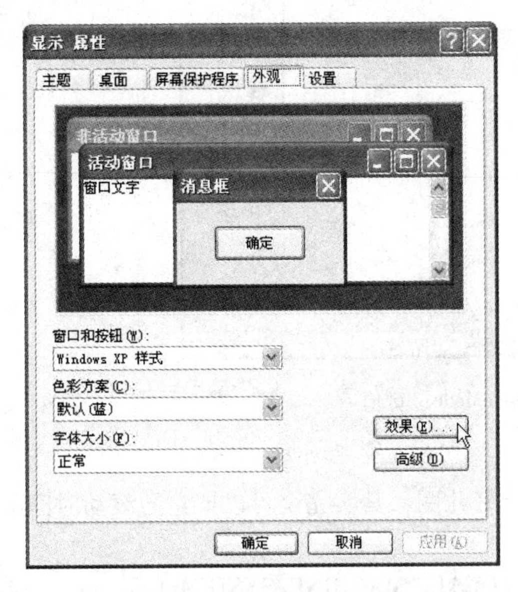

图 3-12 “显示属性”对话框

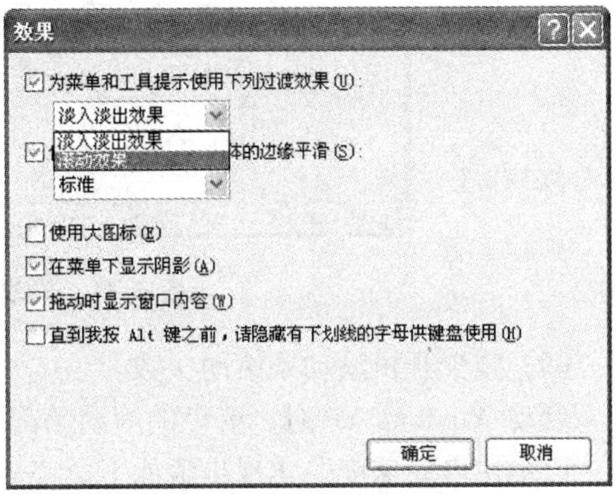

图 3-13 效果窗口

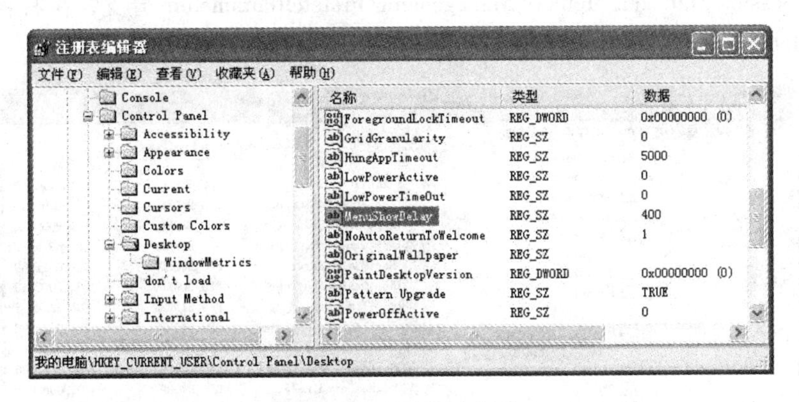

图 3-14 修改对应键值

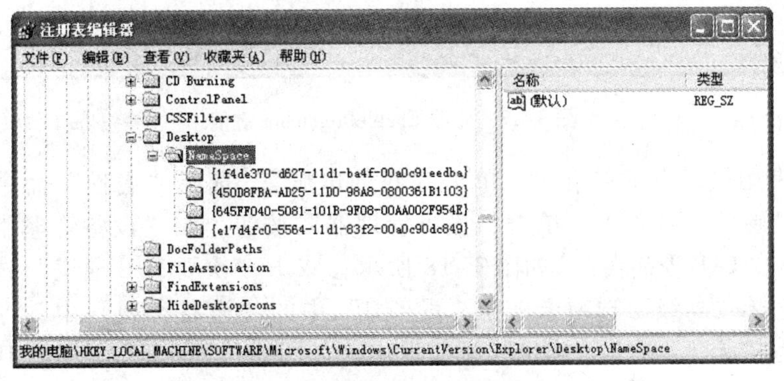

图 3-15 删除对应的键值

(8) 加快自动刷新率操作

打开注册编辑器，HKEY_ LOCAL_ MACHINE \ System \ CurrentControlSet \ Control \ Update，将 Dword 值“UpdateMode”的数值更改为 0，如图 3-16 所示，重新启动即可。

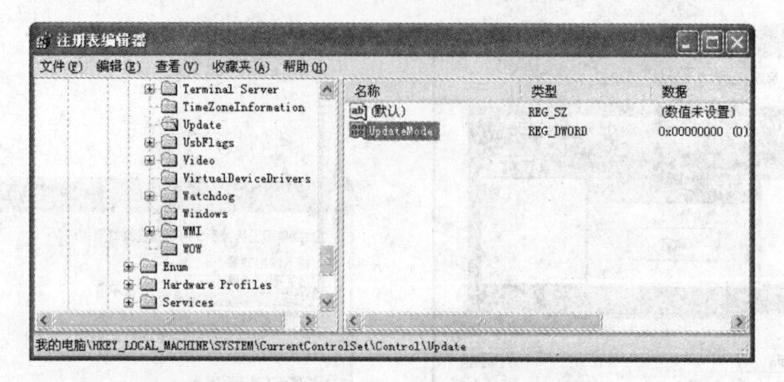

图 3-16 修改“UpdateMode”键值

(9) 减少开机滚动条滚动次数

启动 Windows XP 时，蓝色的滚动条都会走上好几圈，其实完全可以把它的滚动时间减少，以加快启动速度。实现步骤如下。

1）打开注册表编辑器，依次展开 HKEY_ LOCAL_ MACHINE/SYSTEM/CurrentControl-Set/Control/ Session Manager/Memory Management/PrefetchParameters 分支，在右侧窗口中区找到 EnablePrefetcher 键值，把它的默认值 3 修改为 1，如图 3-17 所示。

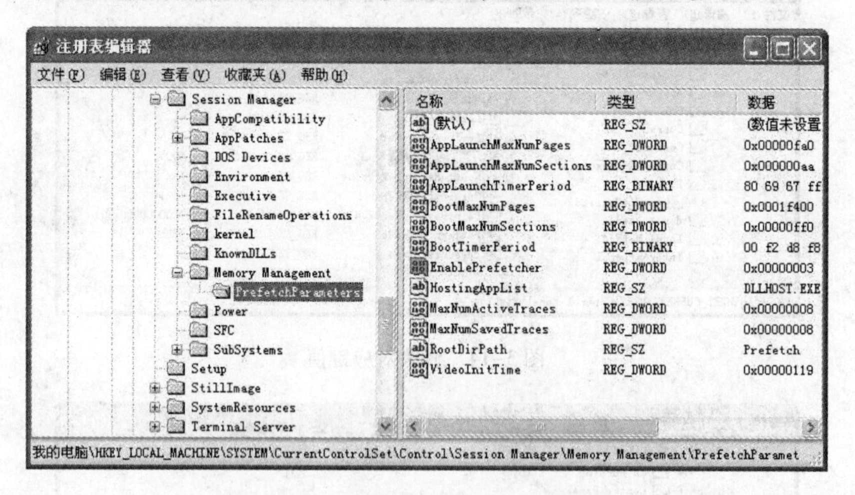

图 3-17 修改 EnablePrefetcher 键值

2）接下来用鼠标右键在桌面上单击“我的电脑”，选择“属性”命令，在打开的窗口中选择“硬件”选项卡，单击“设备管理器”按钮。在“设备管理器”窗口中展开“IDE ATA/ATAP 控制器”，如图 3-18 所示，双击“次要 IDE 通道”选项，在弹出的对话框中选择“高级”选项卡，在“设备 0”中的“设备类型”中，将原来的“自动检测”改为“无”，单击“确定”按钮退出，如图 3-19 所示。“主要 IDE 通道”的修改方法相同。

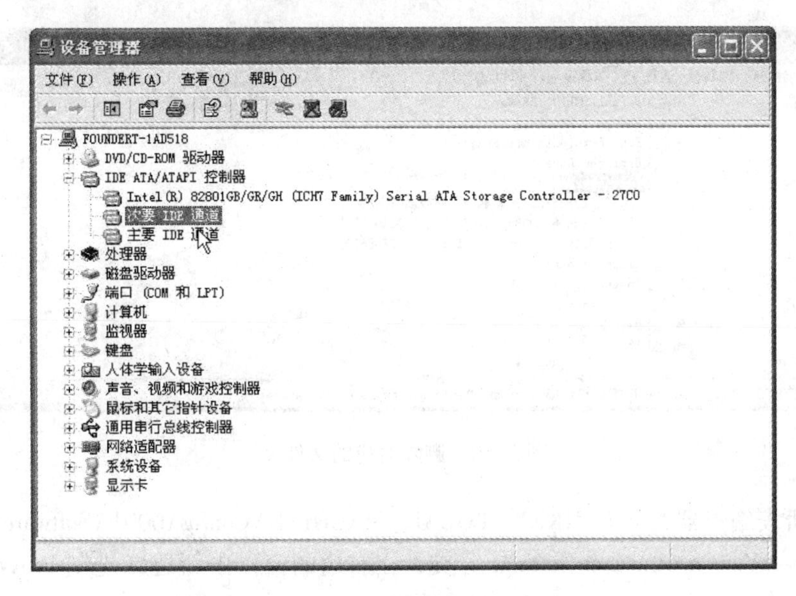

图 3-18 “设备管理器”窗口

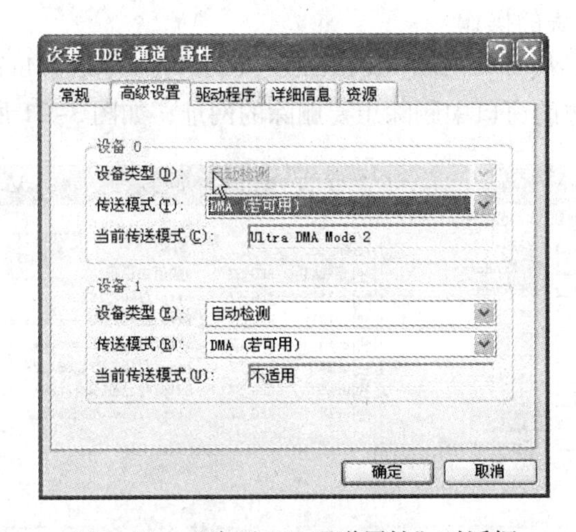

图 3-19 “次要 IDE 通道属性”对话框

3）最后重新启动计算机。

2. 网络和 Internet Explover 浏览器

(1) 彻底删除 Internet Explorer 工具列表上其他图标操作

打开注册表编辑器，展开 HKEY_ LOCAL_ MACHINE\SOFTWARE\Microsoft\InternetExplorer\Extensions 分支，检查各项内容，将不需要的整个文件夹删除即可，如图 3-20 所示。

(2) 删除 Internet Explorer 工具栏上其他工具项目的操作

打开注册表编辑器，展开 HKEY_ LOCAL_ MACHINE\SOFTWARE\Microsoft\Internet Explorer\toolbar 分支，检查各项内容，将不需要的项目删除便可。

(3) 禁止使用代理服务器的操作

代理服务器的用途很广泛，例如，使用代理服务器可以使原来只能访问国内站点的计算机能够访问国外站点。但代理服务器的使用也会带来不利的地方，可以通过注册表来禁止使用代理服务器。

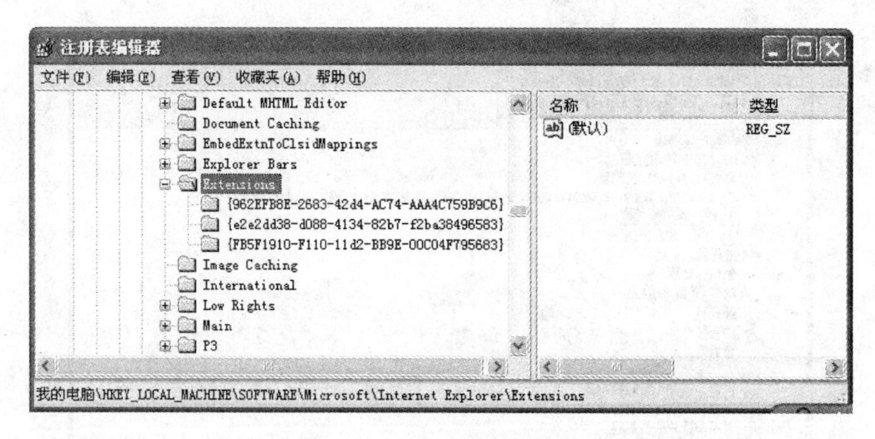

图 3-20　删除对应的文件夹

打开注册表编辑器，展开 HKEY_ LOCAL_ MACHINE \ Config \ 0001 \ Software \ Microsoft \ windows \ CurrentVersion \ Internet Settings 分支，在右边的窗口中新建二进制 ProxyEnable 的键值为 00 00 00 00。

（4）清理 IE 网址列表的操作

打开注册表编辑器，展开 HKEY_ CURRENT_ USER \ Software \ Microsoft \ Internet Explorer \ TypedURLs 分支，在右边的窗口中删除想要删除的网址，如图 3-21 所示。

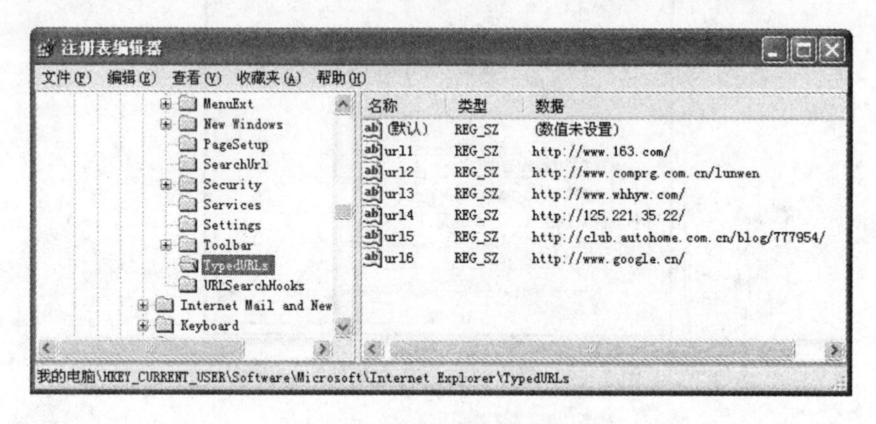

图 3-21　删除子键中的网址

（5）禁止使用网上邻居操作

打开注册表编辑器，展开 HKEY_ USERS \ . DEFAULT \ Software \ Microsoft \ Windows \ CurrentVersion \ Policies \ Explorer 分支，在右边窗口中创建 DWORD 值 “NoNetHood”，并设为 1，如图 3-22 所示。

（6）禁止打印机和文件夹共享操作

打开注册表编辑器，展开 HKEY_ CURRENT_ USER \ Software \ Microsoft \ Windows \ CurrentVersion \ Policies \ Network 分支。

- 键值 “NoPrintSharingControl” = DWORD：00000001：禁止打印机共享。
- 键值 “NoFileSharingControl” = DWORD：00000001：禁止文件共享。

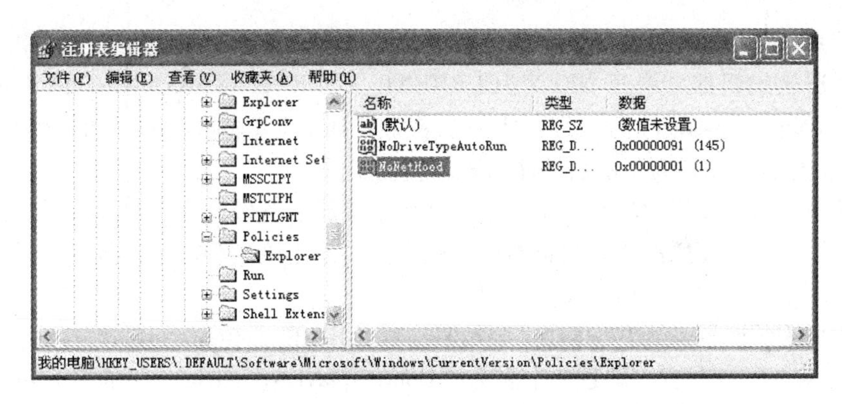

图 3-22　新建 NoNetHood 键值

（7）使 IE 窗口打开后即为最大化的操作

用户在使用 IE 浏览器时，有时不知道什么原因窗口就变小了，每次重新启动 IE 浏览器也都是一个小窗口，即使单击“最大化”按钮还是无济于事。这是 IE 浏览器所的一种“记忆”功能，即下次重新开启的窗口默认是最前一次关闭的状态。要使它重新变为打开后最大化窗口，可进行如下操作。

打开注册表编辑器，展开 HKEY_ CURRENT_ USER\Software\Microsoft\Internet Explorer\Main\分支，在右边的窗口删除 Windows_ Placement 键值。

另外，展开 HKEY_ CURRENT_ USER\Software\Microsoft\Internet Explorer\Desktop\Old Work-areas 分支，在右边的窗口中删除 OldWorkAreaRects 键值。

关闭注册表，重新启动计算机，连续两次最大化 IE 浏览器（即“最大化”→“最小化”→“最大化”），再次重启 IE 浏览器即可。

（8）禁用自动完成保存密码的操作

打开注册表编辑器，展开 HKEY_ LOCAL_ USER\Software\Policies\Microsoft\Internet Explorer\Control Panel 分支，新建一个名为“FormSuggest Passwords”的 DWORD 值，然后赋值为 1。

（9）禁用更改主页设置的操作

打开注册表编辑器，展开 HKEY_ LOCAL_ USER\Software\Policies\Microsoft\Internet Explorer\Control Panel 分支，新建一个名为“HomePage”的 DWORD 值，然后赋值为 1。

3. 系统安全

（1）禁止用户更改口令的操作

用户在 Windows 安全窗口中（同时按下〈Ctrl + Alt + Del〉键），可以单击“更改密码”按钮来更改用户口令。通过修改注册表，可以禁止用户更改口令。

打开注册表编辑器，展开 HKEY_ CURRENT_ USER\Software\Microsoft\Windows\CurrentVersion\Policies\System\分支，新建一个名为“DisableChangePassword”的 DWORD 值，修改其值为 1。

这样，Windows 安全窗口中的“更改密码”按钮变成了不可选状态，用户无法更改口令。

（2）禁止使用注册表编辑器的操作

修改注册表是复杂和危险的，所以不希望用户去修改注册表。通过修改注册表，可以禁止用户运行系统提供的两个注册表编辑器。

打开注册表编辑器，展开 HKEY_ CURRENT_ USER \ Software \ Microsoft \ Windows \ CurrentVersion \ Policies \ System \ 分支，新建一个名为“DisableRegistryTools”的 DWORD 值，修改其值为 1。这样，用户就不能启动注册表编辑器了。

需要注意的是，使用此功能要小心，最好作个注册表备份，或者准备一个其他的注册表修改工具。因为禁止使用注册表编辑器后，就不能再使用该注册表编辑器将值项改回了。

（3）隐藏上机用户登录名的操作

打开注册表编辑器，展开 HKEY_ LOCAL_ MACHINE \ Software \ Microsoft \ Windows \ CurrentVersion \ Winlogon 分支，新建一个名为“DontDisplayLastUserName”的 DWORD 值，并赋值为 1。

（4）禁止修改“控制面版”的操作

打开注册表编辑器，展开 HKEY_ CURRENT_ USER \ Software \ Microsoft \ Windows \ CurrentVersion \ Policies \ Explorer 分支，新建一个二进制值“NoSetFolders”，并将其值设为 01 00 00 00。

3.1.8 其他系统优化

1. 关闭多余服务

安装 Windows XP 后，有许多默认服务可以取消，从而提高系统的性能，也为对系统进行 Ghost 做准备。实现步骤如下。

1）执行“开始”菜单中的“运行”命令，在弹出的对话框中输入“gpedit. msc”（组策略），如图 3-23 所示。

2）单击“确定”按钮后，弹出如图 3-24 所示的对话框。

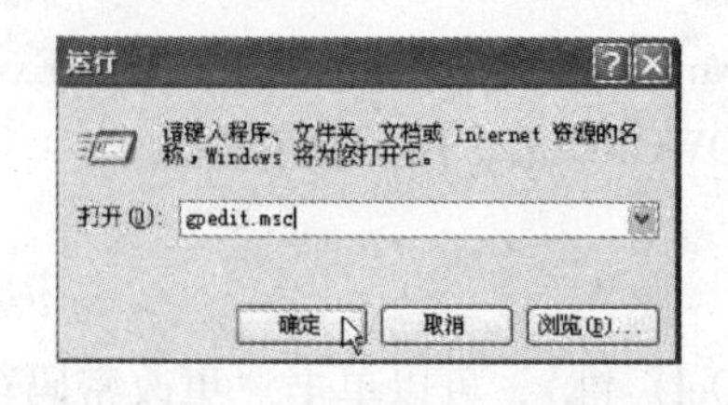

图 3-23 运行“gpedit. msc”命令

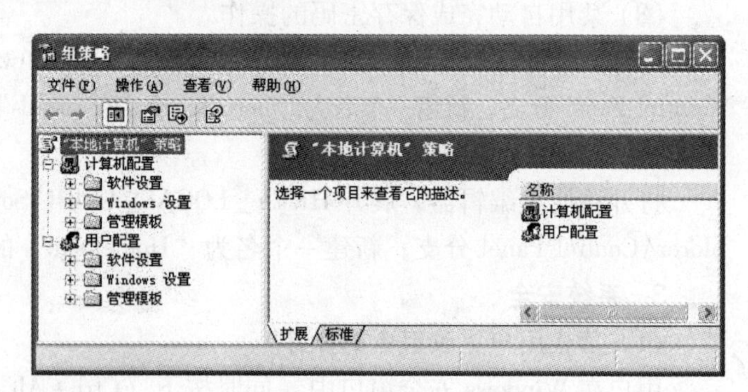

图 3-24 “组策略”窗口

在左侧依次单击“管理模板”→“任务栏和［开始］菜单”节点，在右侧窗口中将显示可设置的项目，如图 3-25 所示，双击其中的项目，如“从［开始］菜单上删除‘文档’菜单”项，将弹出如图 3-26 所示的对话框。

选中“已启用”单选按钮，然后单击“应用”按钮，即可将“开始”菜单中的“文档”菜单项删除。为了进行下一项或上一项的设置，可以单击“上一设置”或“下一设置”按钮进行设置。

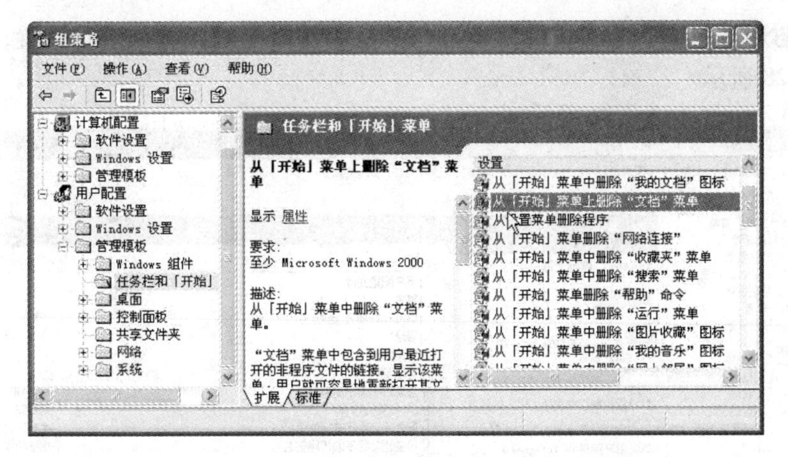

图 3-25　“任务栏和［开始］菜单”管理模板

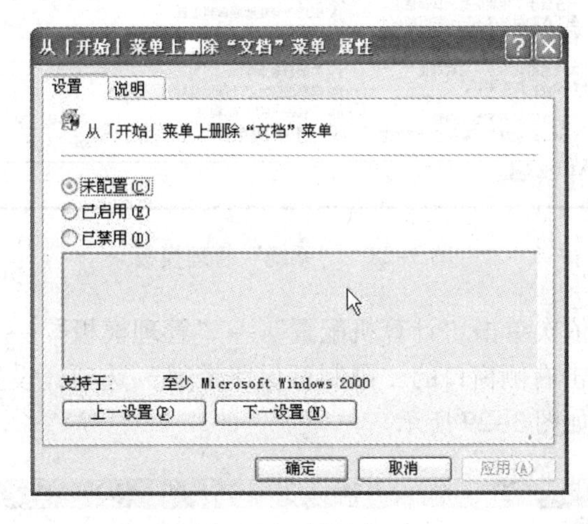

图 3-26　属性窗口

在左侧树形结构中单击“桌面”节点，对右侧窗口中的各项进行设置，推荐的设置结果如图 3-27 所示。

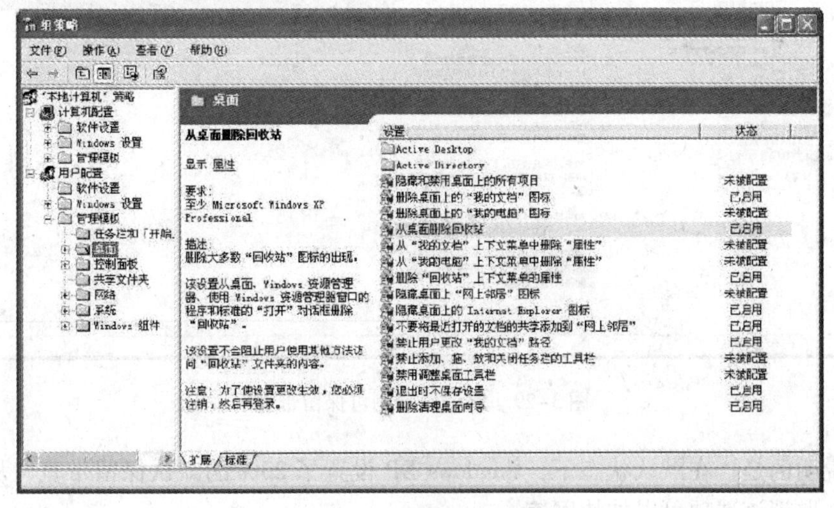

图 3-27　“桌面”管理模板

在左侧树形结构中单击“系统”节点，对右侧窗口中的各选项进行设置，推荐的设置结果如图 3-28 所示。

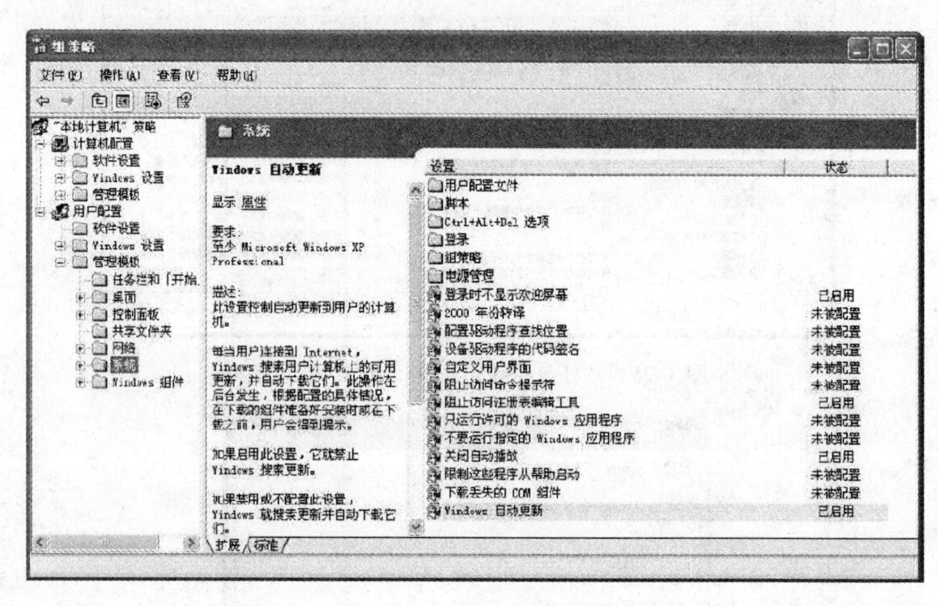

图 3-28 “系统”管理模板

在左侧树形结构中依次单击“计算机配置”→“管理模板”→“网络”→“QoS 数据包调度程序”节点，双击右侧窗口的“限制可保留带宽”选项，设置为“已启用”即可把保留的带宽释放出来，如图 3-29 所示。

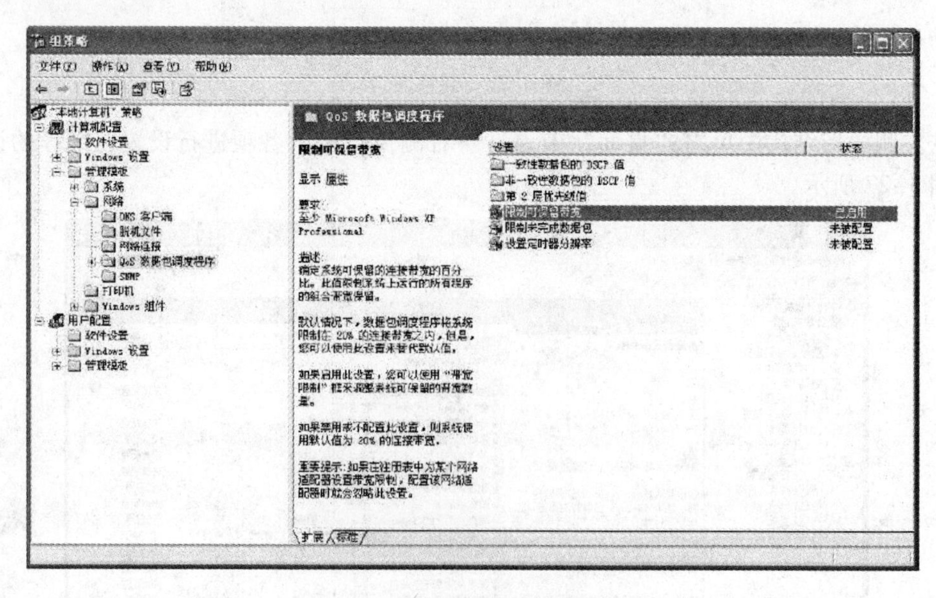

图 3-29 启用“限制可保留带宽”

需要说明的是，在默认状态下，Windows XP 设置了 20% 的默认保留带宽，从而限制了网络速度，取消该选项可以加快网速。

2. 设置合理的系统特效

安装显示卡驱动程序后，系统的显示设置将占用较大的内存，从而降低了系统的整体性能。为了在不降低系统显示性能的基础上，设置最佳的系统性能，就需要对显示方式进行设置，实现步骤如下。

1）在图 3-30 所示的“高级”选项卡中，单击“性能”选项组中的“设置”按钮，弹出如图 3-31 所示的对话框。

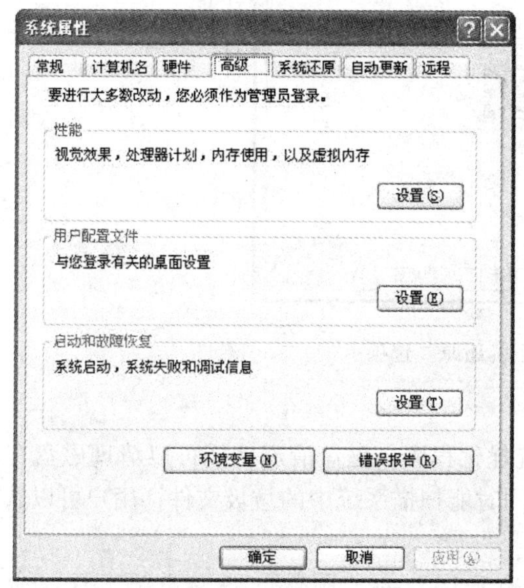

图 3-30　“系统属性”窗口的“高级”选项卡

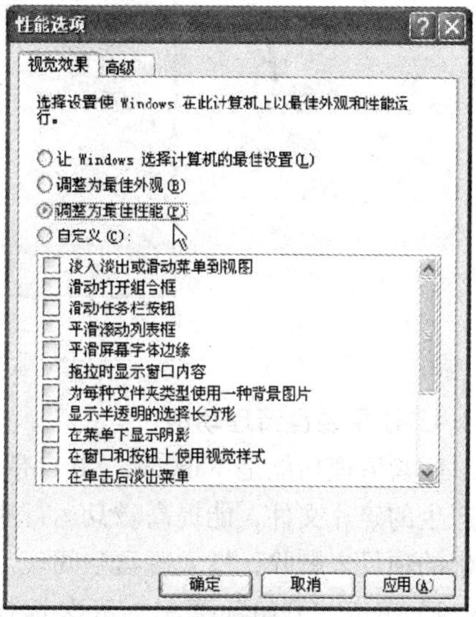

图 3-31　“性能选项”对话框

2）选中“调整为最佳性能”单选按钮。

3）选中“在窗口和按钮上使用视觉样式”复选框，用于使系统产生 Windows XP 特有的视觉效果。

4）单击“确定”按钮即可。

3. 设置系统还原功能

系统还原功能允许将系统恢复到某一时间状态，从而避免重新安装操作系统。默认状态下，该功能对各分区同时起作用，启用该功能后，按下〈Windows + Break〉组合键可以恢复各分区中的数据。但系统还原将占用大量的硬盘空间，从而降低系统的性能，并且还可能造成系统无法启动。

建议取消 C 盘以外的其他分区的系统还原功能，当系统发生问题时可以恢复 C 盘的数据，而其他分区的数据一般不受破坏，无须通过该功能恢复。另外，如果通过 Ghost 等工具对操作系统进行备份后，应该取消 C 盘的系统还原功能，当系统发生问题时，可以通过 Ghost 进行快速恢复。实现步骤如下。

1）用鼠标右键单击桌面上的“我的电脑”图标，在弹出的快捷菜单中选择“属性”命令，然后在弹出的对话框中选择“系统还原”选项卡，如图 3-32 所示。

2）取消选中“在所有驱动器上关闭系统还原”复选框。

3）单击“确定”按钮即可。

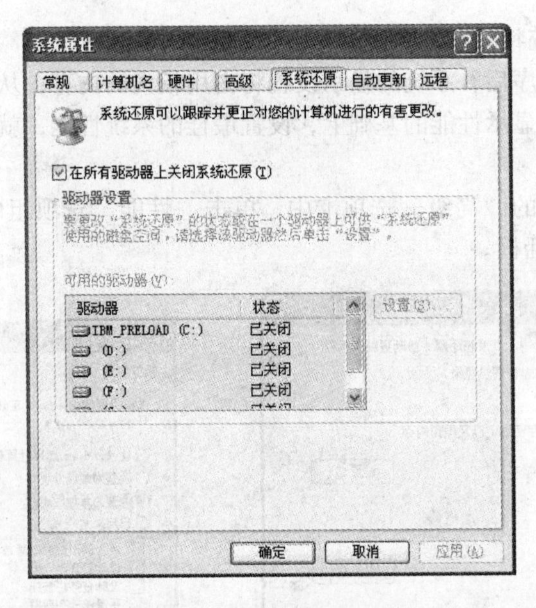

图 3-32 “系统还原”选项卡

4. 使用磁盘清理功能

磁盘清理功能是 Windows XP 自带的系统优化程序。磁盘清理功能可以清理磁盘在运行中产生的碎片文件，能提高磁盘运行速度。同时能扫描系统中的垃圾文件，用户可以选择扫描出的项目来删除，增大磁盘空间。

1）单击“开始”菜单，依次选择“所有程序”→“附件”→“系统工具”命令→“磁盘清理”命令。如果有多个驱动器，会提示用户指定要清理的驱动器，如图 3-34。

2）在如图 3-33 所示的“（驱动器）的磁盘清理”对话框中，滚动查看“要删除的文件”列表的内容，并清除不希望删除的文件所对应的复选框，然后单击“确定”按钮。

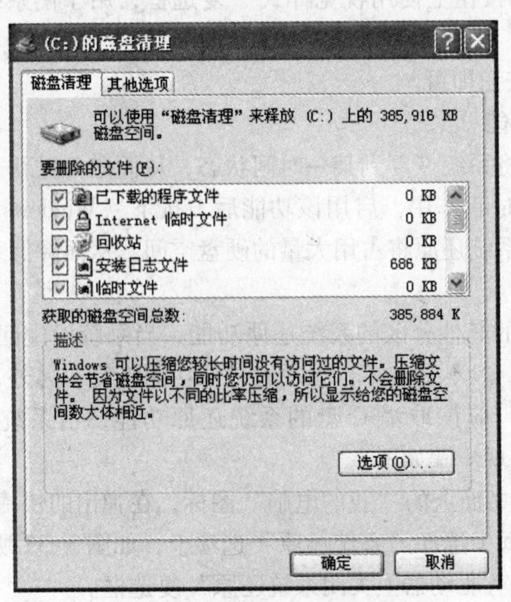

图 3-33 选择要删除的文件

3）在弹出的提示框中确认要删除的指定文件，单击“是”按钮即可。

“磁盘清理”对话框如图 3-34 所示，清理完毕后计算机更干净、性能更佳。

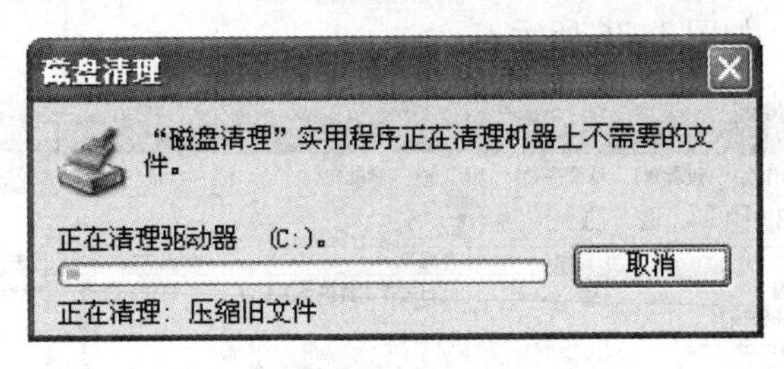

图 3-34 磁盘清理

5. 优化虚拟内存

虚拟内存是 Windows XP 中作为内存使用的一部分硬盘空间。即便物理内存很大，虚拟内存也是必不可少的。虚拟内存在硬盘上其实就是为一个硕大无比的文件，文件名是 PageFile. Sys，通常状态下是看不到的，必须关闭资源管理器对系统文件的保护功能才能看到这个文件。因此，虚拟内存有时候也被称为是“页面文件”。

通过 Windows XP 自带的日志功能可以监视计算机平常使用的虚拟内存的大小，从而进行最准确地设置，虚拟内存的设置步骤如下。

1）在“我的电脑”上单击鼠标右键，选择“属性”命令，在弹出的对话框中单击“高级”按钮，然后单击“性能”选项组的“设置”按钮，选择“高级”标签，单击“虚拟内存”选项组的“更改”按钮，如图 3-35 所示。选择“自定义大小”，并将“起始大小”和“最大值”都设置为 300MB，这只是一个临时性的设置。设置完成后重新启动计算机使设置生效。

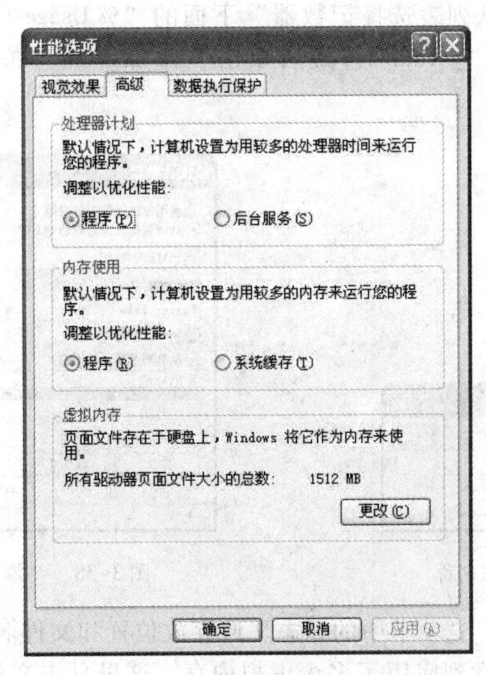

图 3-35 “高级”选项卡

2）进入“控制面板”，选择“性能与维护”→“管理工具”图标，打开“性能”窗口，展开“性能日志和警告”，选择“计数器日志”节点。在右侧窗口中单击鼠标右键选择“新建日志设置”命令，如图3-36所示。

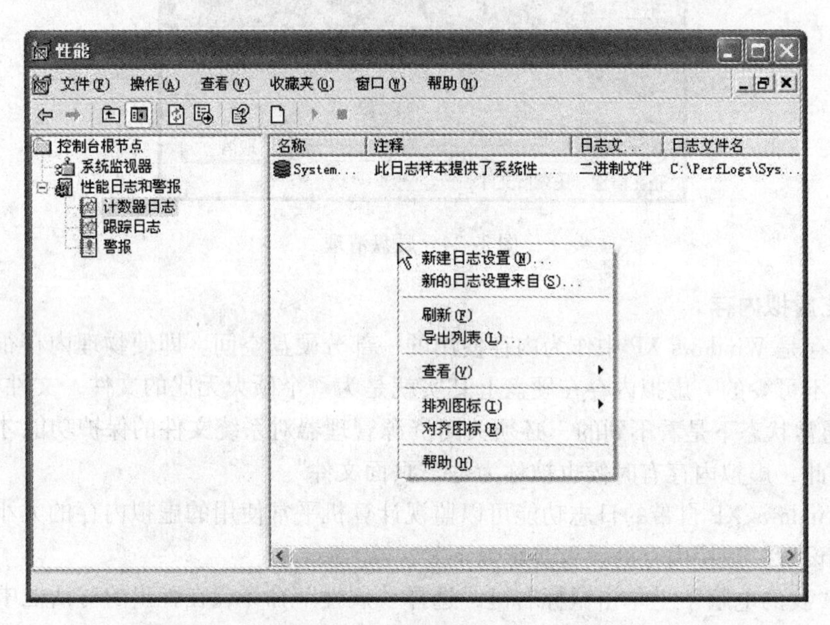

图3-36 “性能”窗口

3）设置一个日志名称，如“监视虚拟内存大小”，如图3-37所示。

4）在“常规”选项卡中单击“添加计数器”按钮，在“性能对象”中选择“Paging File”，然后选中“从列表选择记数器”下面的“% Usage Peak”，并在右侧“从列表中选择范例”中选择“_Total”。最后单击“添加”和“关闭”按钮，如图3-38所示。

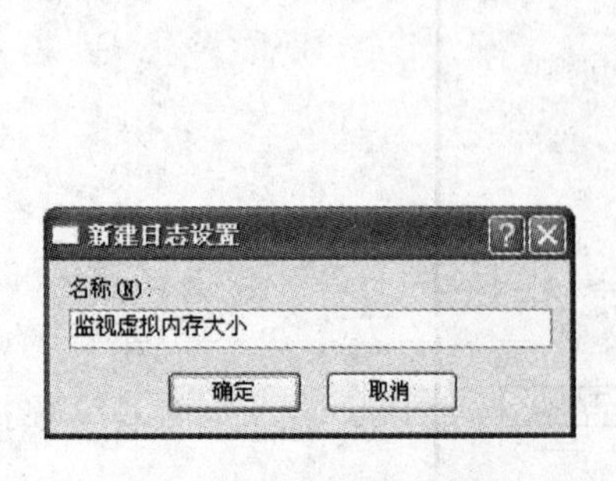

图3-37 设置日志名称

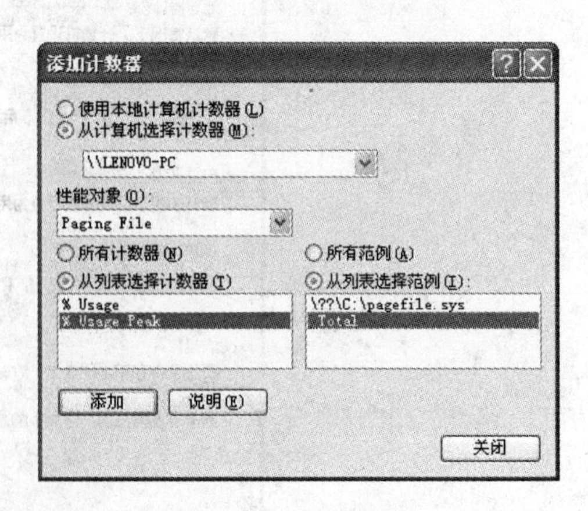

图3-38 “添加计数器”窗口

5）记住“日志文件”选项卡中的日志文件存放位置和文件名，用户可以通过这个日志来判断Windows XP平常到底用了多少虚拟内存，这里日志文件被存放在D:\Perflog目录下。

如果物理内存较大，可以考虑将虚拟内存的“起始大小”和“最大值”设置为相等，等于上一步中计算出来的大小。这样硬盘中不会因为虚拟内存过度膨胀产生磁盘碎片，其副作用是由于“最大值”被设置得较小，万一偶然出现虚拟内存超支的情况，可能会导致系统崩溃。

3.2 超级兔子

超级兔子是一个系统设置与维护软件，可以通过修改系统注册表等操作来完成解决故障、优化性能、改变 Windows 运行环境等任务。完整的超级兔子软件主要包含 8 大功能：清理王、魔法设置、上网精灵、IE 修复专家、安全助手、系统检测、系统备份、任务管理器。用户下载超级兔子软件后双击其安装软件可执行文件，根据提示进行安装后即可使用。安装后双击桌面上的图标，启动超级兔子，即可进入其主使用界面。

3.2.1 超级兔子的使用界面

启动超级兔子后，窗口中会有“兔子软件”、“实用工具”等多个选项卡，如图 3-39 所示，在“兔子软件”选项卡窗口中，列出了按不同功能进行分类的 8 个快捷按钮。

图 3-39 “超级兔子”软件主要功能

单击“实用工具”标签，如图 3-40 所示，窗口中列出了“超级兔子”以及 Windows 提供的一些工具程序，如注册表编辑器、DirectX 诊断工具等。

用户可根据使用要求，选择这些选项卡中的相应图标，快捷地完成系统设置与优化等任务。

图 3-40　“实用工具”内容

3.2.2　超级兔子系统设置

超级兔子作为常用的 Windows 系统工具软件，其清晰的功能分类可以帮助用户迅速地找到相关功能，通过对系统注册表的修改，可以调整几乎所有 Windows 的隐藏参数。

需要注意的是，对注册表的任何修改都应先对其备份，以防系统的崩溃。

1. 清理系统

Windows 系统虽然提供了磁盘清理程序，但对于注册表中各种程序运行的历史记录等信息却无能为力，这时就可使用超级兔子来清理系统。

(1) 清除注册表中的历史记录

1) 首先，运行“超级兔子清理王”工具。单击“兔子软件”选项卡中的“超级兔子清理王”工具按钮，弹出如图 3-41 所示的窗口。

图 3-41　超级兔子清理王

2）在窗口左侧的“清理方式”中选择“清理系统”选项，弹出如图 3-42 所示的窗口，在此窗口右侧的“清理系统”中单击“清理注册表”标签。

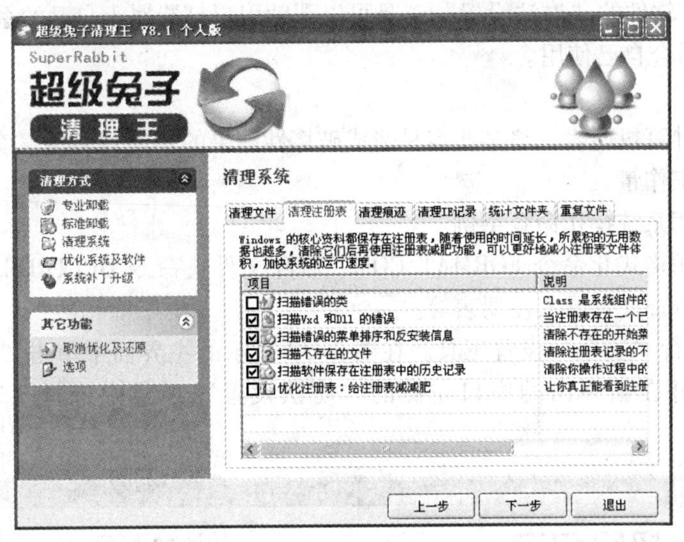

图 3-42　“清理系统”窗口

3）选中需要清除的注册表历史记录项，单击“下一步”按钮。

4）等待超级兔子搜索出所有需清理的信息后，单击“清除”按钮。

（2）清除磁盘中的垃圾文件

1）运行“超级兔子清理王”工具，在窗口左侧的“清理方式”中选择“清理系统”选项，弹出如图 3-43 所示的窗口，在此窗口右侧的“清理系统”中单击“清除文件”标签。

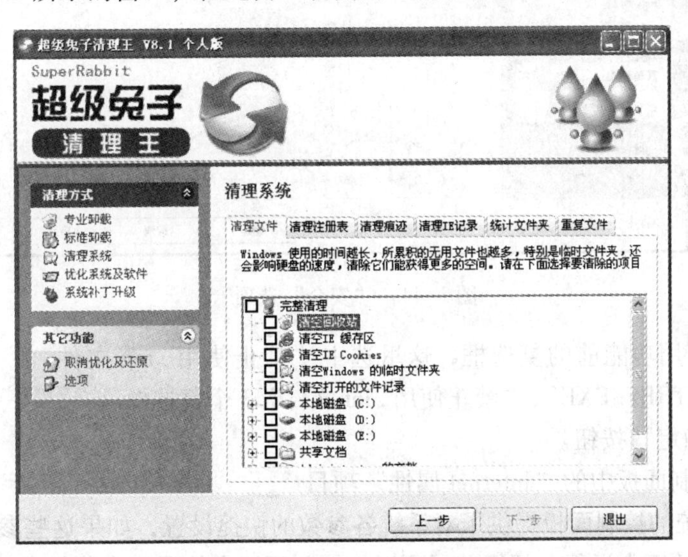

图 3-43　“清理文件”选项卡

2）选中需要清除的垃圾文件的位置。这里选中“完整清理”前的复选框，即清除所有垃圾文件，单击“下一步”按钮。

3）确认扫描结果，并单击“清除”按钮。

3.2.3 魔法设置

“超级兔子”软件的“魔法设置”工具可以帮助用户打造属于自己的系统，它可以调整Windows让它更适合自己使用。

1. 安全设置

对于公用的计算机而言，将某些容易造成破坏性后果的功能设置为“禁用”，可以大大降低系统维护的工作量。

（1）禁止使用系统操作命令举例

这里禁止使用格式化命令FORMAT.COM、删除文件夹命令DELTREE.EXE，禁止使用.inf文件，使用.reg文件导入注册表等。

1）首先，运行“安全”设置工具。在图3-39所示的主界面中单击“超级兔子魔法设置”工具按钮，并在新弹出的窗口左侧的“魔法设置”项目中选择“安全”选项，如图3-44所示。

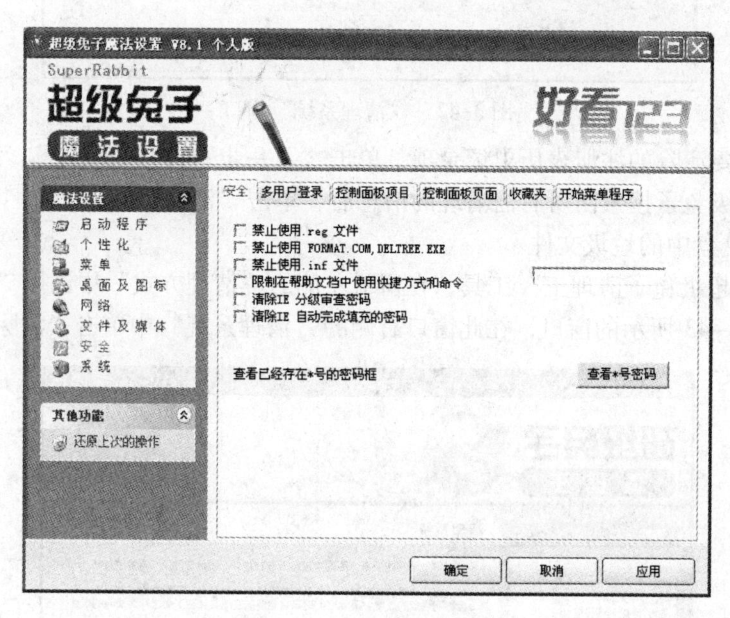

图3-44 “安全”选项卡

2）选中各禁用功能前的复选框，这里选中“禁止使用.reg文件”、“禁止使用FORMAT.COM，DELTREE.EXE”、“禁止使用.inf文件”3个复选框。

3）单击“确定”按钮。

（2）隐藏控制面板中的“Internet属性”项目

Windows系统的控制面板提供了对系统各参数的快捷设置，如果这些参数设置不正确将会严重影响系统的正常运行。超级兔子可以将控制面板中的项目隐藏起来，以达到保护系统的目的。

1）在图3-44所示的窗口中单击“控制面板项目”标签，弹出如图3-45所示的窗口。

2）然后设置欲隐藏项目。用鼠标右键单击“Internet属性”选项，在弹出的快捷菜单中选择“禁止使用”命令。

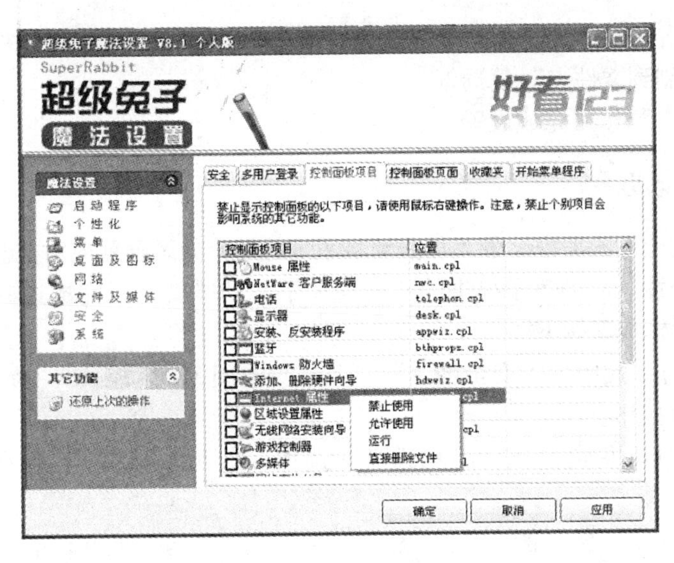

图 3-45　“控制面板项目”选项卡

3）单击“确定”按钮完成设置。

需要注意的是，如果仅希望隐藏某些项目，用户不要轻易选择“直接删除文件”命令，否则程序会删除这些项目。

2. 系统菜单设置

在 Windows 操作系统中，很多功能都是依靠菜单来完成的，如果鼠标右键菜单能提供更多的快捷方式，将简化大量的操作。“超级兔子”允许对鼠标右键菜单进行编辑，从而进一步提高计算机的使用效率。例如，在鼠标右键菜单中加入“复制到文件夹”功能，其操作步骤如下。

1）首先，运行“菜单”设置工具。选择“魔法设置”栏中的“菜单”选项，弹出如图 3-46 所示的窗口。

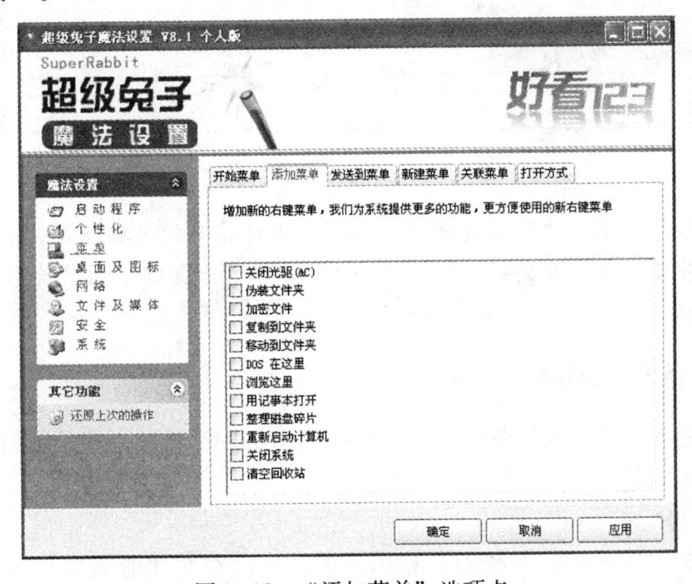

图 3-46　“添加菜单”选项卡

2）在此窗口右侧单击“添加菜单”标签，出现为鼠标右键菜单添加快捷功能的界面。

3）选中“复制到文件夹”复选框。

4）单击“确定”按钮完成设置。

3.2.4 系统安全助手

出于对系统安全性的考虑，管理员需要将系统的某个分区隐藏或对某些文件加密，以此来增强系统的安全性。超级兔子提供的“安全助手”功能就可以完成这些操作。例如，隐藏驱动器 D，其操作步骤如下。

1）首先，运行“超级兔子安全助手”工具。单击图 3-39 所示的主界面中的“超级兔子安全助手”工具按钮。

2）在弹出的窗口左侧选择“隐藏磁盘”选项，出现如图 3-47 所示的“隐藏磁盘”窗口。

3）选中“磁盘 D”复选框。

4）单击“下一步”按钮，待下次重新启动计算机后生效。

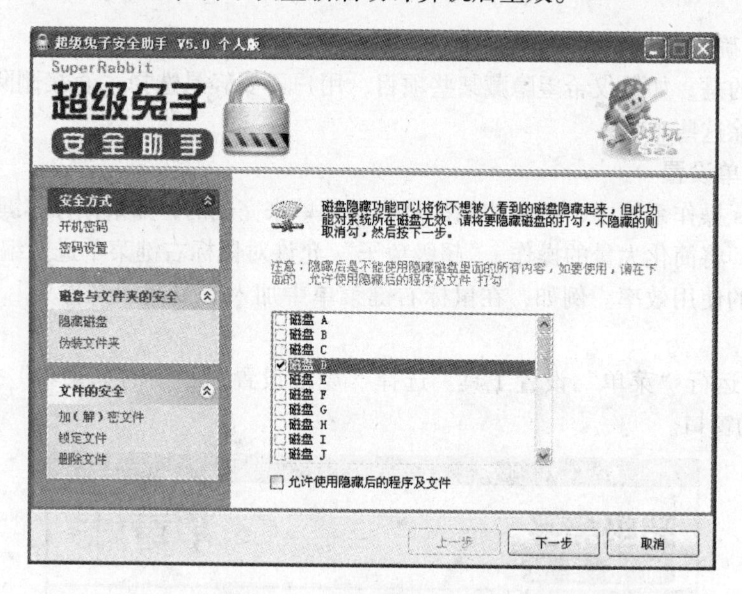

图 3-47 “隐藏磁盘”窗口

提示：在默认情况下，被隐藏的磁盘中的所有内容将不能再被使用，如果希望磁盘被隐藏后仍可以使用其中的程序及文件，则可选中图 3-47 所示窗口中的“允许使用隐藏后的程序及文件”复选框。

3.2.5 注册表备份与还原

经常对注册表备份可以保护 Windows 系统，当 Windows 系统出现故障时，将注册表还原往往可以解决一些问题。

1. 注册表备份

由于注册表对于 Wondows 系统而言相当重要，所以在对注册表作任何修改之前，应事先对其备份。

例如，备份 Windows 的注册表，保存到文件夹“C:\Backup”中，备份名称为“我备份的注册表”。其操作步骤如下。

1）首先，启动“超级兔子系统备份”工具。单击“超级兔子”主界面中的“超级兔子系统备份”工具按钮。

2）选择弹出窗口左侧的“备份系统”选项。

3）指定生成的备份文档所在的文件夹及文档名。如图 3-48 所示，在窗口右侧相应的位置指定备份名称为“我备份的注册表”，并备份在“C:\Backup”文件中。

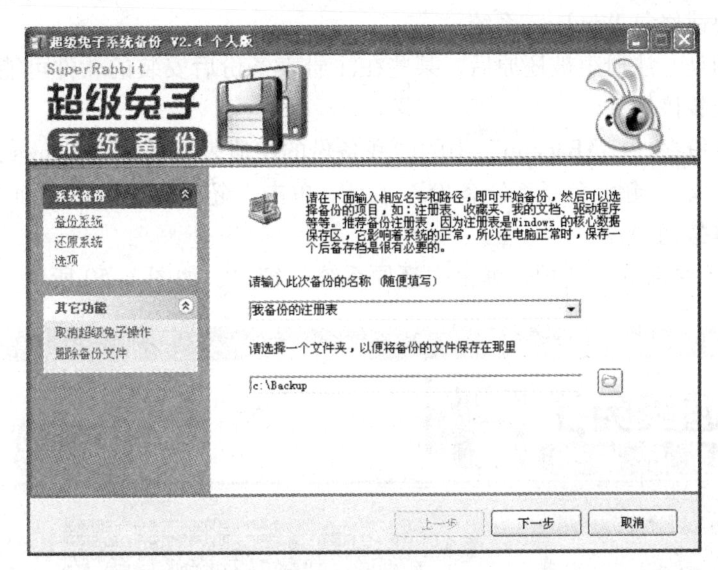

图 3-48　“系统备份”窗口

4）单击“下一步”按钮。

5）指定备份内容为注册表。在图 3-49 所示的窗口中选中“注册表”复选框。

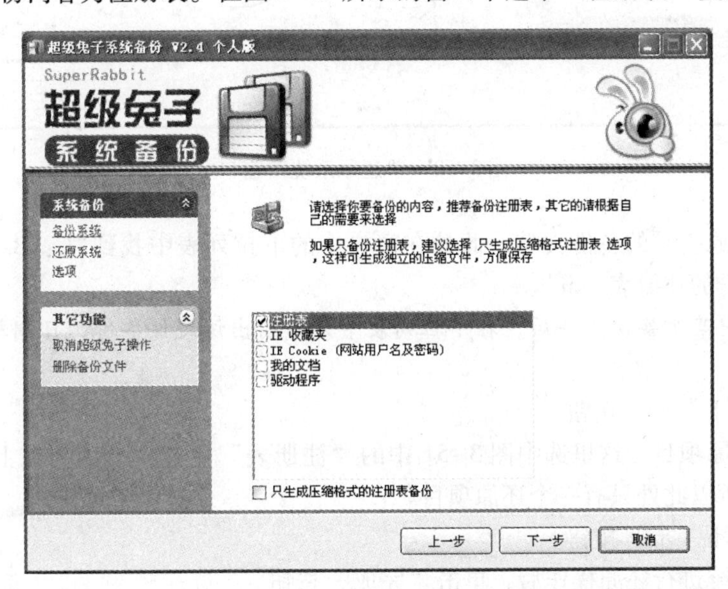

图 3-49　“选择备份系统项目”窗口

提示：此处对注册表的备份与 Windows 系统自身的系统备份功能类似，但超级兔子还可以同时备份 IE 收藏夹、我的文档等项目。因此，当需要备份的项目较多时，可以采用超级兔子的“系统备份”功能。

6）单击“下一步”按钮。

7）等待系统备份完成后，单击“完成”按钮。

2. 还原注册表

当 Windows 系统运行不正常，并确定是注册表损坏所致时，可以用以前备份的注册表进行还原，从而快速修复 Windows 系统。

需要注意的是，注册表被还原后，某些在注册表备份后安装的软件可能不能正常运行，此时需要重新安装该软件。

例如，用备份在“C:\Backup”中的“我备份的注册表”还原 Windows 的注册表。

1）首先，启动“超级兔子系统备份”工具。单击“超级兔子”主界面中的“超级兔子系统备份”工具按钮。

2）选择“还原系统”选项，弹出“还原系统”窗口，如图 3-50 所示。

图 3-50 “还原系统”窗口

3）指定还原所需的备份文档。此处在窗口中的下拉列表中找到“C:\Backup\我备份的注册表\我备份的注册表.ini”。

提示：选中某个备份文件后，在下拉列表下方会列出该文件备份的日期与时间，供还原时参考。

4）单击“下一步”按钮。

5）选择还原项目。这里选中图 3-51 中的“注册表”复选框，因为在上一任务中只备份了注册表，所以此处只有一个还原项目。

6）单击“下一步”按钮。

7）等待系统进行还原操作后，单击“完成”按钮。

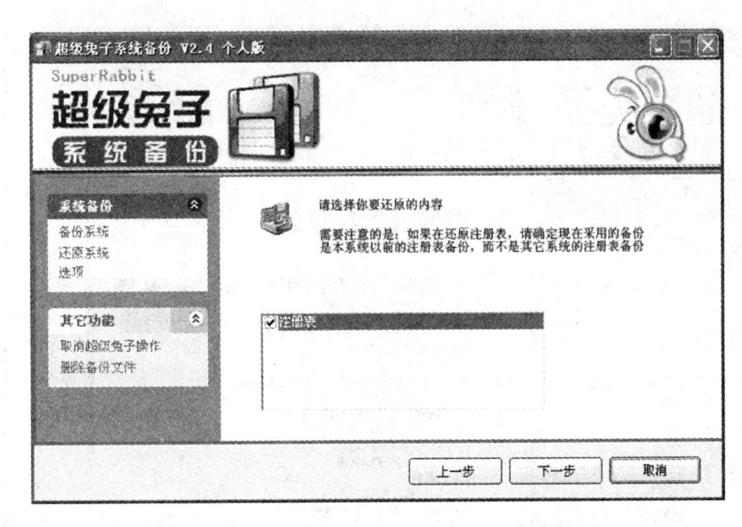

图 3-51 “选择还原项目”窗口

3.2.6 网络设置

1. 清除 IE 浏览器被恶意修改的设置

用户浏览网页时，因为病毒的原因，浏览者系统的注册表很可能会被修改，从而改变 IE 浏览器的首页和标题栏等内容，甚至锁定 Internet 选项或向浏览者的系统中植入木马，致使浏览者的系统工作异常。利用超级兔子的“IE 修复专家”可以解决这些问题，并保护 IE 浏览器设置不被恶意修改。

1）首先，启动“超级兔子 IE 修复专家”工具。单击“超级兔子”主界面中的“超级兔子 IE 修复专家”工具按钮，弹出如图 3-52 所示窗口。

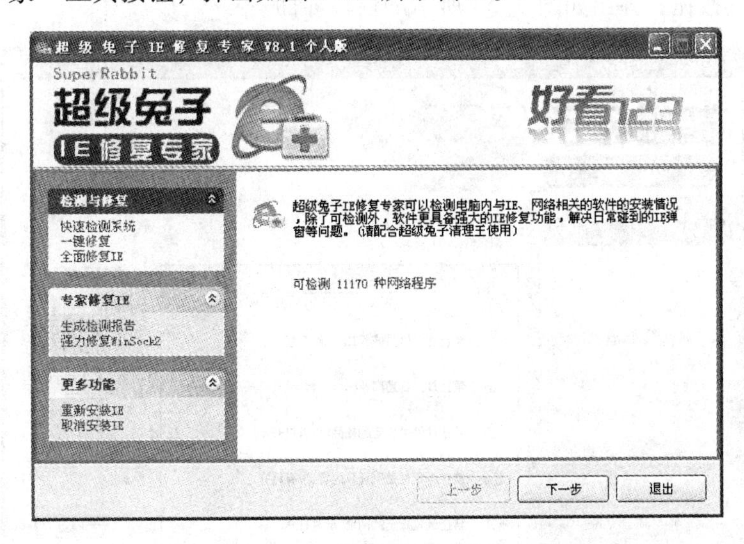

图 3-52 “IE 修复专家”窗口

2）选择窗口左侧的“全面修复 IE”选项，在如图 3-53 所示的窗口中选中需要修复项目前的复选框。一般情况下，默认修复所有项目。

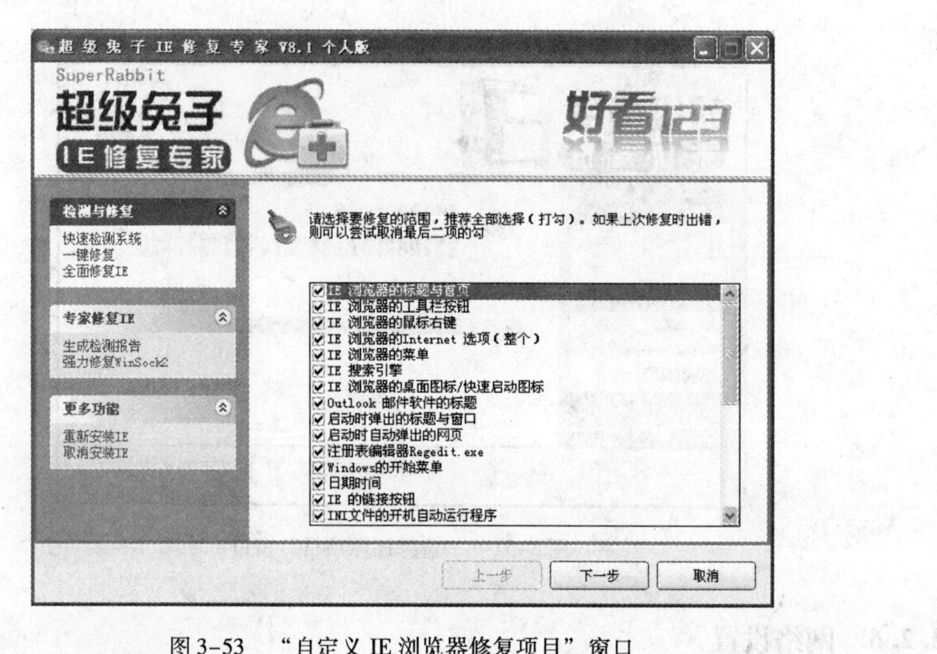

图 3-53　“自定义 IE 浏览器修复项目”窗口

3）单击“下一步”按钮。

提示：如果希望 IE 在运行时受到保护，可以运行超级兔子的“超级兔子上网精灵”工具，此工具是在安装超级兔子的同时被安装到系统中的。

2. 超级兔子上网精灵

超级兔子的“上网精灵”工具可以保护 IE 浏览器不被恶意修改。

1）首先，启动“超级兔子上网精灵”工具。单击“超级兔子”主界面中的“超级兔子上网精灵”工具按钮，弹出如图 3-54 所示的窗口界面。

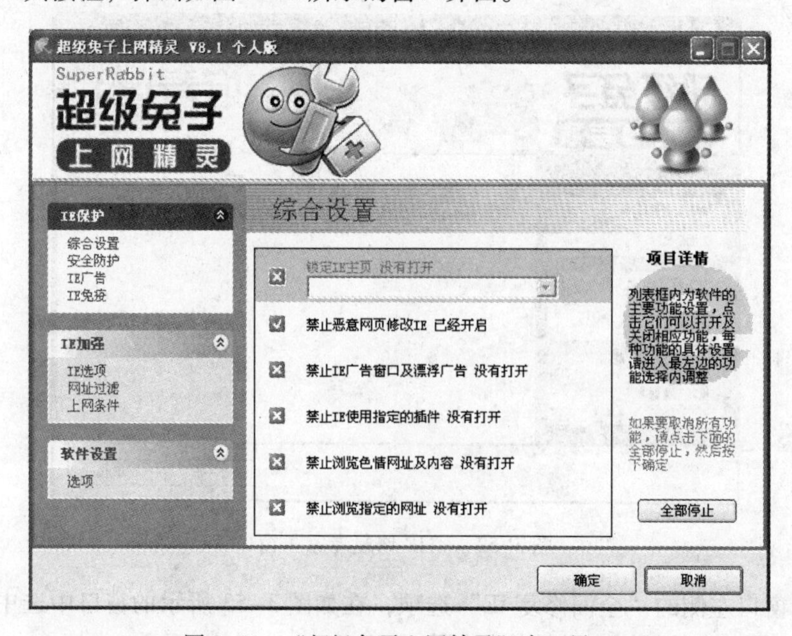

图 3-54　“超级兔子上网精灵”窗口界面

2）指定受保护的项目。图 3-54 所示的窗口中指定 IE 受保护的各项。如果不清楚各项功能，可按程序默认的项目来保护 IE 浏览器。

3）单击“确定”按钮。此时在任务栏右侧会出现如图 3-55 所示的图标，表明 IE 浏览器正在受保护中。

图 3-55　“IE 保护器”任务图标

提示：默认情况下，在系统启动这后，IE 浏览器就会进入受保护装状态，即开机后系统将自动运行“超级兔子上网精灵”程序。

3.3　Windows 优化大师

与超级兔子功能相类似的软件有很多，其中 Windwos 优化大师就是另一个优秀的中文系统工具软件。与超级兔子一样，它不仅可以对系统进行多种高级设置，同时还可以对系统很多方面进行细致地优化。

用户下载 Windows 优化大师软件后双击其安装软件可执行文件，根据提示进行安装后即可使用。安装后双击桌面上的图标，启动 Windows 优化大师，即可进入其主使用界面。

3.3.1　优化大师使用界面

Windows 优化大师的界面很简洁，没有其他软件常见的菜单栏与工具栏，整个工作界面如图 3-56 所示，主要分为左、中、右 3 个区域，分别是系统功能标签区、工作区与功能按钮区。单击左边的功能选项区，在窗口的中间部分就会显示相对应的各功能的信息和优化方式。

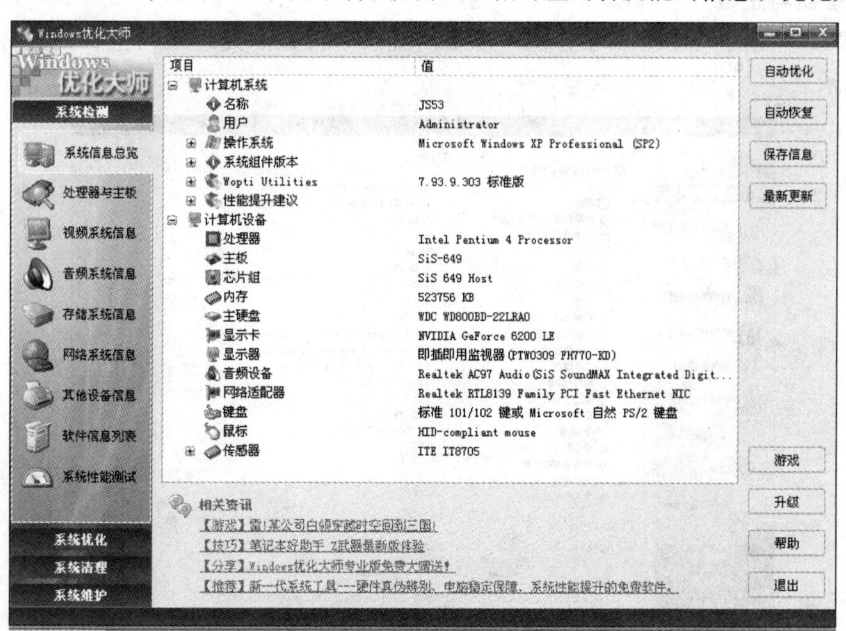

图 3-56　Windows 优化大师工作界面

1. 系统功能标签

系统功能标签区域，有“系统检测”、“系统优化”、“系统清理”与“系统维护”四大功能集合。单击这4个功能集合的文字，可以展开集合中所包含的各种功能标签，单击功能标签即可使用Windows优化大师所提供相应功能。

启动Windows优化大师后，程序即打开“系统检测”功能集合中的“系统信息总览”功能标签。

2. 工作区

工作区作为Windows优化大师各项功能与用户之间的交互场所，一般用来显示信息，在部分功能中允许用户在此进行系统参数的设置。

3. 功能按钮

功能按钮区提供了各功能模块中的具体操作按钮，通过这些按钮，Windows优化大师将完成用户的各种操作要求。

3.3.2 系统检测

如果希望了解计算机软、硬件的具体信息，可以使用“系统检测”功能集合。其中的功能能够使用户检测到包括CPU、BIOS、内存、硬盘、局域网及网卡、显卡、Modem、光驱、显示器、多媒体、键盘、鼠标、打印机以及软件信息等，同时还提供了一个测试工具来评测当前计算机系统的性能。

1. 系统信息总览

启动Windows优化大师，在其操作窗口中默认显示提“系统检测”功能集合下的“系统信息总览”项目，其中显示了该电脑系统的详细信息，包括电脑安装的操作系统版本以及电脑硬件设备的型号等，如图3-56所示。

2. 处理器与主板

选择窗口左侧的“处理器与主板”选项，窗口中将显示处理器与主板的具体信息，如图3-57所示。

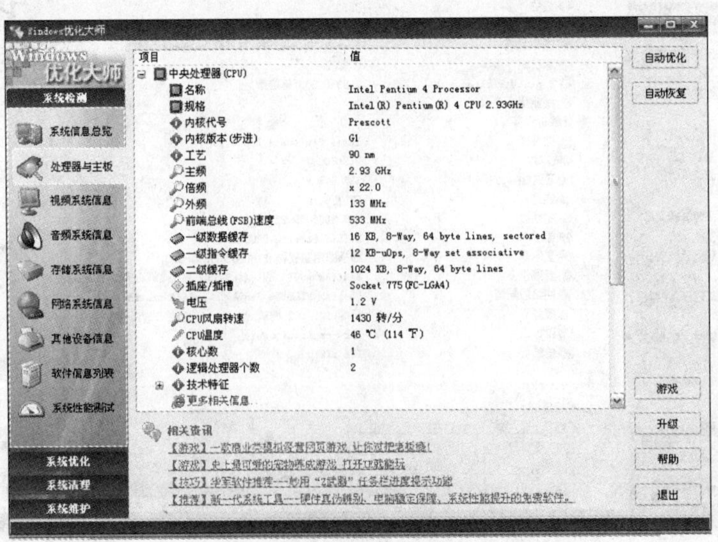

图3-57 “处理器与主板”界面

3. 视频系统信息

选择窗口左侧的“视频系统信息”选项，窗口中将显示视频显示系统的具体信息，如显卡与显示器信息分析、显示性能提升建议等，如图 3-58 所示。

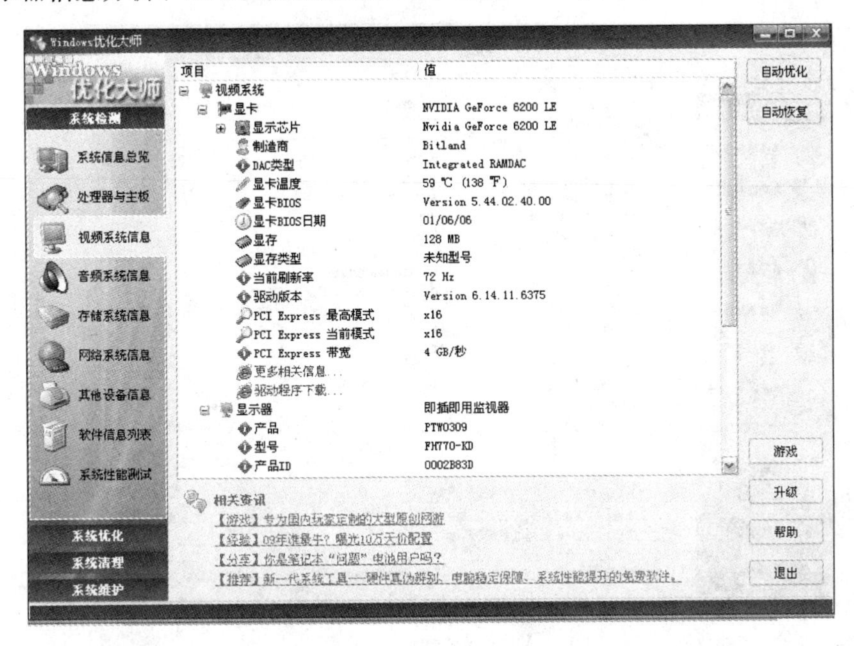

图 3-58　“视频系统信息”界面

4. 音频系统信息

选择窗口左侧的“音频系统信息”选项，窗口中将显示音频系统的具体信息，如图 3-59 所示。

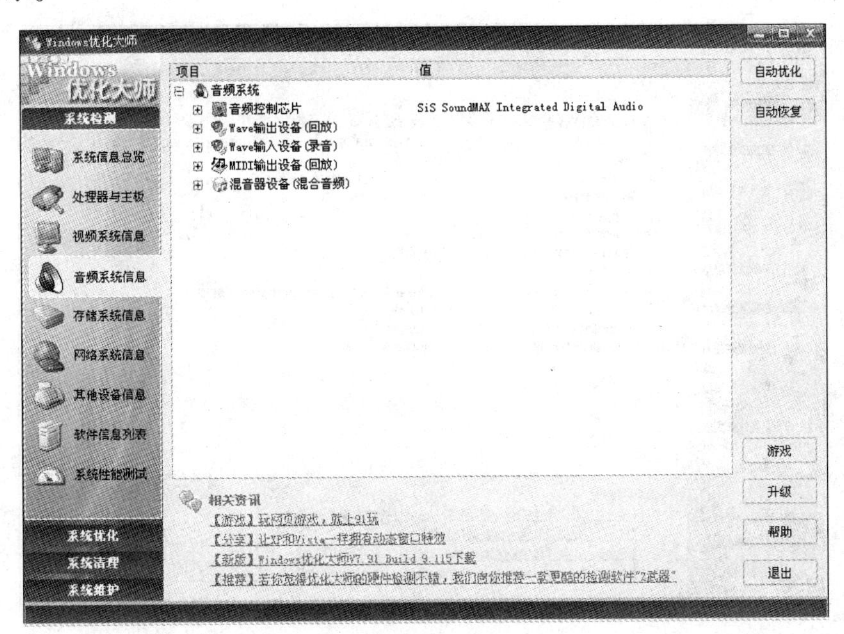

图 3-59　“音频系统信息”界面

5. **存储系统信息**

选择左侧的“存储系统信息”选项，可查看内存和硬盘存储系统信息，如图 3-60 所示。

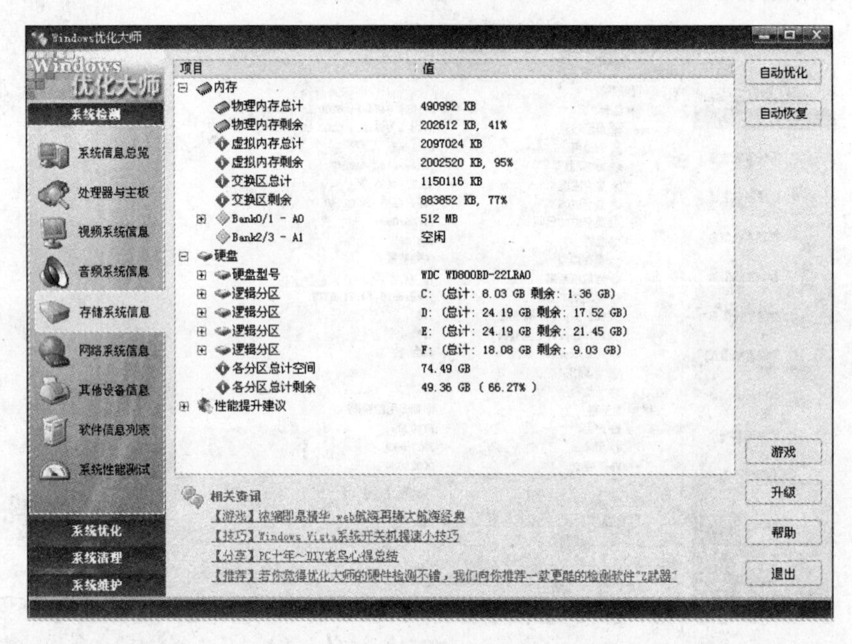

图 3-60 “存储系统信息”界面

6. **网络系统信息**

选择窗口左侧的“网络系统信息”选项，可查看网络适配器、网络协议和网络流量信息，如图 3-61 所示。

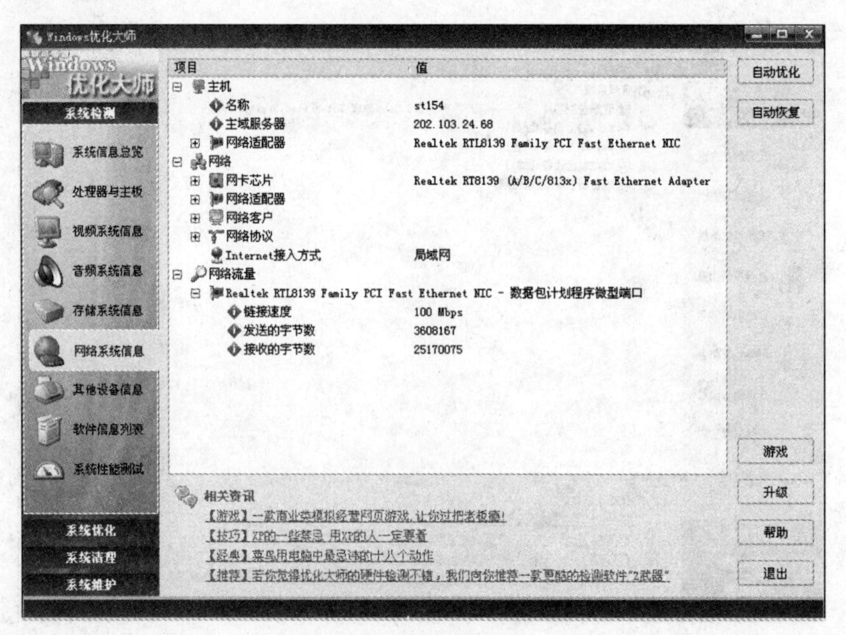

图 3-61 “网络系统信息”界面

7. 其他设备信息

选择窗口左侧的“其他设备信息”选项，可查看键盘、鼠标和打印机的型号及USB端口等信息，如图3-62所示。

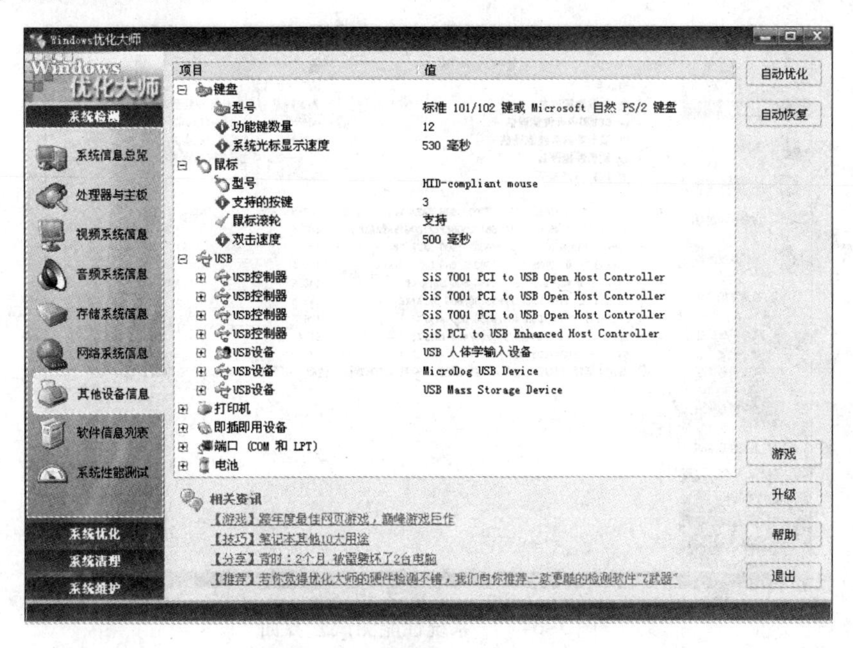

图3-62　“其他设备信息”界面

8. 软件信息列表

选择窗口左侧的“软件信息列表”选项，可显示电脑中已安装软件的相关信息，如图3-63所示。

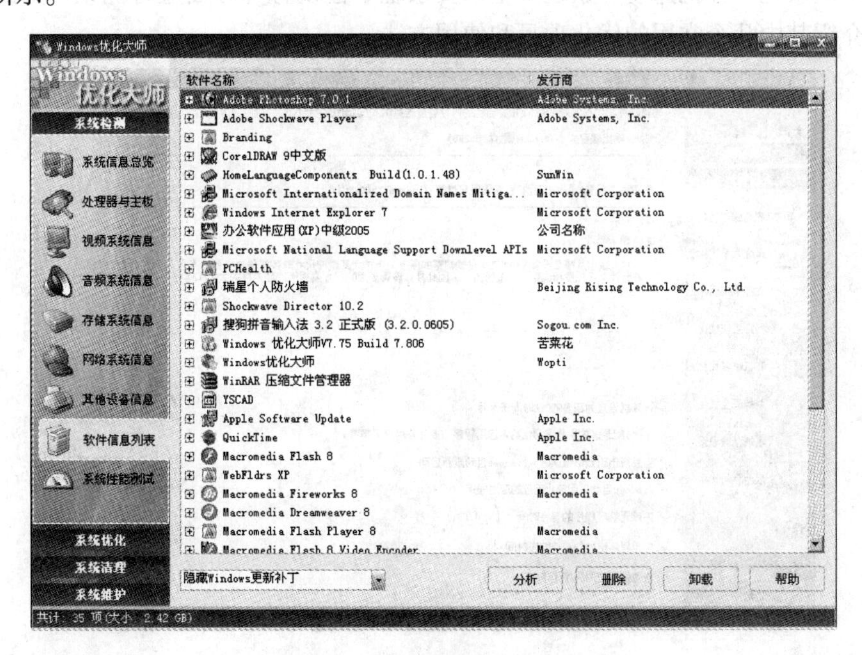

图3-63　“软件信息列表”界面

9. 系统性能测试

选择窗口左侧的“系统性能测试”选项，将显示 Windows 优化大师对系统进行测试后所给出的评分，如图 3-64 所示。

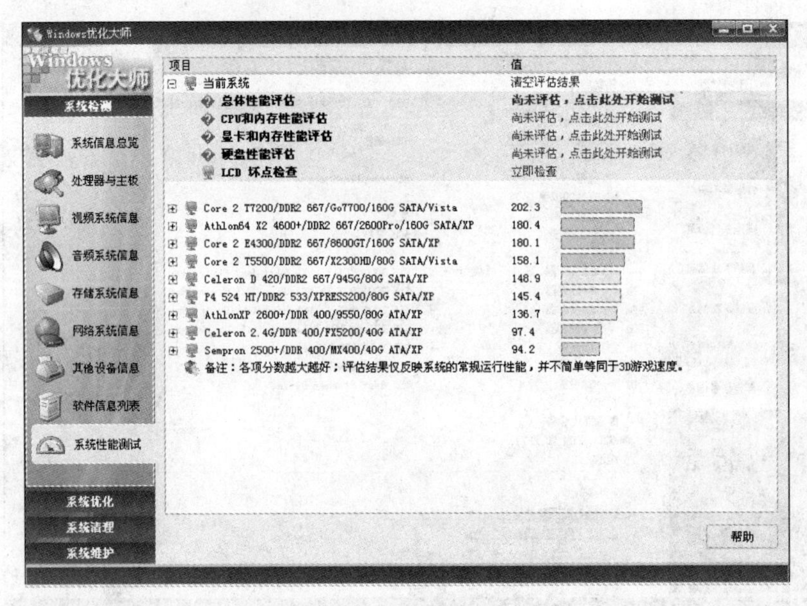

图 3-64 “系统性能测试”界面

3.3.3 系统优化

通过 Windows 优化大师中的“系统优化”功能集合，可以对磁盘缓存、桌面菜单、文件系统、网络系统、开机速度、系统安全以及系统个性设置等方面进行优化，如图 3-65 所示。下面介绍其中几个常用的优化项目和使用方法。

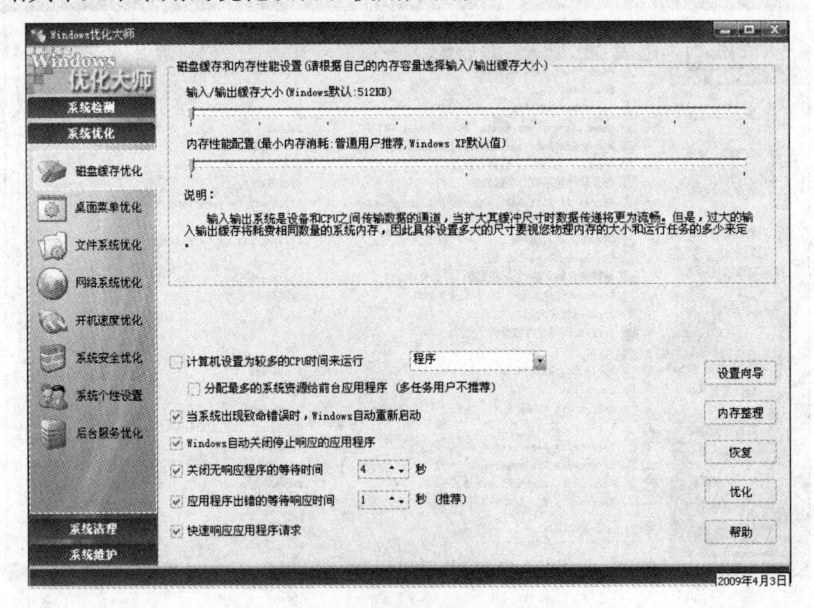

图 3-65 “磁盘缓存优化”界面

1. 磁盘缓存优化

如图3-65所示，用鼠标拖动“输入/输出缓存大小”滑块调整电脑的缓存大小，用鼠标拖动“内存性能配置”滑块选择最小内存消耗、最大网络吞吐量和平衡标准。选中“Windows 自动关闭停止响应的应用程序”复选框，并设置关闭无响应程序的等待时间等。

2. 桌面菜单优化

选择窗口左侧的“桌面菜单优化”选项，可以对桌面菜单的速度以及桌面图标的缓存进行设置，如图3-66所示。

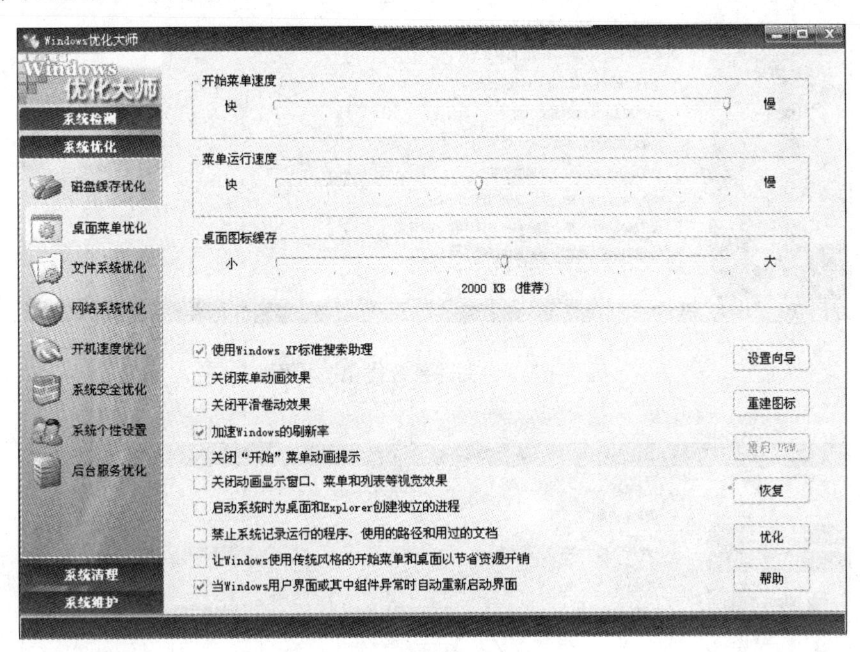

图3-66 “桌面菜单优化”界面

3. 文件菜单优化

选择窗口左侧的“文件菜单优化”选项，可调整光驱缓存并进行空闲时允许 Windows 自动优化启动分区等设置，如图3-67所示。

4. 网络系统优化

选择窗口左侧的“网络系统优化”选项，可以对网络的性能进行设置，如图3-68所示。

5. 开机速度优化

选择窗口左侧的“开机速度优化”选项，可对启动信息的停留时间和开机启动程序进行设置，如图3-69所示。

6. 系统安全优化

选择窗口左侧的“系统安全优化”选项，可进行系统安全的保护性设置，如图3-70所示。

7. 系统个性设置

选择窗口左侧的“系统个性设置”选项，可进行系统个性设置，然后单击“设置”按钮，如图3-71所示。

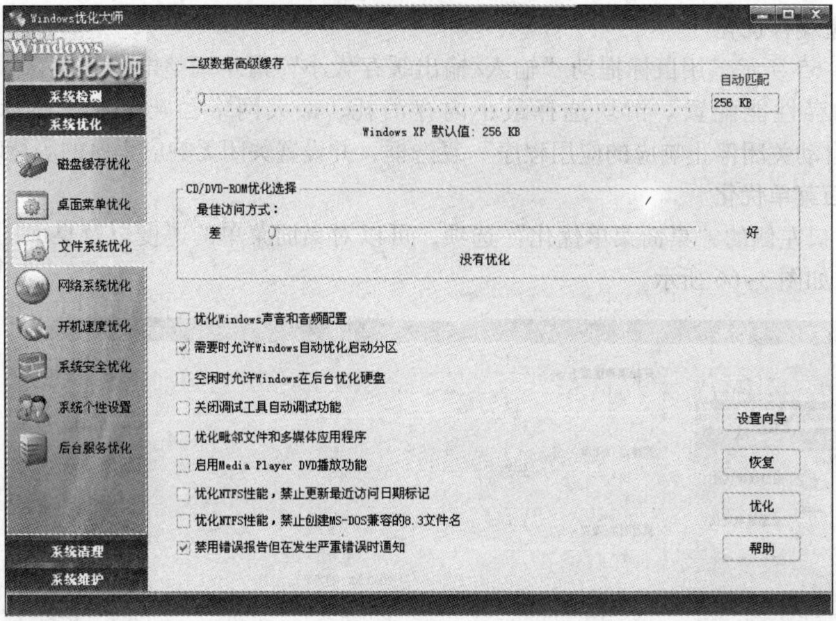

图 3-67 “文件系统优化”界面

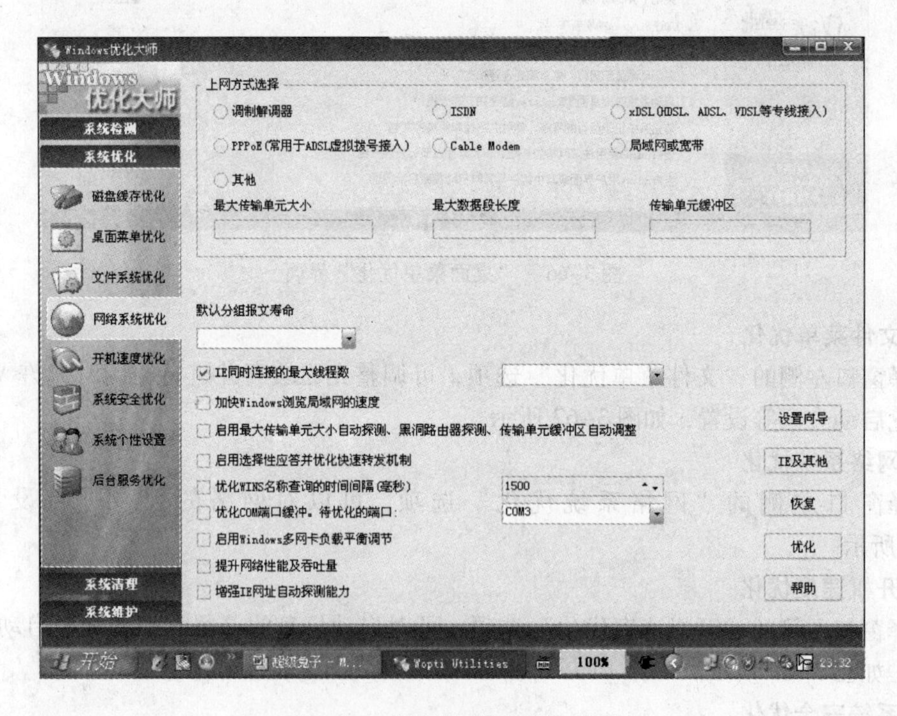

图 3-68 “网络系统优化”界面

8. 后台服务优化

选择窗口左侧的“后台服务优化”选项，可对后台程序进行优化设置，如图 3-72 所示。

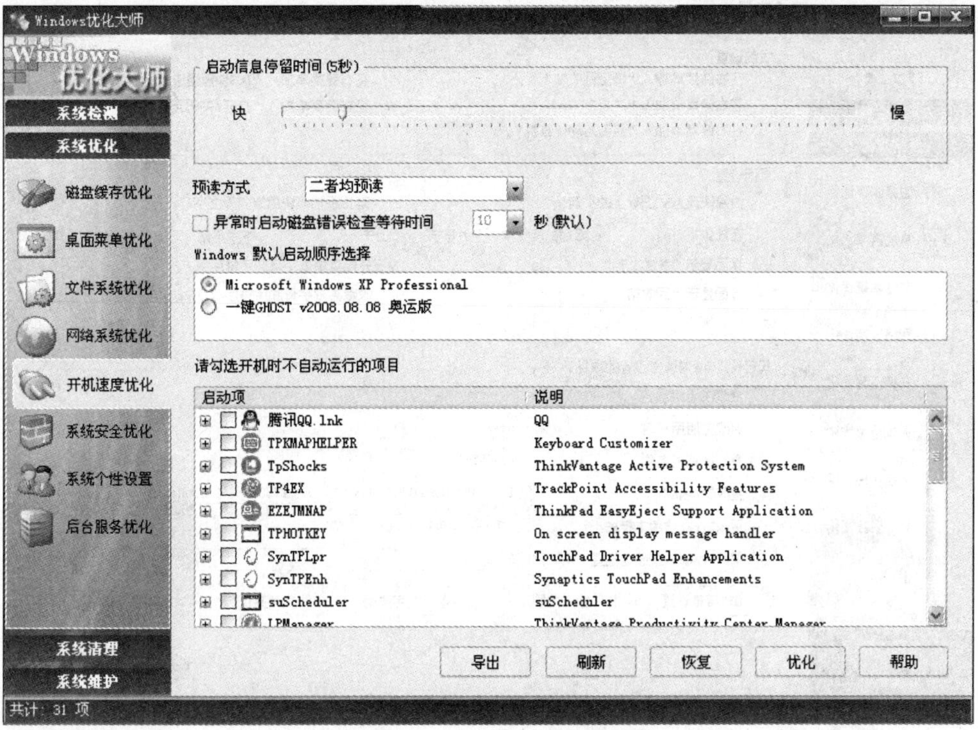

Windows优化大师

Windows 优化大师

系统检测

系统优化

磁盘缓存优化

桌面菜单优化

文件系统优化

网络系统优化

开机速度优化

系统安全优化

系统个性设置

后台服务优化

系统清理

系统维护

启动信息停留时间 (5秒)

快 慢

预读方式 二者均预读

异常时启动磁盘错误检查等待时间 10 秒 (默认)

Windows 默认启动顺序选择

Microsoft Windows XP Professional

一键GHOST v2008.08.08 奥运版

请勾选开机时不自动运行的项目

启动项	说明
腾讯QQ.lnk	QQ
TPKMAPHELPER	Keyboard Customizer
TpShocks	ThinkVantage Active Protection System
TP4EX	TrackPoint Accessibility Features
EZEJMNAP	ThinkPad EasyEject Support Application
TPHOTKEY	On screen display message handler
SynTPLpr	TouchPad Driver Helper Application
SynTPEnh	Synaptics TouchPad Enhancements
suScheduler	suScheduler
LPManager	ThinkVantage Productivity Center Manager

导出 刷新 恢复 优化 帮助

共计: 31 项

图 3-69 “开机速度优化”界面

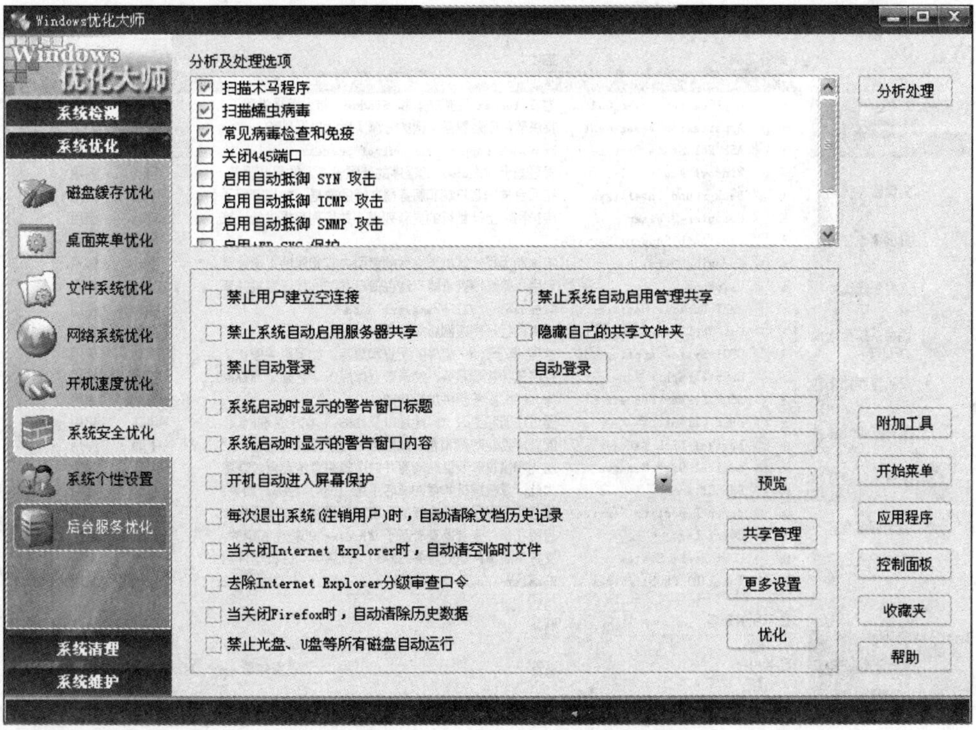

Windows优化大师

Windows 优化大师

系统检测

系统优化

磁盘缓存优化

桌面菜单优化

文件系统优化

网络系统优化

开机速度优化

系统安全优化

系统个性设置

后台服务优化

系统清理

系统维护

分析及处理选项

扫描木马程序

扫描蠕虫病毒

常见病毒检查和免疫

关闭445端口

启用自动抵御 SYN 攻击

启用自动抵御 ICMP 攻击

启用自动抵御 SNMP 攻击

启用ARP CVC 保护

分析处理

禁止用户建立空连接

禁止系统自动启用管理共享

禁止系统自动启用服务器共享

隐藏自己的共享文件夹

禁止自动登录

自动登录

系统启动时显示的警告窗口标题

系统启动时显示的警告窗口内容

开机自动进入屏幕保护

预览

每次退出系统 (注销用户) 时，自动清除文档历史记录

共享管理

当关闭Internet Explorer时，自动清空临时文件

去除Internet Explorer分级审查口令

更多设置

当关闭Firefox时，自动清除历史数据

禁止光盘、U盘等所有磁盘自动运行

优化

附加工具

开始菜单

应用程序

控制面板

收藏夹

帮助

图 3-70 “系统安全优化”界面

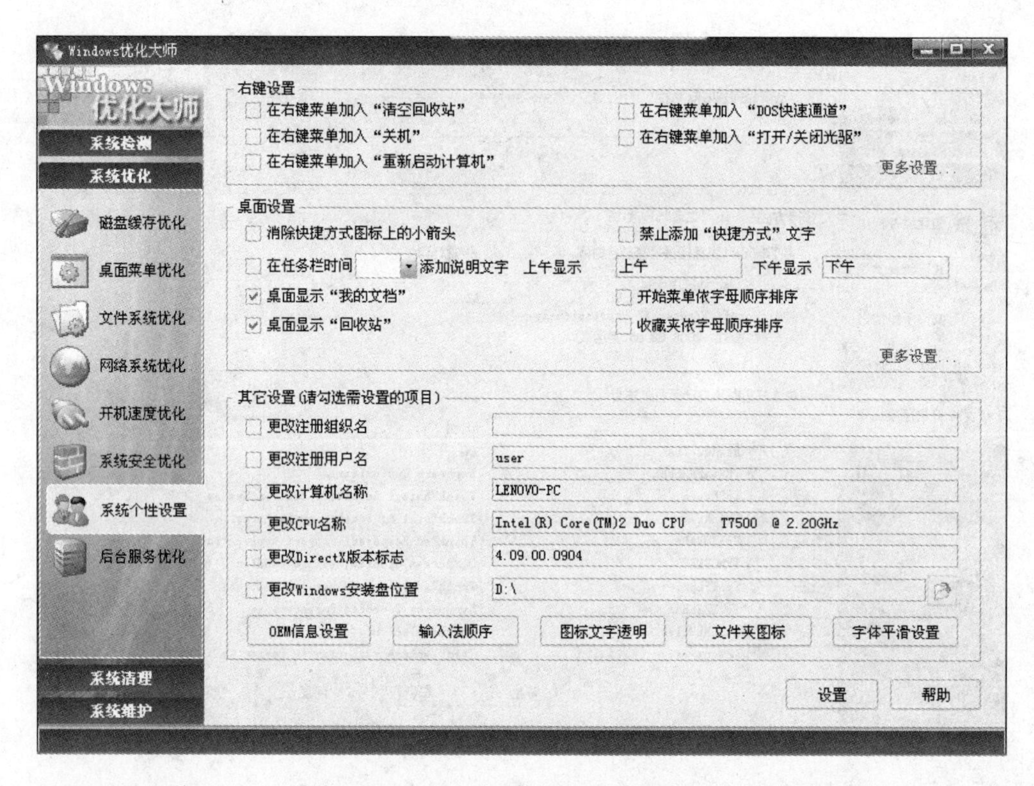

图 3–71 “系统个性设置”界面

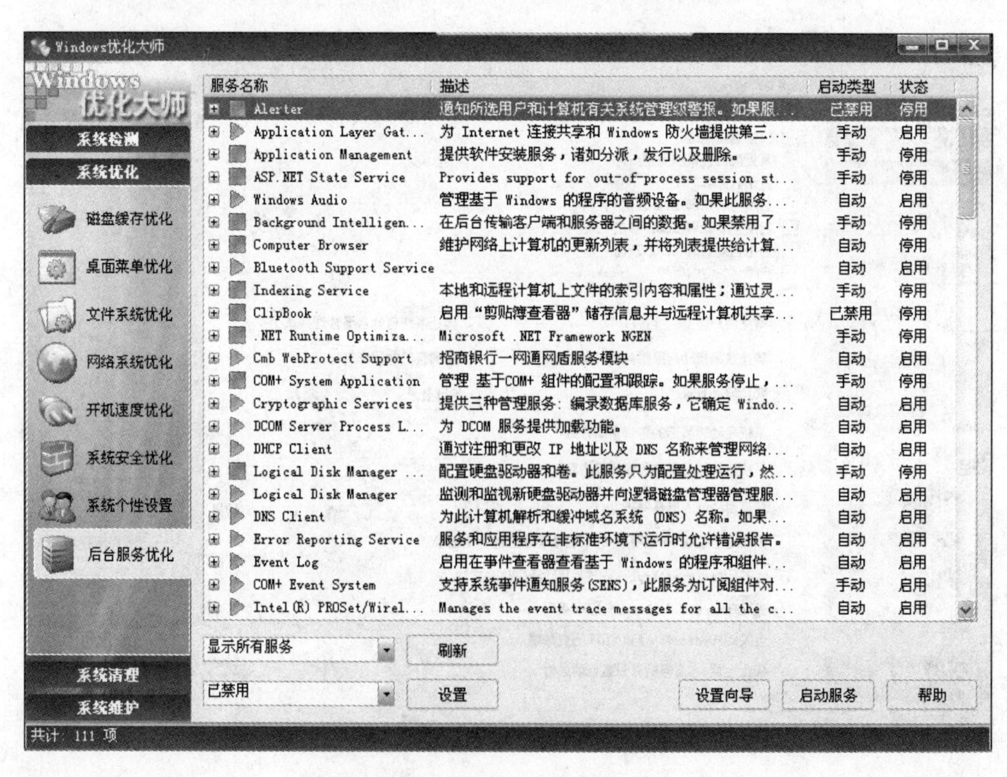

图 3–72 “后台服务优化”界面

3.3.4 系统清理

使用 Windows 优化大师的“系统清理”功能集合，可对注册表、磁盘文件、冗余 DLL 文件等项目进行清理和维护，让电脑工作得更加顺畅。用户只需根据提示选择相应的项目进行操作即可。在 Windows 优化大师的操作窗口中选择“系统清理”选项，其操作窗口默认显示的是“系统清理”功能集合中的“注册信息清理”项目，如图 3-73 所示。

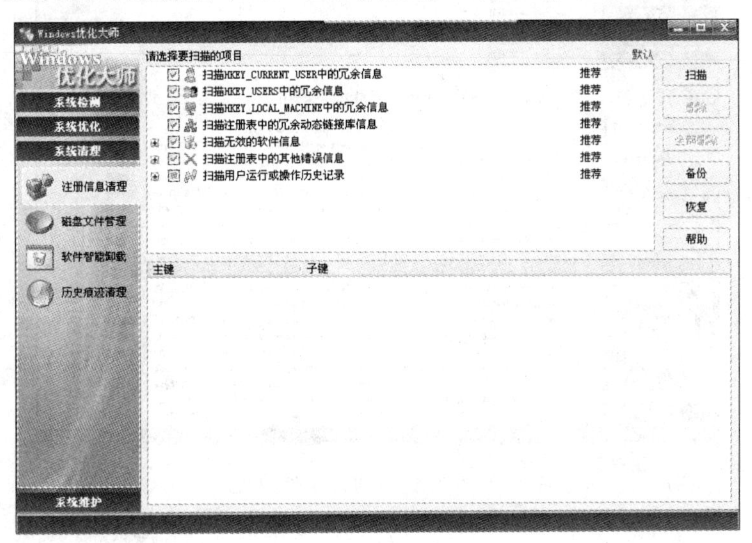

图 3-73 “系统清理”默认界面

1. 清理注册表

在图 3-73 所示的窗口中选中要扫描项目的复选框，单击“扫描”按钮，扫描出注册表中各种无用的信息，然后单击“全部删除”按钮。在打开的确认对话框中单击“确定”按钮，开始清理注册表选项，完成后将在左下角的状态栏上提示已清除的项目，如图 3-74 所示。

图 3-74 清理注册表

2. 清理文件

选择窗口右侧的“磁盘文件管理”选项在右侧选中要扫描的文件夹或磁盘分区复选框，再单击“扫描”按钮，可以扫描出其中的垃圾文件，最后单击“全部删除”按钮将其删除，如图 3-75 所示。

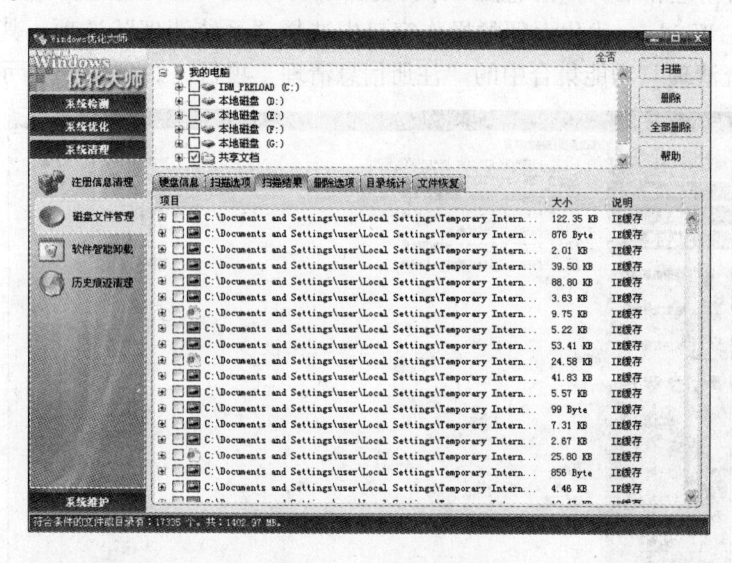

图 3-75　清理文件

3.3.5　系统维护

通过 Windows 优化大师的“系统维护”功能集合，可对磁盘进行检查磁盘、备份驱动程序等操作。在 Windows 优化大师的操作窗口中选择“系统维护”选项，在打开的操作窗口中默认显示的是“系统磁盘医生”项目。选中要扫描项目的复选框，单击“检查”按钮即可进行磁盘检查，如图 3-76 所示。

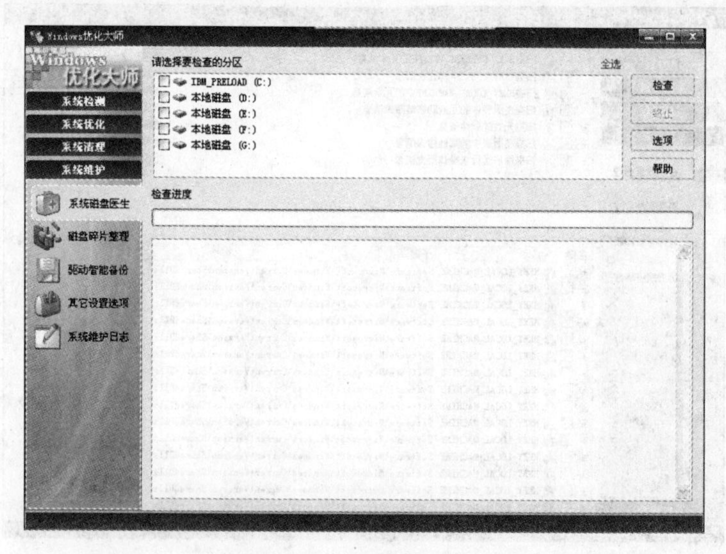

图 3-76　“系统磁盘医生”界面

1. 驱动智能备份

选择窗口左侧的“驱动管理备份”选项，可对驱动程序进行备份，如图 3-77 所示。

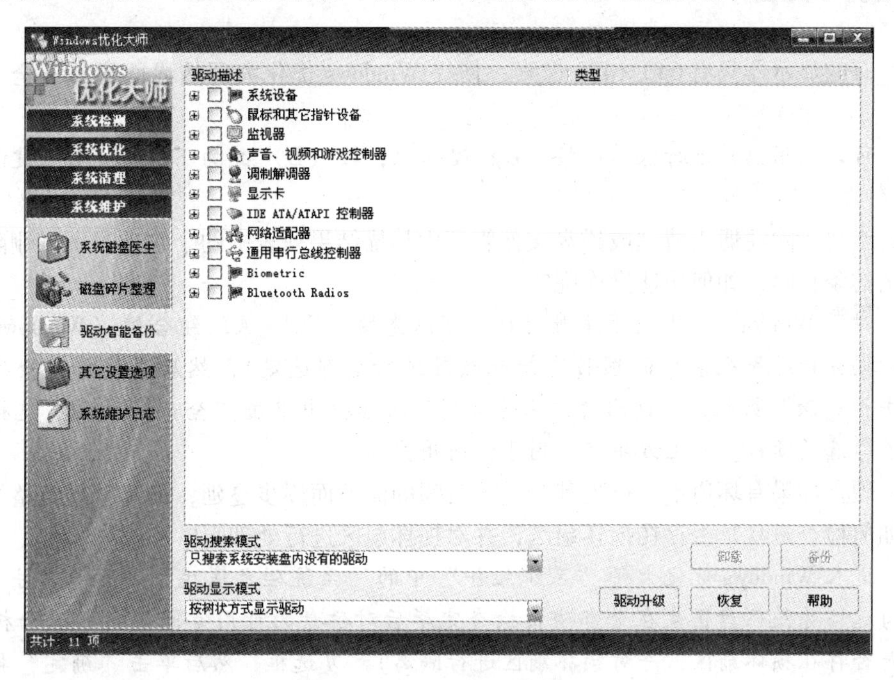

图 3-77　“驱动管理备份”界面

2. 其他设置选项

选择窗口左侧的“其他设置选项”按钮，可备份其他重要系统文件，如图 3-78 所示。

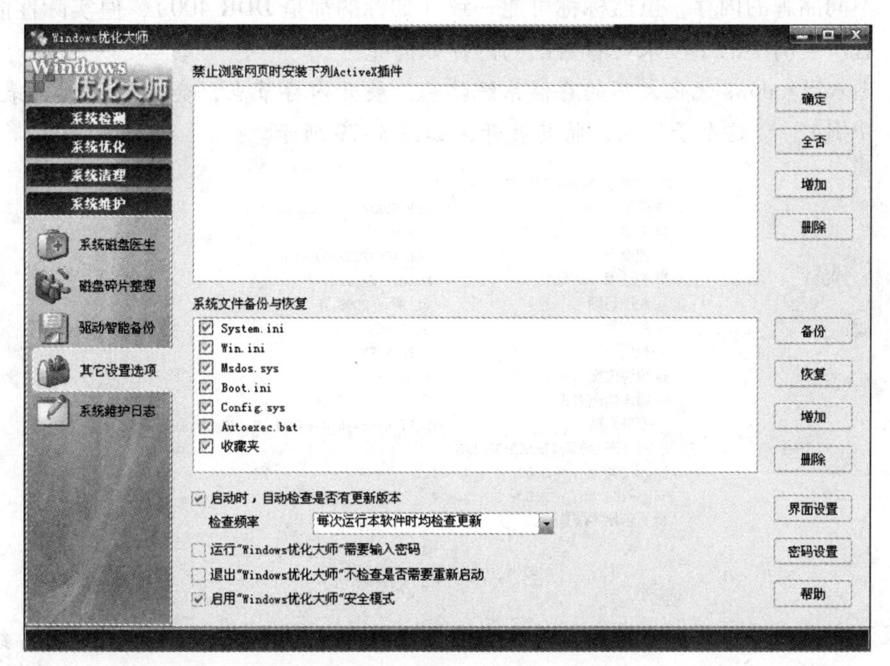

图 3-78　“其他设置选项”界面

3.4 有问有答

问：有的显示器只有640×480像素，使得Windows优化大师的界面显示不全，应该如何处理？

答：可以利用热键进行操作：按〈U〉键向上，按〈D〉键向下，按〈L〉键向左，按〈R〉键向右。

问：当要排除注册表清理或磁盘文件管理中扫描结果列表中的个别项目不做删除，但需删除其余的条目时，如何快速操作呢？

答：对于Windows优化大师注册用户，可以先按〈Ctrl+A〉组合键（Windows优化大师对于扫描分析结果列表中的项目支持此热键进行全部选定），然后去掉需排除项目的勾选，单击“删除”按钮，在弹出的询问是否删除对话框中单击“全部”按钮，这样就删除了所有已勾选的项目。以上方法只适用于注册用户。

问：硬盘如果有坏道不进行处理会随着时间的流逝而逐步蔓延，最终会导致整个硬盘的损坏，如何检查磁盘是否存在损坏扇区，并对损坏扇区进行处理呢？

答：进入Windows优化大师“系统维护”中的“系统磁盘医生”界面，单击“选项”按钮，勾选“系统磁盘医生在全部项目检查完毕后对磁盘的可用空间进行校验分析（即检查磁盘是否存在损坏扇区，并对损坏扇区进行隔离）”复选框，然后单击“确定”按钮返回主界面，勾选主界面上方的硬盘所有的分区，最后单击“检查”按钮，耐心等待检查结束后，就可以隔离损坏区域了。这样可以保证操作系统不分配损坏区域给自己或应用软件使用，从而杜绝了坏道的扩散。

问：不同品牌的内存，虽然标称可能一致（如标的都是DDR 400），但实际性能可能存在差异，有没有简单的手段来看看自己的内存如何呢？

答：进入Windows优化大师的存储系统信息，展开内存节点，会看到“时序表（频率-CL-RCD-RP-RAS）”这个子节点，将其展开，如图3-79所示。

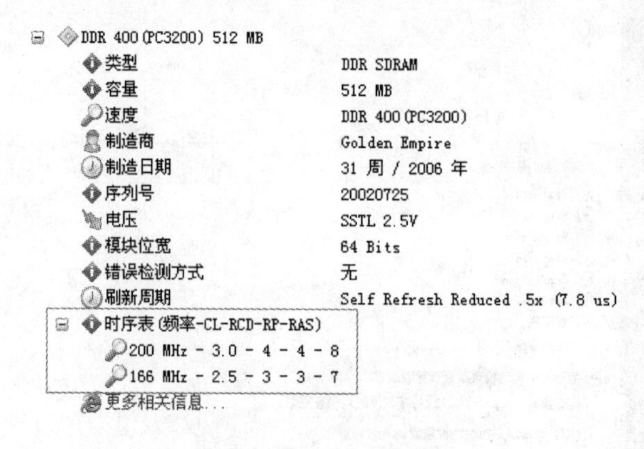

图3-79 内存信息

如果没有看到该项，则可能是目前我们的Windows优化大师尚不支持对该芯片组主板的识别。

问：在进行一些参数设置后，总是会弹出需要重启系统，使设置生效的对话框，是不是有些麻烦，如何使设置生效更简单呢？

答：在“系统维护”的“其他设置选项”中，将“退出‘Windows 优化大师’不检查是否需要重新启动”复选框选中，下次设置时就不会弹出提示对话框了，设置的参数也将在下次系统启动时生效。

3.5 习题

1. 注册表的组成结构是什么？六大根键的作用分别是什么？
2. 如何打开注册表编辑器并且添加或修改键值？
3. 如何导出/导入（备份/恢复）注册表？
4. 使用注册表优化系统的常用配置有哪些？配置步骤是什么？
5. 使用 Windows 优化大师优化系统的方法有哪些，如何配置？
6. 使用超级兔子优化系统的方法有哪些，如何配置？

第 4 章　计算机系统的维护

本章导读

“维护”和“维修”虽然是一字之差，但内涵相差甚远。维修不仅需要有良好的电子技术理论知识和计算机硬件知识，还需要很强的动手能力，需要一定的仪器和工具；而维护是指对计算机进行基本保养。计算机在使用中总是会出现这样和那样的问题，如果平时没有做好基本的维护保养工作，总有一天会导致计算机的罢工。因此本章重点讲解计算机的一般维护方法，以便广大的计算机使用者能更好地使用计算机。只要我们维护得法，使用得当，就能确保计算机长时间稳定地工作，从而提高计算机的使用寿命。

学习目标

- 掌握：计算机各个部件常用的维护方法
- 理解：计算机各个部件所采用维护方法的基本道理
- 了解：计算机使用的基本环境和操作时的注意事项

4.1　计算机系统的基本维护

计算机是一种精密而复杂的电子设备，对周围的环境有一定的要求，如对温度、湿度、洁净度等。一般来说都应该在计算机所在的房间里面安装空调，即使不安装空调，也应该尽量保持空气的流通，如增加风扇，这样可以带走计算机产生的热量，保证计算机的正常运行。

其次，灰尘也是计算机的大敌。灰尘不仅会影响计算机的散热，在湿度较大的情况下，还容易引起短路造成主板的烧毁，因此对计算机及其周围环境的洁净度也有一定的要求。

虽然计算机使用的是开关电源，对电网的正常波动有一定的适应能力，但计算机的使用者还是希望电网的波动范围不能太大和太频繁。因此计算机所使用的电源插座最好不要和空调、电冰箱、微波炉等耗电量较大，且启动很频繁的家用电器共用一个插座。

4.1.1　CPU 的维护保养

CPU 作为电脑的心脏，它从电脑启动到关闭都不停地运作，对它的维护和保养显得尤为重要。

（1）散热至上

CPU 的工作伴随着热量的产生，因此对 CPU 进行有效的散热必不可少。CPU 的正常工作温度为 35 ~ 65℃，玩大型游戏的时候可以高达 75℃。CPU 的内部温度一旦超过 90℃，CPU 就会烧毁，所以现在的 CPU 都有很好的监控功能，当温度到达一定数值后，CPU 就会自动停止工作。为了减少莫名其妙的死机现象，CPU 的散热器质量一定要好，散热片的底层要厚，这样有利于储热，从而易于风扇主动散热；同时要能够长期工作，噪音要小，而且还能与主板监控功能配合起来，便于监测风扇工作情况，保障机箱内外的空气流通顺畅。CPU 常用的散热器及其工作原理如图 4-1 所示。

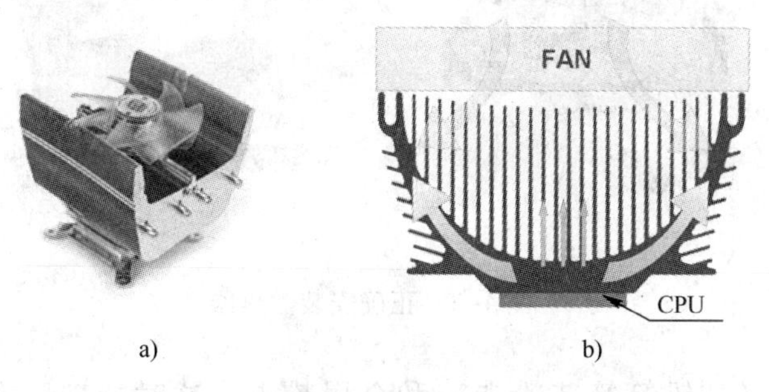

图 4-1　CPU 常用散热器及其工作原理
a）散热器　b）工作原理

现在人们对于散热器有了更高的要求，特别是散热器的静音问题成为人们最关心的，未来散热器的发展方向是如何让产品更静音，并且性能更好。因此，设计精良、做工精湛的散热器就应运而生，如采用热管散热的散热器，其工作原理如图 4-2 所示。

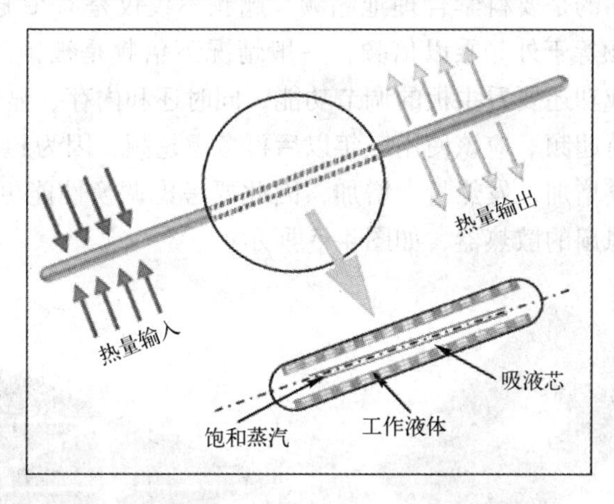

图 4-2　热管散热工作原理

（2）减压和避震

在安装散热风扇时注意用力要均匀，扣具的压力也要适中，具体可根据实际需要仔细调整扣具。另外现在风扇的转速可达 6000 rad/min，这时就会出现共振的问题，长时间会使 CPU 的 Die 有被磨坏的可能，从而导致 CPU 与 CPU 插座接触不良，解决的办法就是选择正规厂家出产的散热风扇，转速适当，扣具安装须正确。其安装方法如图 4-3 所示。

为了承受较重的散热器，很多厂家还特意生产了底座用于主板支撑，如图 4-4 所示。

（3）勤除灰尘、用好硅脂

灰尘要勤清除，不能让其积聚在 CPU 的表面上。硅脂在使用时要涂于 CPU 表面内核上，目的就是填充缝隙和增大散热面积以帮助 CPU 散热。硅脂只要涂上薄薄一层就可以，过量会有可能渗到 CPU 表面和插槽，从而造成毁坏。硅脂在使用一段时间后会干燥，这时可以除净后再重新涂上硅脂。改良的硅脂更要小心使用，因为改良的硅脂

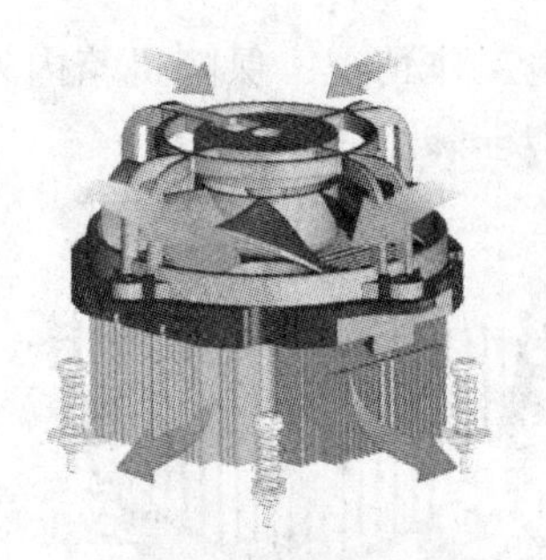

图 4-3　正确安装散热器

通常是以加入碳粉（如铅笔笔芯粉末）和金属粉末，这时的硅脂有了导电的能力，在电脑运行时渗到 CPU 表面的电容上和插槽后果不堪设想。平时在摆弄 CPU 时要注意身体上的静电，特别在秋冬手节，消除方法可以是事前洗洗手或双手接触一会儿金属水管之类的导体，以确保安全。

（4）超频要合理

关于超频需要指出的是要科学合理地超频。超频不仅仅是 CPU 超频，而是整个计算机都要超频。CPU 的主频等于外频乘以倍频，一般情况下倍频是被锁死的，所以常规来说就是超外频。超频是否成功还要看主板的调节功能，同时还和内存、显卡和硬盘等有关，要看这些硬件是不是都支持超频。应该使用三年以后再考虑超频，因为超频会使 CPU 减少寿命。同时由于超频时电流会增加，发热量会增加，因此要考虑调换性能更加优良的风扇。例如，换上 6 根热管和两个风扇的散热器，如图 4-5 所示。

图 4-4　扣具和底座支撑

图 4-5　6 根热管和两个 12 cm 风扇组成的散热器

4.1.2　主板在使用中的维护和保养

主板在购买时要注意和 CPU 的合理搭配。主板的灵魂是芯片组，所以芯片组的好坏决定着主板的性能优劣。选定了芯片组以后，还应该注意主板的做工、用料和工艺。即使是同一个芯片组，由于用料、工艺和做工的不同，生产厂家会根据市场定位把使用同一芯片组的主版分成简化版、标准版和豪华版等。

以用于滤波的扼流圈为例，就可以分成全封闭和半封闭，而开放式的扼流圈在安装上分为立式和卧式，多个扼流圈和 CPU 周围的电容一起组成滤波电路，给 CPU 提供强大的平滑直流电流。扼流圈的个数称为相数。不同的主板上有 3 相、4 相、5 相、6 相、8 相、12 相和 16 相滤波等。加之南北桥上面的散热器材质和质量的不同，所以主板的价格相差很大。2009 年 6 月面世的技嘉主板就是 24 相滤波的主板，如图 4-6 所示。24 相设计进一步降低了供电模块的工作温度，延长了主板使用寿命，并提供更稳定的供电以满足超频玩家的需要。

图 4－6　24 相滤波的技嘉主板

主板在使用中要轻拿轻放，不要碰撞，安装时，螺丝刀不要在片状元件上面指指点点，避免划伤主板。特别要指出的是，主板一般是摔不得的，计算机主板本身都是多层的，过度的碰撞可能会造成层与层之间的开裂，导致信号传递受阻，而这个在外观上面是看不出来的。此外主板上扼流圈中间的高频磁环也是容易破碎的，石英晶体振荡器，也是不能摔的。图 4-7 中右下角银白色的部位即是石英晶体振荡器。

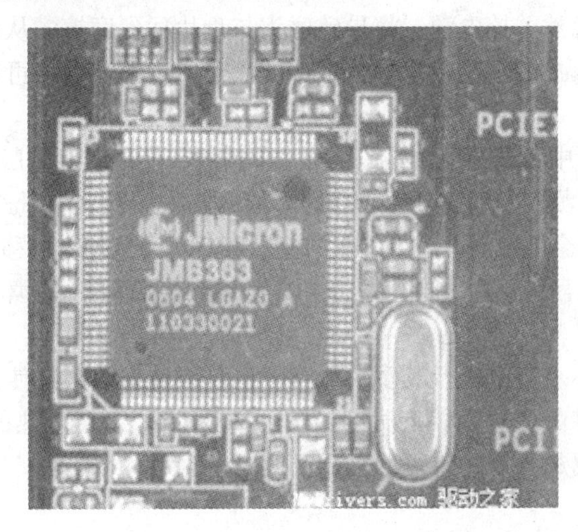

图 4-7　主板上的石英晶体振荡器

4.1.3 存储器的维护和保养

1. 内存的维护和保养

内存是计算机的数据中转站，人们经常看到的蓝屏现象有很多时候都和内存的工作不正常有关系。内存出现问题，多半是由于接触不良造成的。尤其是内存条的“金手指”易出现氧化，这时可以把内存条取下来，用干净的白纸或者橡皮进行擦拭。

2. 硬盘的维护和保养

硬盘是微机系统中最常用、最重要的存储设备之一，也是故障机率较高的设备之一。而来自硬盘本身的故障一般都很小，主要是人为因素或使用者未根据硬盘特点采取切实可行的维护措施所致。因此，硬盘在使用中必须加以正确维护，否则会出现故障或缩短使用寿命，甚至造成数据丢失，给工作和生活带来不可挽回的损失和不便。

（1）防震

硬盘是十分精密的存储设备，工作时磁头在盘片表面的浮动高度只有几微米。不工作时，磁头与盘片是接触的；硬盘在进行读写操作时，一旦发生较大的震动，就可能造成磁头与数据区相撞击，导致盘片数据区损坏或划盘，甚至丢失硬盘内的文件信息。因此在工作时或关机后，主轴电机尚未停机之前，严禁搬运电脑或移动硬盘，以免磁头与盘片产生撞击而擦伤盘片表面的磁层。在硬盘的安装、拆御过程中更要加倍小心，严禁摇晃、磕碰。

（2）防尘

操作环境中灰尘过多，会被吸附到电路板的表面及主轴电机的内部，硬盘在较潮湿的环境中工作，会使绝缘电阻下降，轻则引起工作不稳定，重则使某些电子器件损坏，或某些对灰尘敏感的传感器不能正常工作。因此要保持环境卫生，减少空气中的含尘量。用户不能自行拆开硬盘盖，否则空气中的灰尘便进入盘内，磁头读/写操作时将划伤盘片或磁头。因此硬盘出现故障时决不允许在普通条件下拆开盘体外壳螺钉。

（3）硬盘读写时切忌断电

硬盘进行读写时，硬盘处于高速旋转状态中，现在的硬盘转速高达 7200 rad/min；在硬盘如此高速旋转时，忽然关掉电源，将导致磁头与盘片猛烈磨擦，从而损坏硬盘，所以在关机时，一定要注意面板上的硬盘指示灯，确保硬盘完成读写之后才可以正常关机。

（4）防病毒

计算机病毒对硬盘中存储的信息是一个很大的威胁，所以应利用版本较新的抗病毒软件对硬盘进行定期的病毒检测，发现病毒后应立即采取办法去清除，尽量避免对硬盘进行格式化，因为硬盘格式化会丢失全部数据并减少硬盘的使用寿命。当从外来可移动盘复制信息到本地硬盘时，先要对可移动磁盘进行病毒检查，防止硬盘由此染上病毒，破坏盘内数据信息。

（5）防高温

硬盘的主轴电机、步进电机及其驱动电路工作时都要发热，在使用中要严格控制环境温度，微机操作室内最好配备空调，将温度调节在 20～25℃。在炎热的夏季，要注意监测硬盘周围的环境温度不要超出产品许可的最高温度（一般为 40℃）。

（6）防潮

在潮湿的季节或地域使用电脑，要注意保持环境干燥或经常给系统加电，靠自身的发热将机内水汽蒸发掉。

（7）防磁场

磁场是损毁硬盘数据的隐形杀手，因此，要尽可能地使硬盘不靠近强磁场，如音箱、喇叭、电机、电台等，以免硬盘里所记录的数据因磁化而受到破坏。

（8）定期整理硬盘：

硬盘的整理包括两方面的内容：一是根目录的整理，二是硬盘碎块的整理。根目录一般存放系统文件和子目录文件，如 COMMAND. COM、CONFIG. SYS、AUTOEXEC. BAT 等个别文件，不要存放其他文件；DOS、Windows 等操作系统，文字处理系统及其他应用软件都应该分别建立一个子目录存放。一个清晰、整洁的目录结构会为用户的工作带来方便，同时也避免了软件的重复放置及“垃圾文件”过多浪费硬盘空间，影响运行速度。硬盘在使用一段时间后，由于文件的反复存放、删除，往往会使许多文件，尤其是大文件在硬盘上占用的扇区不连续，看起来就像一个个碎块，硬盘上碎块过多会极大地影响硬盘的速度，甚至造成死机或程序不能正常运行，计算机的使用者不妨定期将硬盘进行整理，从而将使计算机系统性能达到最佳。

3. 光驱的维护和保养

不管是 VCD、DVD，还是 HD-DVD、蓝光 DVD，其基本原理和内部的构造都很相似。用户在购买和使用时的注意事项如下。

（1）尽量买品牌产品

品牌产品工艺规范，用料讲究，做工精致；而非品牌产品在各个方面都要略逊一筹。尤其是内部激光头的参数都是有严格规定的。非品牌产品用过一段时间以后就会提前出现挑碟、读碟不顺畅和根本不读碟，且没有办法调整等毛病。

常见的光驱品牌有如下几个。

- 日系：先锋、松下、索尼、浦科特、NEC。
- 韩系：三星、LG。
- 台系：华硕、明基、建兴（源兴）。

（2）不用时要把光碟取出

有很多使用者在看完光盘上的电影后，并不把光盘取出，而是继续使用计算机，而听任光盘在驱动器里面旋转。这样做对光驱动器的损害是很大的。

（3）定时做清洁

现在购买的光存储器多数是托盘式的，在托盘伸出时容易把灰尘带进机器里面。而激光头始终是向上的，更易沾上灰尘，久而久之就会影响激光头发出的光线，所以要定时做清洁。

打开光驱动器后就可以看到内部结构，如图 4-8 所示，用棉签沾点蒸馏水，就可以把光头上的灰尘洗掉。切记不要使用有机溶液。

（4）维修点滴

光存储器使用一段时间以后，会遇到一个常见的问题——“挑碟”，即有些光碟可以读出，有些光碟不能读出，即使按照前面所说的方法做清洁也不能读碟。这时就要对光存储器中激光头的功率进行适当的调整，但旋转的角度最好不要超过 30°。

每一个光驱的前面都有一个紧急弹出孔，遇到不能出碟的情况时，可以用回形针扳直后从孔中插入，这样就可以将光碟取出。

图 4-8　光驱的内部结构

4.1.4　键盘、鼠标的日常使用与维护

1. 键盘的日常维护

过多的灰尘会给键盘电路的正常工作带来困难，有时会造成误操作，而杂质落入键位的缝隙中会卡住按键，甚至造成短路。因此键盘要保持清洁在清洁键盘时，可用柔软干净的湿布来擦拭，按键缝隙间的污渍可用棉签清洁，但不要用医用消毒酒精，以免对塑料部件产生不良影响。清洁键盘时一定要在关机状态下进行，湿布不宜过湿，以免键盘内部进水产生短路。按键要注意力度，在按键时动作要轻柔，强烈的敲击会减少键盘的寿命，尤其在玩游戏时，更应该注意不要使劲按键，以免损坏键帽。

另外，在更换键盘时不要带电插拔，带电插拔的危害是很大的，轻则损坏键盘，重则有可能会损坏计算机的其他部件，造成不应有的损失。

养成良好的使用习惯，不要在使用计算机的时候吃东西，防止残渣掉入键盘里面，更不要在使用计算机的时候喝咖啡和牛奶，万一液体进入键盘会造成短路，或者接触腐蚀电路造成接触不良等故障，从而损坏键盘。有此不良习惯的使用者最好是用防水键盘。

2. 鼠标的日常维护

使用鼠标时，要避免摔碰鼠标和强力拉拽导线。点击鼠标不要用力过度，以免损坏弹性开关。最好配一个专用的鼠标垫，既可以大大减少污垢通过橡皮球进入鼠标中的机会，又增加了橡皮球与鼠标垫之间的磨擦力。使用光电鼠标时，要注意保持感光板的清洁使其处于更好的感光状态，避免污垢附着在发光二极管和光敏三极管上，遮挡光线接收。

严禁在带电状态下插拔鼠标，防止损坏鼠标的接口。在带电情况下强行拔出 PS2 接口的鼠标有可能伤害主板。

4.1.5　液晶显示器的日常维护

除了搞广告设计的人员和真正的游戏玩家，现在绝大多数的计算机用户都选用液晶显示器，如何尽量延长液晶显示器的寿命也是用户关心的问题之一。

1）首先是“指点江山”要不得。很多用户还保留着当年使用CRT显示器的习惯，那就是喜欢在屏幕前“指点江山”。LCD显示器由于采用了特殊的材质，最忌按和碰。用户使用中一定要杜绝这类现象的发生，尽量让LCD少与外界物体接触。

2）其次是“洗脸”要温柔。和CRT显示器一样，LCD也存在屏幕吸灰的问题。大部分用户喜欢纸巾擦拭，殊不知长期下来，虽然外观上看屏幕十分干净，一旦拿到台灯下，我们就能发现屏幕上早以布满一条条划痕。因此，清洁LCD显示器一定要使用质地柔软的物品，如屏幕清洁专用布或质量好的眼镜清洁布。由于是静电导致的灰尘吸附，清洁时只需轻轻掠过屏幕，灰尘自然就会脱落。对一些顽固污渍，可以使用少许蒸馏水，然后轻轻涂抹擦拭即可。

3）最后一点就是“光彩照人”要适度。在使用时可以适当控制显示亮度，没必要一直将屏幕调节到最亮使用。不然不仅会加速背光管老化速度，同样也容易产生视觉疲劳。例如，在进行文本操作时可以将亮度调低，在游戏时则可以将亮度提高。此外，用户在人走开时可以将亮度调到最低或关闭屏幕，一点一滴的小动作都是延长背光管寿命的方法。因此，合理分配亮度和把握使用时间是延长背光管使用寿命的最主要的方法。

4.2 BIOS维护常识

前面已经介绍，BIOS在计算机中的重要性。如果在计算机的使用中不经意造成一些错误、受到病毒的攻击、出现丢失BIOS密码或者无法引导操作系统等情况，以及计算机某些硬件出现问题都有可能通过蜂鸣器发出报警，而通过这些报警用户就可以判断计算机的故障并且予以排除。

4.2.1 BIOS设置的清除

如果忘记了BIOS密码，可以采取以下3种措施来清除该密码。

（1）跳线短接法

一般在CMOS附近有一个3针的跳线插座，平时跳帽连接的是1针和2针，如果需要清除BIOS里面的内容，就可以在断电的情况下，将跳帽拿起来，放进2针和3针进行短路，几秒种后重新放在1针和2针上面，这个时候计算机就回到出厂的原始状态了。

（2）拿下CMOS电池

如果对跳线短接法感到为难，可以找到CMOS电池，也就是主板上面一个白色的圆形金属物体，在断电的情况下将其取下，停留数分钟后，再把电池放上去，重新开机，计算机的主板就回到出厂的原始状态。

（3）快速放电法

如果觉得第2个方法停留的时间太长，也可以在断电情况下，取出电池后用金属镊子将安装电池凹处的两个金属片进行短路若干次，然后放上电池，从而达到上述的效果。

4.2.2 BIOS自检响铃及其意义

（1）AMI的BIOS自检响铃及其意义

- 1短：内存刷新失败。此时需要更换内存。

- 2 短：内存 ECC 较验错误。在 CMOS Setup 中将内存关于 ECC 校验的选项设为 Disabled 就可以解决，不过最根本的解决办法还是更换一条内存。
- 3 短：系统基本内存（第 1 个 64 KB）检查失败。此时需要更换内存。
- 4 短：系统时钟出错。
- 5 短：中央处理器（CPU）错误。
- 6 短：键盘控制器错误。
- 7 短：系统实模式错误，不能切换到保护模式。
- 8 短：显示内存错误。显示内存有问题，可更换显卡试试。
- 9 短：ROM BIOS 检验和错误。
- 10 短：CMOS shutdown 暂存器存取错误 。
- 11 短：外部 Cache 错误。
- 1 长 3 短：内存错误。内存损坏，更换即可。
- 1 长 8 短：显示测试错误。显示器数据线没插好或显示卡没插牢。

（2）AWARD 的 BIOS 自检响铃及其意义

- 1 短：系统正常启动。这是用户每天都能听到的，表明机器没有任何问题。
- 2 短：常规错误，请进入 CMOS Setup，重新设置不正确的选项。
- 1 长 1 短：RAM 或主板出错。换一条内存试试，若还是不行，只能更换主板。
- 1 长 2 短：显示器或显示卡错误。
- 1 长 3 短：键盘控制器错误。检查主板。
- 1 长 9 短：主板 Flash RAM 或 EPROM 错误，BIOS 损坏。可换块 Flash RAM 试试。
- 不断地响（长声）：内存条未插紧或损坏。重插内存条，若还是不行，只有更换一条内存。
- 不停地响：电源、显示器未和显示卡连接好。检查一下所有的插头。
- 重复短响：电源问题。
- 无声音无显示：电源问题。

4.3 计算机硬件故障的处理方法

硬件发生故障时的常见现象有主机无电源显示、显示器无显示、主机喇叭鸣响无法使用、显示器现示出错信息无法进入系统。这些故障涉及到电脑的主机系统、存储器、键盘、显示器和显示部件、磁盘驱动器控制部件、电源和供电部件等。常见的硬件故障包括电源故障、元器件与芯片故障、连线与接插件故障、跳线与开关故障、部件工作故障、系统硬件一致性故障等。计算机的故障检修方法有很多种，下面简单地介绍几种常用的方法。

1. 观察法

观察法即“看、听、闻、摸”。“看” 即观察系统板卡的插头、插座是否歪斜，电阻、电容引脚是否相碰、表面是否烧焦，芯片表面是否开裂，主板上的铜箔是否烧断等，还要查看有无异物掉进主板的元器件之间而造成短路现象。“听” 即监听电源风扇、软/硬盘电机或寻道机构、显示器变压器等设备的工作声音是否正常。另外，系统发生短路故障时常常伴随着异常声响。监听可以及时发现一些事故隐患，帮助在事故发生时及时采取措施。“闻”

即辨闻主机、板卡中是否有烧焦的气味，便于发现故障和确定短路所在地。“摸”即用手按压管座的活动芯片，看芯片是否松动或接触不良。另外，在系统运行时用手触摸或靠近CPU、显示器、硬盘等设备的外壳根据其温度可以判断设备运行是否正常。用手触摸一些芯片的表面，如果发烫，则为该芯片损坏。

2. 最小系统法

最小系统法是指从维修判断的角度能使电脑开机或运行的最基本的硬件和软件环境。最小系统有两种形式。

1）硬件最小系统。由电源、主板和 CPU 组成。在这个系统中，没有任何信号线的连接，只有电源到主板的电源连接。在判断过程中是通过声音来判断这一核心组成部分是否可正常工作。

2）软件最小系统。由电源、主板、CPU、内存、显示卡/显示器、键盘和硬盘组成。这个最小系统主要用来判断系统是否可完成正常的启动与运行。

对于软件最小环境，有以下 3 点说明。

1）硬盘中的软件环境还是保留着原先的软件环境，只是在分析判断时，根据需要进行隔离（如卸载、屏蔽等）。保留原有的软件环境的原因，主要是用来分析判断应用软件方面的问题。

2）硬盘中的软件环境只有一个基本的操作系统环境（可能是卸载掉所有应用程序或重新安装的干净的操作系统），然后根据分析判断的需要，加载需要的应用。使用一个干净的操作系统环境，可以判断是系统问题，还是软件冲突或软、硬件间的冲突问题。

3）在软件最小系统中，可根据需要添加或更改适当的硬件。例如，在判断启动故障时，由于硬盘不能启动，想检查一下能否从其他驱动器启动。这时，可在软件最小系统中加入一个软驱或干脆用软驱替换硬盘来检查。又如，在判断音视频方面的故障时，应在软件最小系统中加入声卡；在判断网络问题时，应在软件最小系统中加入网卡等。

最小系统法，主要是要先判断在最基本的软、硬件环境中，系统是否可正常工作。如果不能正常工作，即可判定最基本的软、硬件部件有故障，从而起到故障隔离的作用。最小系统法与逐步添加法结合，能较快速地定位发生故障的位置，从而提高维修效率。

3. 逐步添加/去除法

逐步添加法是以最小系统为基础，每次只向系统添加一个部件、设备或软件，来检查故障现象是否消失或发生变化，以此来判断并定位故障部位；逐步去除法正好与逐步添加法的操作相反。逐步添加/去除法一般要与替换法配合，才能较为准确地定位故障部位。

4. 隔离法

隔离法是将可能防碍故障判断的硬件或软件屏蔽起来的一种判断方法，它也可用来将疑为相互冲突的硬件、软件隔离开，以判断故障是否发生变化。对于软件来说，即是停止其运行，或者是卸载；对于硬件来说，是在设备管理器中，禁用、卸载其驱动，或直接将硬件从系统中去除。

5. 替换法

替换法是用好的部件去代替可能有故障的部件，以判断故障现象是否消失的一种维修方法。好的部件可以是同型号的，也可能是不同型号的。一般替换的步骤如下。

1）根据故障的现象，来考虑需要进行替换的部件或设备。

2）按先简单后复杂的顺序进行替换。例如，先换内存、CPU，后换主板；又如，要判断打印故障时，可先考虑打印驱动是否有问题，再考虑打印电缆是否有故障，最后考虑打印机或并口是否有故障等。

3）最先检查与怀疑有故障的部件相连接的连接线、信号线等，然后替换怀疑有故障的部件，最后替换供电部件，或与之相关的其他部件。

4）从部件的故障率高低来考虑最先替换的部件，故障率高的部件先进行替换。

6. 比较法

比较法与替换法类似，即用好的部件与怀疑有故障的部件进行外观、配置、运行现象等方面的比较，也可在两台电脑间进行比较，以判断故障电脑在环境设置、硬件配置方面的不同，从而找出故障部位。

7. 升降温法

升降温法是设法降低电脑的通风能力，可利用电脑自身的发热来升温。降温的方法是使电脑停机 1 小时以上或用电风扇对着故障机吹，以加快降温速度。

8. 敲打法

敲打法一般用在怀疑电脑中的某部件有接触不良的故障时，通过振动、适当的扭曲，甚或用橡胶锤敲打部件或设备的特定部件来使故障复现，从而判断故障部件的一种维修方法。

有些电脑故障，往往是由于机器内灰尘较多引起的，因此在维修过程中，要注意观察故障机内、外部是否有较多的灰尘，如果是，应该先进行除尘，再进行后续的判断维修。在进行除尘操作中，要注意风道和风扇的清洁，在风扇的清洁过程中，最好在清除灰尘后，能在风扇轴处加一点机油，以加强润滑。还要多注意接插头、座、槽、板卡“金手指”部分的清洁。清洁“金手指”时，可以用橡皮酒精棉擦拭“金手指”部分，要去除插头、座、槽等金属引脚上的氧化物，可以用酒精擦拭，或是用硬纸片在金属引脚上擦拭。清洁的同时要观察电路板上异常现象，元器件是否有变形、变色或漏液现象。

清洁用的工具首先是防静电的，如清洁用的小毛刷，应使用天然材料制成的毛刷，禁用塑料毛刷。如使用金属工具进行清洁时，必须切断电源，且对金属工具进行释放静电的处理。

4.4 学校计算机实验室系统维护方法

学校内计算机实验室软件系统维护，是实验管理的重要组成部分，直接关系到设备的有效利用和实验质量。随着计算机课程的普及，计算机实验室使用率也越来越高（包括基础教学、考试、测评各种培训等）。上机人数多、设备密度大，机房为适应各专业各年级教学的需要，常常是多种操作系统并存，应用软件繁多，使得计算机软件系统环境庞大。而人为的使用不当和由于 Windows 系统本身存在的安全漏洞，无法抵挡人为破坏或恶意攻击以及部分部件易损，使计算机系统很容易遭到破坏甚至崩溃，严重影响教学工作，要完成这些系统的重新安装、升级更新以及教学软件的安装等内容的工作量是很大的。同时，由于应用需求上的差异，机房管理存在着开放性与安全性的矛盾，即在机房中留给学生的自由度越大，那么软件系统出问题的可能性就越大，而限制得越严，软件系统就越安全。但是一旦限制得过于严格，留给学生做实验的余地就会小很多，不利于学生提高水平，尤其是计算机应用等相关专业的学生，很多的操作可能都会产生一定的破坏性。因此，如何采取有效的、方便快捷的系统维护措施，确保机器正常运行，既不影响学生的自由实习，保证正常教学，又不会增加机房维护的工作量，是计算机实验室管理中值得探讨的问题。下面介绍计算机实验室中系统维护常用的几种方法，其中某些方法也适用于个人计算机的单机维护。

4.4.1 单机系统的维护

对单台电脑进行维护或安装，最常用的方法就是使用 Ghost 软件对系统进行恢复。Ghost 软件是美国赛门铁克公司推出的一款出色的硬盘备份还原工具，可以实现 FAT16、FAT32、NTFS、OS2 等多种硬盘分区格式的分区及硬盘的备份还原，俗称“克隆软件”。当系统遭到破坏时可进行“克隆”操作，从而使系统得以还原。

Ghost 工作的基本方法不同于其他的备份软件，它是将硬盘的一个分区或整个硬盘作为一个对象来操作，可以完整复制对象（包括对象的硬盘分区信息、操作系统的引导区信息等)，并打包压缩成为一个映像文件（Image)，在需要时可将该映像文件恢复到对应的分区或对应的硬盘中。它的功能包括两个硬盘之间的互相复制、两个硬盘的分区互相复制、两台电脑之间的硬盘互相复制、制作硬盘的映像文件等。用得比较多的是分区备份功能，它能够将硬盘的一个分区压缩备份成映像文件，然后存储在另一个分区硬盘或大容量软盘中，如果原来的分区发生问题，就可以将所备件的映像文件复制回去，使其分区恢复正常。基于此，用户就可以利用 Ghost 来备份系统和完全恢复系统。对于学校和网吧，使用 Ghost 软件进行硬盘互相复制可迅速方便地实现系统的快速安装和恢复，维护起来也比较容易。

1. 准备工作（母盘实验环境的安装）

1）系统安装前先格式化母盘的非系统分区，把杀毒软件和升级包复制到非系统分区，断开网络（拔掉网线)，然后开始安装系统。

2）系统安装好后，安装杀毒软件及升级包，设置杀毒属性使其定时自动杀毒，并关闭 Windows 的自动升级。

3）设置网络参数，接上网线，利用 Windows Update 为系统打上漏洞补丁。

4）配置系统的参数，值得一提的是在给系统添加虚拟内存时，最好把虚拟内存放到非系统分区上，其大小为物理内存的 1～1.5 倍。显示器的电源使用方案设为“从不关闭”。

5）逐个安装所需软件（如杀毒、媒体播放软件、Office 办公软件等)，对于专业性很强的、有特别要求的软件应由专业人员来配合安装。因为某些软件安装过程需要一些参数的设置，有时还可能需要多个软件来搭建一个实验平台。

6）所有软件安装并测试完毕后，记下所需要的软件的参数配置、登录用户名和密码。

2. 使用 Ghost 软件对系统进行备份

备份前先清除里面的临时文件，可用磁盘整理工具把每个分区整理一次。对那些很占资源而又不常用的软件，可以将它们设置为手动启动，需要用的时候再运行。然后进入安全模式用杀毒软件全面杀毒一次，接下来就可以为系统做备份了。

启动 Ghost，进入 DOS 模式，首先是 Ghost 版本介绍，如图 4-9 所示

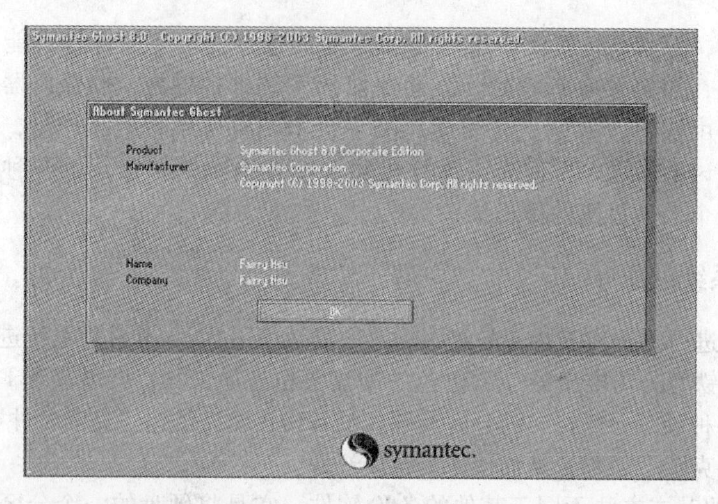

图 4-9　Ghost 启动画面

单击“OK”按钮后，可以看到 Ghost 的主菜单，如图 4-10 所示。

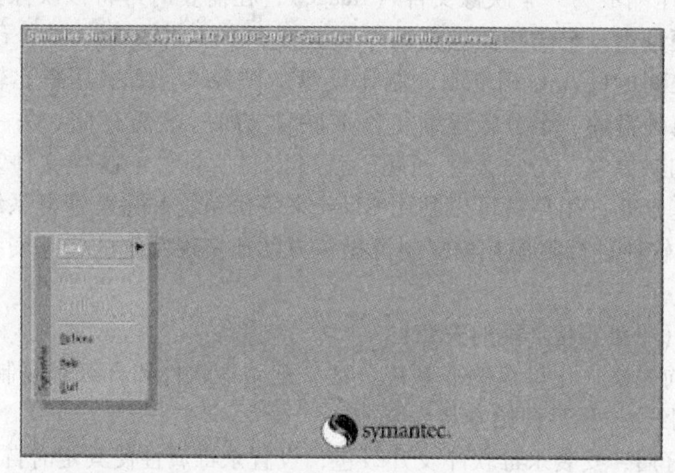

图 4-10　Ghost 的主菜单

主菜单中的选项及其含义如下。

- Local：本地操作，对本地计算机上的硬盘进行操作。
- Peer to peer：通过点对点模式对网络计算机上的硬盘进行操作。
- GhostCast：通过单播/多播或者广播方式对网络计算机上的硬盘进行操作。
- Option：使用 Ghsot 时的一些选项，一般使用默认设置即可。
- Help：一个简洁的帮助。
- Quit：退出 Ghost。

需要说明的是，当计算机上没有安装网络协议的驱动时，Peer to peer 和 GhostCast 选项将不可用（在 DOS 下一般都没有安装）。作为单机用户，这里只选择 Local，包括以下几个选项。

1）Disk：硬盘操作选项。

- To Disk：硬盘对硬盘完全复制。

- To Image：硬盘内容备份成镜像文件。
- From Image：从镜像文件恢复到原来硬盘 。

2）Partition：硬盘分区操作选项

- To Partition：分区对分区完全复制。
- To Image：分区内容备份成镜像文件。
- From Image：从镜像文件复原到分区检查功能选项。

使用 Ghost 软件对系统进行备份的操作步骤如下。

1）选择“Loacl”→“Partition”→“To Image”命令，将硬盘分区备份为一个后缀为“. gho”的镜像文件。如图 4-11 所示

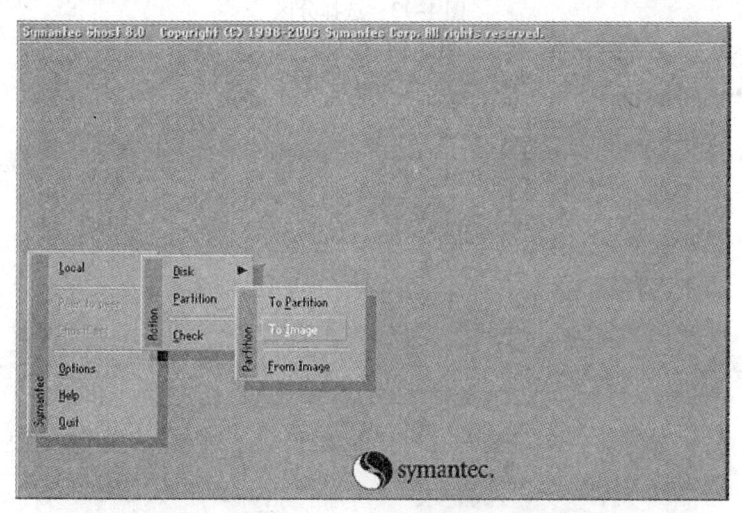

图 4-11　对分区进行备份

2）选择要备份的分区所在的驱动器，然后单击“OK”按钮，如图 4-12 所示。

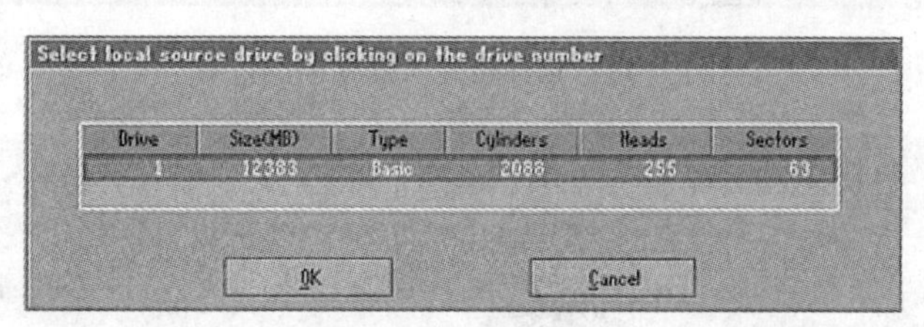

图 4-12　选择硬盘

3）选择源分区。所谓源分区，是指用户要制作成镜像文件的分区。用上下光标键将蓝色光条定位到要制作镜像文件的分区上，单击“OK”按钮，如图 4-13 所示。

4）进入镜像文件存储目录，默认存储目录是 ghost 文件所在的目录，在“File name”文本框内输入镜像文件的文件名（如“Win XP”），并选择存放位置，然后单击“Save”按钮。如图 4-14 所示。

5）弹出是否要压缩镜像文件的提示框，如图 4-15 所示有“No（不压缩）”、“Fast（快速压缩）”、“High（高压缩比压缩）”3 个选项，一般选择“High”选项，其压缩比例大，但压缩速度慢。

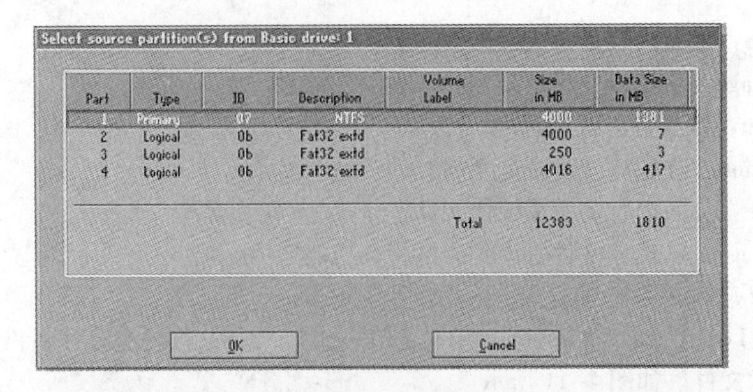

图 4-13　选择分区

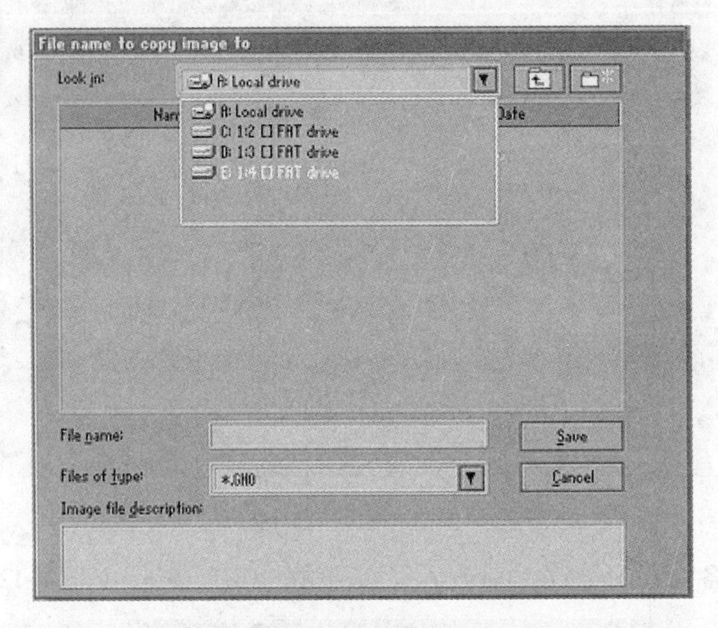

图 4-14　选择镜像文件存储的位置

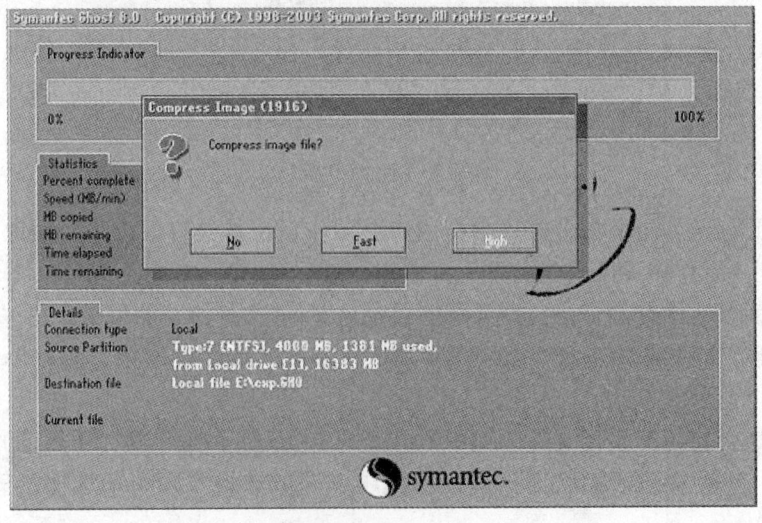

图 4-15　选择压缩比

接着在弹出的窗口单击“Yes”按钮，Ghost 就开始制作镜像文件了，如图 4-16 所示。备份速度的快慢与内存有很大关系。

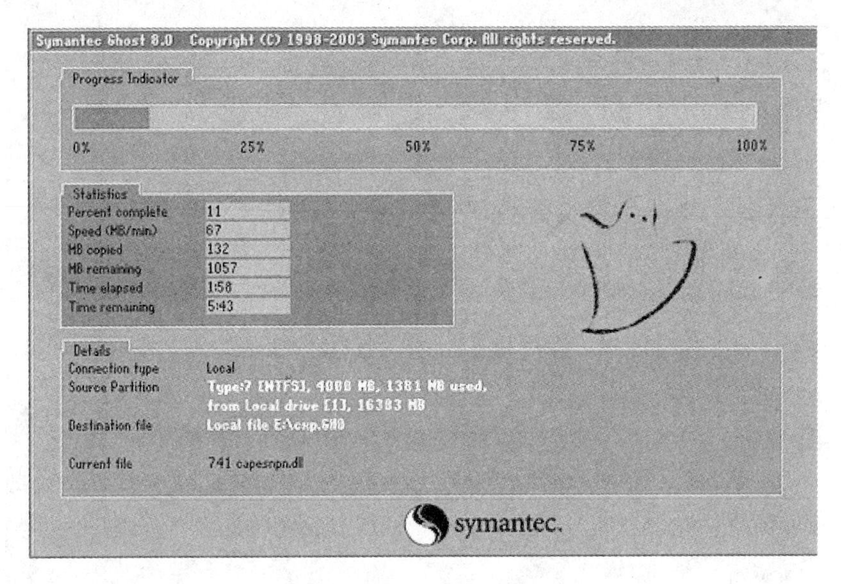

图 4-16 正在进行备份操作

建立镜像文件成功后（即备份完毕），会出现提示创建成功窗口，如图 4-17 所示。

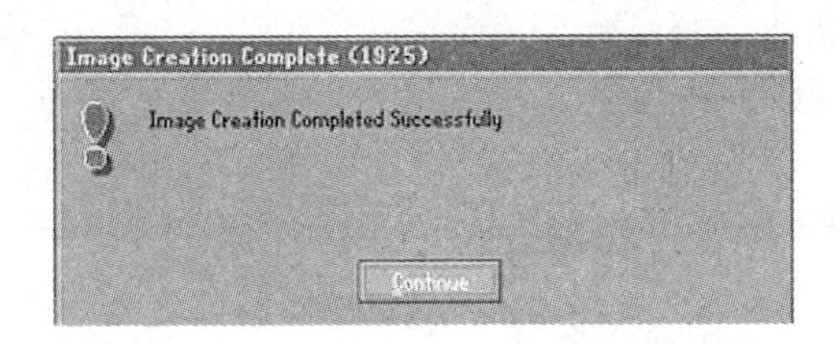

图 4-17 创建成功

单击“Continue”按钮即可回到 Ghost 界面，再按〈Q〉键，确定后即可退出 Ghost 软件。

3. 使用 Ghost 软件对系统进行恢复

制作好镜像文件，就可以在系统崩溃后进行还原，从而恢复到制作镜像文件时的系统状态。下面介绍镜像文件的还原。

1）在 DOS 状态下，进入 Ghost 所在目录，输入“Ghost”确定，即可运行 Ghost 软件。

2）出现 Ghost 主菜单后，用方向键选择菜单“Local”→“Partition”→“From Image”命令，从镜像文件恢复系统，如图 4-18 所示。

3）出现“镜像文件还原位置”窗口，如图 4-19 所示，在“File name”文本框中输入镜像文件的完整路径及文件名，单击“Open”按钮。

4）选择镜像文件要恢复的源分区，单击“OK”按钮，如图 4-20 所示。

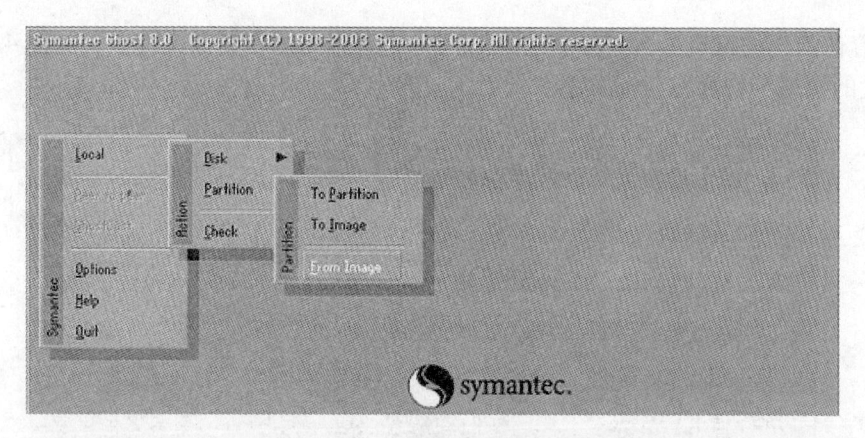

图 4-18 从镜像文件恢复分区

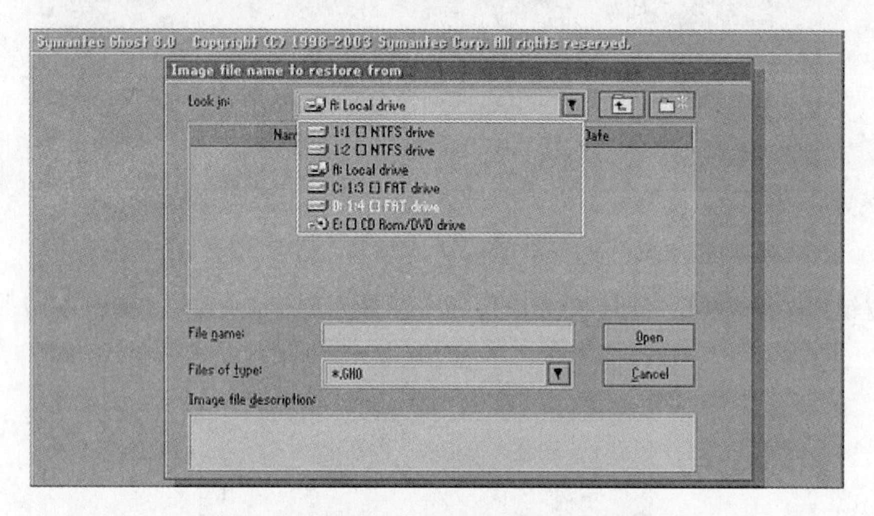

图 4-19 选择镜像文件

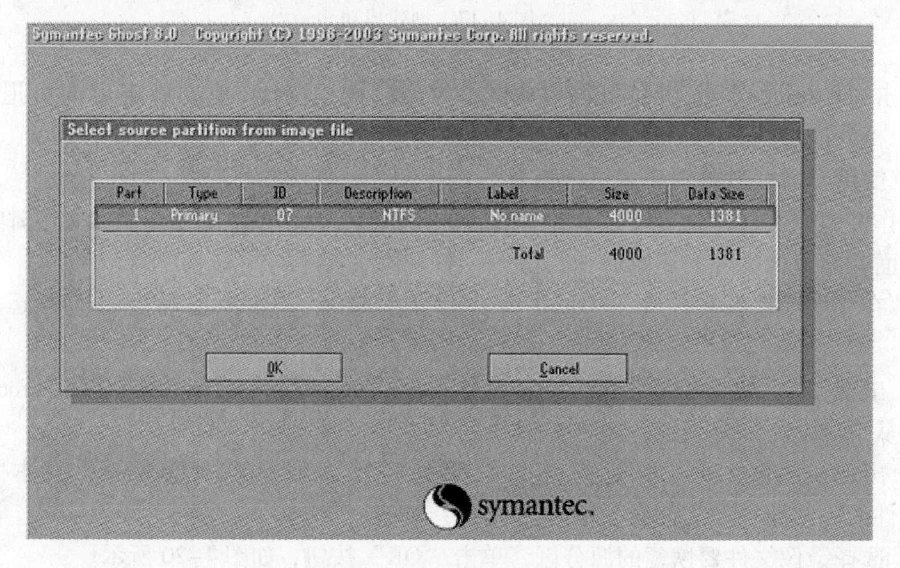

图 4-20 选择分区

5）选择目标硬盘，如图 4-21 所示，单击“OK”按钮。

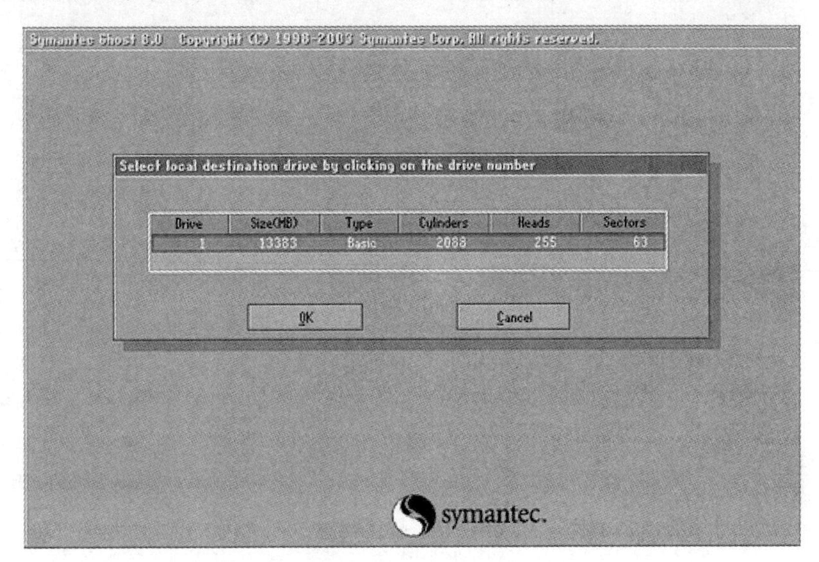

图 4-21　选择目标硬盘

6）选择从硬盘选择目标分区如图 4-22 所示。

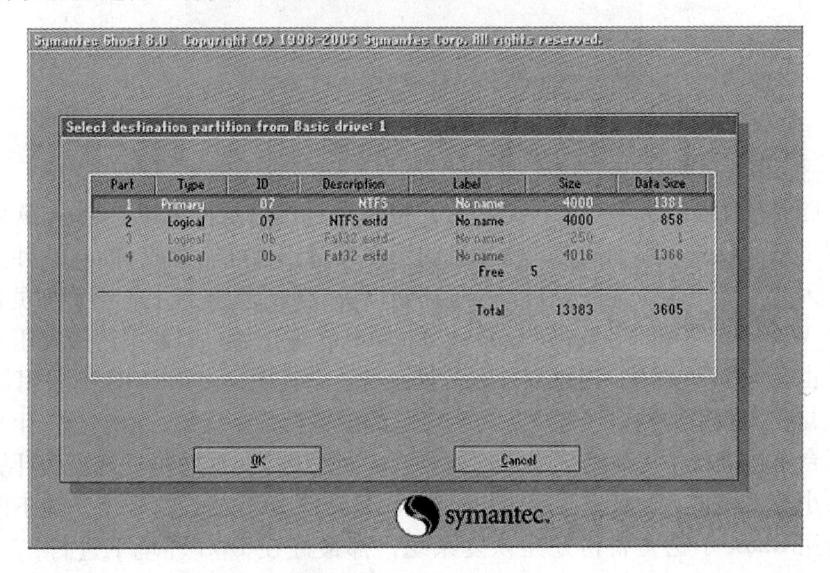

图 4-22　选择目标分区

7）提示是否确定还原，选择“Yes”按钮，如图 4-23 所示。Ghost 开始还原分区信息。

8）恢复完毕，重新启动计算机（在图 4-24 中单击“Yes”按钮）即可。

用 Ghost 备份恢复系统，比重新安装要节省 95% 的时间，而且，桌面、菜单等个人设置也不用重新调整，确实很方便。使用中要注意两点一是硬盘容量，目标硬盘不能太小，必须能将源硬盘的数据内容装下；二是在备份还原时一定要选对目标硬盘或分区，否则目标分区原来的数据将全部消失。

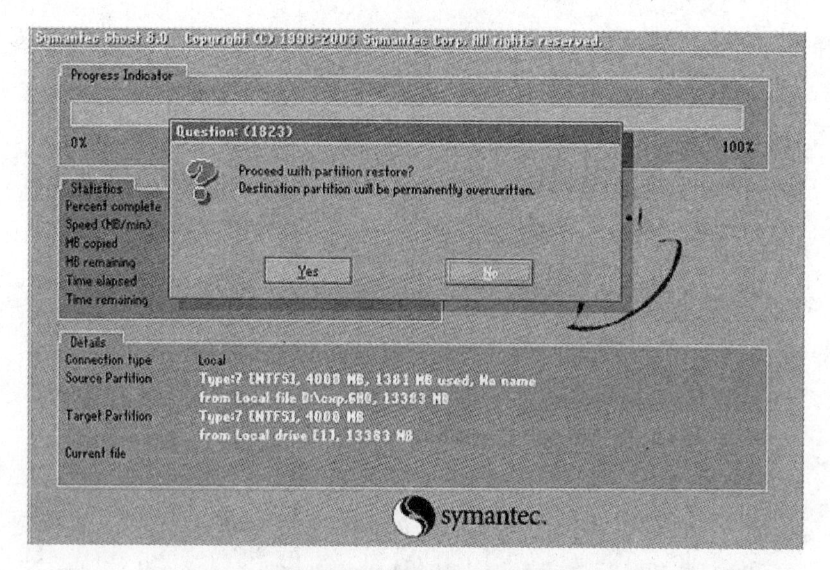

图 4-23　提示信息

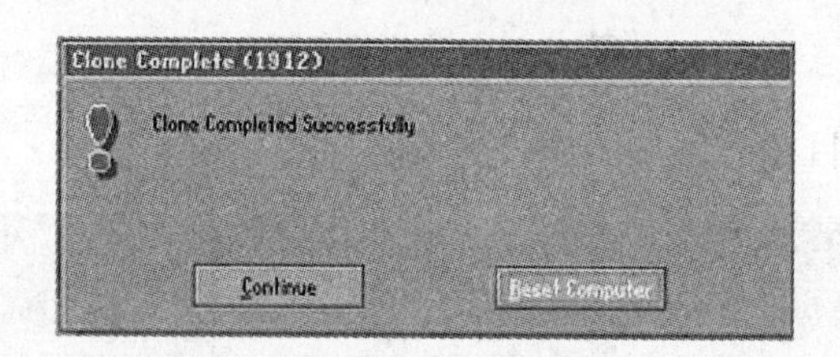

图 4-24　完成备份

但是，随着操作系统和应用软件的增大，特别是对机房维护来说，Ghost 软件的局限性也逐渐显现出来。首先，由于病毒或使用者的操作失误，有可能造成 Ghost 软件生成的映像文件丢失，因此需要将映像文件复制到外置存储设备或刻录到光盘上。当管理员在安装完大型软件（如 Windows、Office、Visual Studio、Photoshop 等）后，即使采用最大压缩方式生成映像文件，也会大于 750MB，很难刻录到一张光盘上。其次，由于 GHOST 采用“克隆”技术恢复系统，在实验室的网络环境中，每台电脑的配置都是一样的，必然会产生冲突，因此还需要对每台机器进行手工改动（如计算机名、IP 地址等），这对稍具规模的计算机实验室来说，是不小的工作量。而且，至今为止，Ghost 只支持 DOS 的运行环境，这不能不说是一种遗憾。使用 Ghost 不论是备份还是恢复系统，都最好在 DOS 环境下进行，一般不要在 Windows 或虚拟 DOS 下进行相应的操作，这给管理员带来不便。此外，由于要从光盘读取映像文件，这对光驱就有较高的要求，而计算机实验室在使用了 2 ~ 3 年以后，大多数光驱也都到了使用年限。当然对单机系统维护而言，它不失为一种首选。

4.4.2　使用硬盘保护卡对系统进行维护

1. 硬盘保护卡的原理

硬盘保护卡也称为还原卡，是一种通过硬件扩展对系统进行保护。目前市场上硬盘保护卡的种类很多，如“小哨兵还原卡”、“蓝光卡”、“华超”、“三茗保护卡”等。还原卡的主体是一种在网卡上的硬件芯片，如图 4-25a 所示为带网卡的硬盘保护卡，图 4-25b 所示为不带网卡的硬盘保护卡，它插在主板的PCI插槽上与硬盘的MBR（主引导扇区）协同工作。大部分还原卡的原理都相同，其加载驱动的方式十分类似DOS下的引导型病毒，接管BIOS的INT13中断，将FAT记录、引导区、CMOS信息、中断向量表等信息都保存到卡内的临时储存单元中或是在硬盘的隐藏扇区中，用自带的中断向量表来替换原始的中断向量表，并将FAT记录信息保存到临时储存单元中，用来应付用户对硬盘内数据的修改。最后在硬盘中找到一部分连续的空磁盘空间，然后将修改的数据保存到其中。

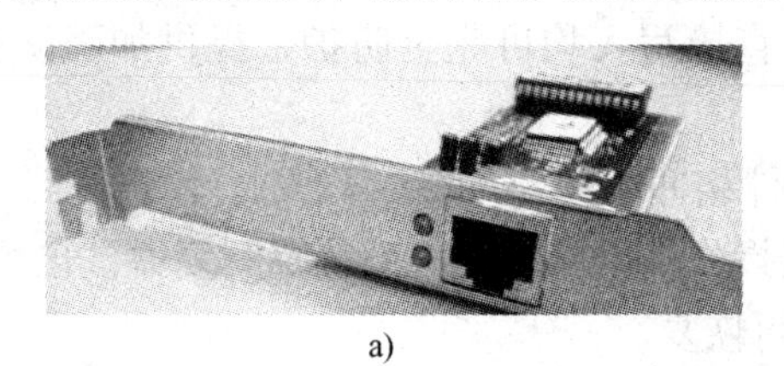

a)

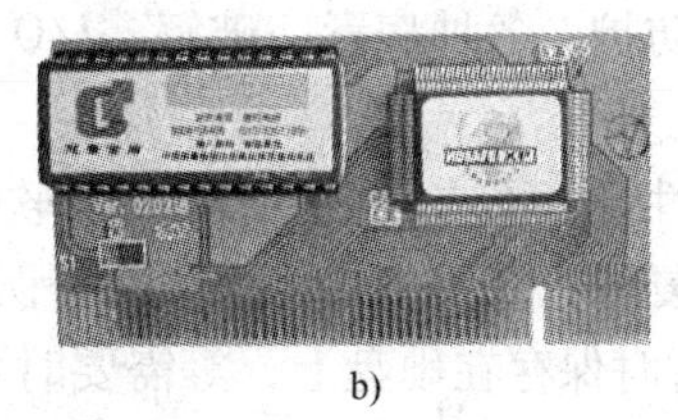

b)

图4-25 硬盘保护卡

a）带网卡的硬盘保护卡 b）不带网卡的硬盘保护卡

2. 硬盘保护卡的作用

目前采用的硬盘保护卡，将网络和还原技术相结合，可以实现一对多的硬盘复制，实现远程的开机/关机、重启、还原、互相复制、监视、控制等功能。不论用户对系统如何进行改变和修改，在系统重新启动后都可以恢复原状，因而可以防止使用者因误删除和修改文件（包括操作系统和CMOS）而造成的系统瘫痪。其网络克隆功能支持一台和数百台机器的数据互相复制，每秒可以达到数百兆字节，比传统的维护方法省时省力。复制完成后，系统可以自动分配IP地址、计算名，从而不用对机器进行逐个修改。同Ghost相比较，用硬盘保护卡对实验室计算机系统进行维护更为方便快捷。

使用硬盘保护卡，可以将计算机的系统分区或其他需要保护的分区保护起来，并将硬盘保护卡设定为每次还原或过一定的时间后对系统进行自动还原。这样，在此期间内对系统所做的修改将不复存在，免去了系统每使用一段时间后就由于种种原因造成系统紊乱不得不再次重装系统之苦。还原卡经过数年的更新换代升级功能，越来越受到实验室维护人员的青睐。下面以蓝光变量卡为例，介绍硬盘保护卡的功能特点。

图4-26 蓝光变量卡

3. 蓝光变量卡的功能特点

（1）变量复制功能

无论临时增加、卸载软件还是升级病毒库，或者修改系统设置，都可以通过变量复制功能，将变化的部分与其他机器进行对比更新，即可快速统一整个实验室。因为蓝光变量卡可以智能地判断这种变化，只复制变化的数据，而不需要整个磁盘重新复制。

（2）系统保护功能

在使用蓝光变量卡进行硬盘保护时，受保护的硬盘可以像平常一样进行硬盘的读写操作，但关机以后系统又恢复到以前的状态，同时可以防止病毒的干扰和破坏以及人为的分区、格式化或者是误操作。本功能具有如下特点。

1）多操作系统：最多支持在一台电脑上安装15个操作系统（如同时安装Windows 95/

98/2000/Me/NT/XP、Linux 等）。

2）系统独立：每一操作系统之间完全隔离，不可互相访问，从而单独保护和恢复，一个操作系统损坏完全不影响另一个操作系统的运行。

3）底层隔离：可指定进入预设操作系统，或暂时停用某个操作系统，实现底层隔离。随时可以调整显示出哪些操作系统给用来选择，例如，预先安装好一个等级考试的系统，平时隐藏起来，考试时再打开，而不需要每次考试重新做系统了。

4）完全防护：各种病毒、破解、I/O 直接写入均可完全防护，提供加强防护能力，安全性与兼容性兼得。

5）兼容性好：不占 I/O，无硬件及软件相冲的问题。

6）瞬间复原：对于格式化、删除等误操作，电脑重开机系统瞬间复原。也可手动复原，让操作结果暂时保存在硬盘上，等需要时再恢复。

7）升级方便：提供免操作系统特殊磁盘技术升级服务。

8）即插即用：简易安装模式可完整保留原硬盘资料，无需重新分区。

（3）网络克隆功能

使用网络变量卡的网络克隆功能，能够将一台电脑上安装的所有内容一次传送到实验室里所有的电脑上，并且能够判断 FAT32、NTFS 等多种格式的分区中的有效数据。因此，无论是 Windows 98 还是 Windows 2000 都能够在进行网络克隆时，只传输有效数据，节省了大量的时间。本功能具有如下特点。

1）自动连线：接受端无需驱动、无需分区、无需任何处理即可连线互相复制。

2）网络唤醒：网络远程唤醒，开机自动连线完成互相复制。

3）同步修改所有连线计算机中多个操作系统的 IP 地址和计算机名：为本机分配一个 IP 地址，分配功能将会以本 IP 地址为基数，按照连线的先后次序生成各自的 IP 地址，从而在启动计算机的操作系统时，为每台计算机自动设置 IP 地址，免去了人工修改的麻烦。

4）IP 插空：在个别计算机出现硬件故障或网络故障不能使用或连线时，进行 IP 分配，可以为故障机预留 IP，不会因此打乱 IP 次序。

5）固定 IP：可固定 IP 地址，在做网络克隆后，IP 地址和计算机名不变，无需再次分配。

6）分组互相克隆：可同时对 512 台电脑网络克隆，同一局域网内可分组克隆。

7）自动排程：可进行自动排程，让网络克隆在无人职守的情况下在预先指定的时间自动进行。

8）动态显示故障点：网络克隆时，实时检查网络连线中每一台机器的运行状况，并在主控端屏幕上动态显示速度最慢的机器，从而准确地找到故障点并及时采取相应措施。

（4）远程管理功能

远程管理功能使管理员只需要管理一台机器（称为控制端），即可实现对实验室其他计算机的远程控制（通常称为客户端），远程控制包括以下几个方面。

1）远程控制客户端以保护或开放模式进入系统。

2）远程控制客户端进行系统备份、还原或暂时保留。

3）远程控制客户端进入指定操作系统。

4）远程控制客户端进入接收端或发射端。

5）远程查看客户端操作系统和保护卡的工作模式、缓冲区情况，进行参数设置及移除。

6）当客户端在关机状态下，远程可进行唤醒或注销。

7）监看客户端屏幕并远程向客户端发送信息。

8）远程锁定客户端、远程直接操作客户端。

9）远程查看或修改客户端的IP和计算机名、查看MAC地址、限制客户端上网。

10）远程向客户端发送文件或远程发送可执行文件并执行。

11）同步计算机时间。

4. 使用硬盘保护卡的注意事项

非常重要的是，安装了硬盘保护卡的系统，每次重启就会放弃所有修改，如果不幸把一个工作成果放在被还原卡保护的分区，就前功尽弃了。

有些硬盘保护卡提供了多重引导分区的功能，但要注意利用硬盘保护卡进行特殊分区会破坏原有硬盘的所有内容与信息，要删除这些分区时也将会破坏所有的信息，在操作时一定要做好对重要数据的备份。

4.5 有问有答

问：能否还原GHO映像中的某一文件？

答：用户可以用Ghost Explorer打开GHO映像文件。在Ghost Explorer中提供了多种还原硬盘备份文件的方法，最简便的方法是用鼠标右键单击某个文件，在弹出的菜单中选择"Restore"命令，然后输入要还原到的目录，这样，单个文件就从整个磁盘备份中还原出来了。

问：计算机已经使用一段时间，不想重装系统，能直接做备份吗？

答：答案是肯定的。如果用户因为疏忽，在装好系统一段间后才想起要备份，那也没关系，备份前最好先将系统盘里的垃圾文件清除，并将注册表里的垃圾信息清除（推荐用Windows优化大师），然后整理系统盘磁盘碎片，进入安全模式用杀毒软件全面杀毒一次。接下来就可以为系统做备份了。

问：什么情况下应恢复备份？

答：当感觉系统运行缓慢时（此时多半是由于经常安装卸载软件，残留或误删了一些文件，导致系统紊乱）、系统崩溃时、中了比较难杀除的病毒时，就要进行还原备份了。如果长时间没整理磁盘碎片，而又不想花很长时间整理时，也可以直接恢复备份，这样比单纯整理磁盘碎片效果要好得多。

问：用Ghost软件能一次"克隆"多台计算机吗？

答：可以先在一台电脑上安装好操作系统及软件（即做好母盘），然后用Ghost的硬盘间的互相复制功能将系统完整地"复制"一份到其他电脑，这样装操作系统就比传统方法快很多。也可以利用Symantec Norton Ghost的多播技术（Multicast Server），但需要在多台电脑的配置完全相同的情况下，且需要网卡支持PXE远程启动。

问：CMOS设置和BIOS设置有什么区别？

答：CMOS是"互补金属氧化物半导体"的缩写。它是指制造大规模集成电路芯片用的一种技术，或用这种"技术制造出来的芯片"。在这里，通常是指电脑主板上的一块可读写的 RAM 芯片，它存储了电脑系统的实时钟信息和硬件配置信息等。系统在加电引导机器时，要读取 CMOS 信息，用来初始化机器各个部件的状态。它可能靠系统电源和后备电池来供电，这样即使系统断电，其信息也不会丢失。

由于 CMOS 与 BIOS 都跟电脑系统设置密切相关，所以才有 CMOS 设置和 BIOS 设置的说法。也正因此，初学者常将二者混淆。CMOS RAM 是存放系统参数的地方，而 BIOS 中系统设置程序是完成参数设置的手段。因此，准确的说法应是，通过 BIOS 设置程序对 CMOS 参数进行设置。而人们常说的 CMOS 设置和 BIOS 设置是其简化说法，从而在一定程度上造成了两个概念的混淆。除非是专业的人员，一般情况下没有必要做详细的区分。

问：液晶显示器是否可以用酒精清洗？

答：对液晶显示器的清洁是很必要的，但千万不要用酒精来擦拭，因为酒精会腐蚀涂层，对液晶屏幕造成永久的损害。真正科学的做法是买一本擦镜头专用的镜头纸，撕下一张折叠以后稍微沾一点饮用纯净水即可，镜头纸纤维比较长，不易产生绒毛，所以擦拭显示器很理想。面板上只擦需要擦拭的地方，原则上不要扩大擦拭的范围，擦完以后用干的镜头纸轻轻拭一遍，把水印去掉就可以了。注意不要用手去压液晶显示器的面板，这样做会导致坏点和暗斑，造成是永久性的、不能够修复的损害。

4.6 习题

1. 计算机故障的诊断原则是什么？
2. 计算机故障的诊断步骤和方法有哪些？
3. 光驱读取光盘越来越困难一般应该如何检查处理？
4. 成功的超频应该具备哪些条件？
5. 液晶显示器的日常维护应该注意什么？

第5章　笔记本电脑的硬件组成与维护

本章导读

本章介绍了笔记本电脑的分类、硬件组成、拆卸与组装、维护以及选购。

学习目标

- 了解：笔记本电脑的硬件组成、笔记本电脑日常维护和保养的基本知识

5.1　笔记本电脑的分类

笔记本电脑，又称手提电脑或膝上型电脑，是一种小型、可携带的个人电脑，通常重1~3 kg（也有重达4~6 kg的）。当前的发展趋势是体积越来越小，重量越来越轻，而功能却越来越强大。

5.1.1　按大小分类

大家知道笔记本电脑有大小的区别，目前市面上我们能买到屏幕尺寸高达17英寸的笔记本电脑，也可以买到屏幕只有8.9英寸甚至更小的迷你笔记本电脑，他们除了大小的区别外都是完完整整的笔记本电脑。

一般来说笔记本电脑按照屏幕尺寸的不同分为不同的类型。10英寸以下的大多为超便携上网本，12英寸以下的为超轻薄笔记本电脑，12英寸的为轻薄型笔记本电脑，12~14英寸的为中型笔记本电脑，15英寸及15英寸以上的则是大型笔记本电脑。小尺寸笔记本电脑的优势在于它们的轻薄小巧，方便携带与移动，能将笔记本电脑的精髓发挥到极至，而大尺寸笔记本电脑由于有了内部空间的优势，可以装入更多更高性能的配件，能将笔记本电脑的性能与娱乐性发挥至极，成了台式电脑强有力的竞争对手，它们不但拥有较高的性能与娱乐性，同时拥有可观的移动能力。

5.1.2　按应用类型分类

笔记本电脑可以按照不同的应用类型划分为以下4类：商务型笔记本电脑、时尚型笔记本电脑、多媒体娱乐型笔记本电脑以及特殊用途笔记本电脑。

商务型笔记本电脑不一定要有很强的娱乐功能，但一定要有好的稳定性与安全性。目前，这种类型的笔记本电脑大多配有指纹识别器以及安全芯片，它们都能为笔记本内的数据提供强有力的保护。

时尚型笔记本电脑多半是给那些年轻时尚的人们选购的，它们都有靓丽的外观与小巧的机身，一些日系厂商，如SONY公司，拥有不少这类的产品。

多媒体娱乐型笔记本电脑由于其强大的娱乐功能，多半为家庭用户所选用，它们大

都配有靓丽的屏幕与高档音箱，配备独立显卡以提供强大的多媒体娱乐能力，由它衍生而来的游戏型笔记本电脑，更是笔记本电脑中性能数一数二、可以跟台式机叫板的机型。

特殊用途笔记本电脑是指那些为了某些特殊的用途而设计的电脑，如松下公司的ToughBook系列三防笔记本电脑，它是为了在恶劣的环境中使用而设计，防水防尘、防震动，可以被军方以及各种野外考察人员使用。

5.2 笔记本电脑的硬件组成

笔记本电脑的组成结构跟传统的台式机其实并没有很大的区别，下面介绍笔记本电脑的硬件组成。

5.2.1 CPU

CPU同样是笔记本最核心的部件，是提高整体性能的关键。笔记本电脑强调移动性能，体积和重量就成为它的重要性能指标，尤其在笔记本电脑朝着超轻、超薄方向发展的今天，对于笔记本电脑的CPU的性能提出了更为严格的要求。

由于笔记本的固有特性，整个笔记本电脑的集成度较高，便携系统的散热比台式机更为困难，这就对散热提出了很高的要求。笔记本电脑的CPU必须功耗较小，才不至于因散热问题带来整个笔记本电脑的性能和稳定性下降。同样，CPU的功耗较小，也更有助于使电池维持更长的使用时间。受外形的限制，笔记本电脑CPU在保持高性能和速度的同时，必须保持小巧的体积。目前Intel和AMD两家公司把持着绝大部分市场，当然还有特殊的笔记本电脑使用诸如VIA这类公司的CPU。

笔记本电脑的CPU最先是采用与台式机相同的构架，通过改进其功耗以及加入节电技术来成为笔记本电脑专用的处理器。当年Intel公司的Pentium 3、Pentium 4处理器都是这样，为了和台式机处理器加以区别，它们的名字后面都有一个“M”，代表Mobile，即移动处理器。而后来，开始出现了专门为笔记本电脑设计的CPU构架，2003年3月12日，Intel正式发布迅驰移动计算平台，其中的处理器组件采用的是Banias核心的Pentium M处理器，如图5-1所示，这也是Intel公司为移动平台专门开发的首款处理器。Banias是首款Pentium M处理器的代号，用以取代之前Pentium 4-M的地位。按照之前的观念，高性能意味着高主频，但由于Banias采用了全新的架构，其频率甚至要比Pentium 4-M还要低不少，即便是Pentium-M Banias，其最高频率为1.7 GHz，也远远低于后期的Pentium 4-M所能达到的频率。凭借着32 KB + 32 KB的一级缓存及高达1 MB的二级缓存，Banias处理器可以轻松战胜比它主频高很多的Pentium 4-M处理器。伴随着第二代迅驰平台发布的Dothan处理器，作为Intel第一款采用90 nm工艺制造的处理器，笔记本电脑CPU在工艺上首次超越台式机的CPU。到了2006年，随着双核潮流的涌起，Intel公司发布了第三代迅驰平台，其中处理器则是有着里程碑意义的Yonah核心Core Duo处理器，如图5-2所示。这款双核处理器改变了以往Intel处理器的NetBurst构架，流水线长度比后者缩短1倍以上，却能实现更高的性能以及更低的功耗。于是，Intel公司将这一成功经验沿用至台式机平台，从而产生了Core微构架体系。在2006年下半年，Intel公司毅然决定放弃Pentium路线，全面转向由移动平台Core Duo处理器优化而来的Core微构架体系，从而推出台式机处理器Conroe、新一代笔记本电脑处理器Merom和针对服务器市场的Woodcrest。在2008年中期，Intel公司又推出了全新的迅驰2 Montevina平台，至此，迅驰系列已经发展到了第五代，Montevina平台采用了全新的45 nm制程，代号为Penryn处理器，Penryn处理器中包括采用四核技术的CPU，因此四核CPU从此出现在笔记本电脑上。

图5-1　Banias核心的Pentium M处理器

笔记本电脑的CPU也是安装在主板上的。CPU的接口和台式机的并不是一样的，例如，目前台式机平台上，Intel公司采用的是LGA 775接口；而在笔记本电脑平台，目前市场上大多采用的是Socket 479接口或Socket P接口。有的轻薄型笔记本电脑为了减少体积，甚至直接将CPU焊接在主板上，这样也使得普通用户无法更换自己的处理器。

图5-2　Yonah核心的Core Duo处理器

5.2.2　主板

同台式机一样，主板支持着笔记本电脑的全部工作。由于笔记本电脑的体积限制，其所用主板的集成度相比于台式机来说要高很多，如图5-3所示。有些超轻薄笔记本电脑甚至使用了体积只有10 cm×10 cm的小型化主板，PCB板达到10层。笔记本电脑主板的小巧与高级程度可见一般。另外，相对于台式机主板的标准化，笔记本电脑的主板没有十分统一的标准，这意味着不同的机型都有着自己专用的主板，每款主板都是为一种机型专门设计的。主板的形状也是根据笔记本的大小与内部结构而专门设计的，并不是像台式机主板那样规则的长方形。虽然和台式机主板有这么多不同之处，但笔记本电脑主板的工作原理及主要部件都和台式机主板是一样的。

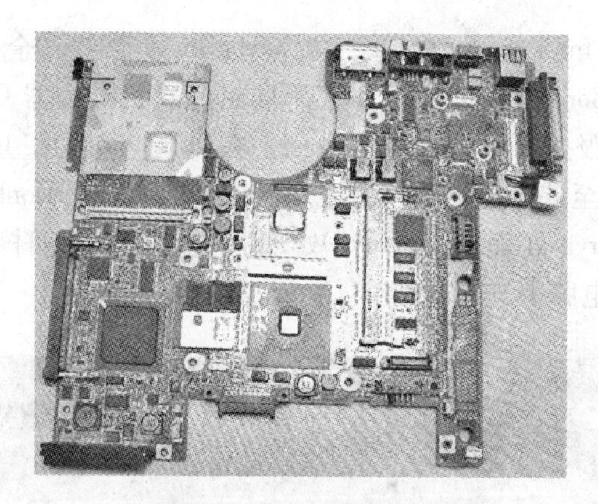

图 5-3　笔记本电脑主板

笔记本主板芯片组大多源自同时期的台式机主板芯片组，但它们功耗更小，同时一些规格指标也会有适当的缩水。许多笔记本电脑的主板都集成有显卡核心，因为许多笔记本电脑并没有配备独立显卡，因此集成显卡的主板占了笔记本电脑主板的很大一部分。笔记本电脑芯片组大多都具有节电功能，例如，Intel 的主板芯片组基本都支持 SpeedStep 电源管理技术。有些主板上还集成有特殊功能的芯片，如安全加密芯片、无线网络芯片等。

5.2.3　内存

第 1 章已经介绍了内存方面的知识，内存同样是笔记本电脑不可缺少的部分。和其他组件一样，笔记本电脑内存和台式机的内存最大的区别仍然是大小的区别。因为笔记本电脑的体积限制，笔记本电脑内存的大小通常只有台式机内存的一半。常见笔记本电脑内存有两种规格 SO-DIMM（如图 5-4 所示）和 Micro-DIMM（如图 5-5 所示）。SO-DIMM 是大多数笔记本电脑所采用的内存，这种内存的大小大约只有台式机内存大小的一半，而 Micro-DIMM 内存比 SO-DIMM 内存还要小，更小的体积带来的是更昂贵的售价，Micro-DIMM 内存主要用于超轻薄笔记本电脑，因为它们对于体积有着更严格的要求。笔记本电脑内存和台式机一样有多种不同的类型，如 SDRAM、DDR、DDR2、DDR3 等。目前最主流的内存是 DDR3，现在市场上出售的主流的各款迅驰 2 笔记本电脑基本都安装的是 DDR3 1066 内存。使用什么类型的内存，取决于该笔记本电脑的主板，内存只能使用主板支持的型号。

图 5-4　SO-DIMM

图 5-5　Micro-DIMM

为了节省空间，笔记本电脑内存都是平行于主板安装在内存插槽内，如图 5-6 所示，这与台式机的竖直插入方式不同。绝大多数笔记本电脑只提供了两个内存插槽，扩展能力没有台式机那么强。有的笔记本电脑只有一个内存插槽可供使用，轻薄型的笔记本电脑甚至将内存焊接在主板上，从而无法进行更换。

图 5-6　笔记本电脑内存

5.2.4　硬盘

笔记本电脑由于受其体积的制约，不可能使用台式机平台的 3.5 英寸硬盘，常见笔记本电脑多半是用 2.5 英寸的硬盘，如图 5-7 所示；也有部分超轻薄机型使用体积更小的 1.8 英寸硬盘，如图 5-8 所示。相对笔记本电脑而言，台式机硬盘不用太多考虑体积和功能方面的问题，所以实现更快的转速和更大容量容易得多；而笔记本电脑硬盘由于受机身空间以及功耗的限制，不仅体积要小很多，而且主流产品的转速也落后于台式机硬盘。

图 5-7　2.5 英寸硬盘

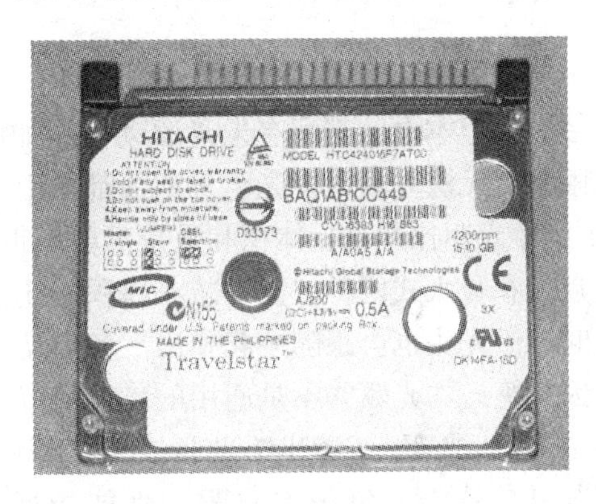

图 5-8　1.8 英寸硬盘

目前主流笔记本电脑硬盘的转速是 5400 rad/min，而目前台式机 3.5 英寸硬盘的转速全都至少是 7200 rad/min。有的笔记本电脑也采用 7200 rad/min 的 2.5 英寸硬盘，但它们的价格比较昂贵，并且伴随着转速的升高，更大的震动与发热量也注定只能有少数笔记本电脑才会采用这类产品。在容量方面，笔记本电脑硬盘和台式机硬盘相比也处于劣势，目前最大容量的笔记本电脑硬盘容量为 500 GB，而台式机 3.5 英寸硬盘的最大容量大小已经突破 TB 级别，比起动则装备 500 GB、640 GB 硬盘的台式机，目前市场上销售的笔记本电脑装备的硬盘大多不超过 320 GB。

和3.5英寸硬盘一样，目前市场上的笔记本电脑硬盘的接口已经逐步由并行接口（PATA）过渡到串行接口（SATA）。接口的过渡以及垂直技术的引入给笔记本电脑硬盘的性能与容量都带来一定的提升，但是和3.5英寸硬盘相比，笔记本电脑硬盘的性能还是差很多。虽然随着单碟容量的不断提升以及新技术的应用，目前主流5400 rad/min 2.5英寸硬盘的平均传输速率相比过去的低于40 MB/s提升不少，500 GB的5400 rad/min 2.5英寸硬盘的平均传输速率可以达到60 MB/s以上，而目前市场上的3.5英寸硬盘的平均传输速率已经突破了100 MB/s。1.8英寸的硬盘的性能差距就更大，因此只有部分超轻薄机型采用。虽然笔记本电脑硬盘在性能容量上无法和台式机硬盘相抗衡，但笔记本电脑硬盘的抗震能力却要比台式机硬盘好很多，因为笔记本电脑硬盘必须要考虑到在移动中的抗震问题。

由于笔记本电脑硬盘的性能问题，硬盘成了制约笔记本电脑性能提升的一个瓶颈，为了解决这个问题，厂商们开发了混合硬盘和固态硬盘。混合硬盘就是配置闪存缓存的硬盘，微软的Vista操作系统甚至专门进行了设计，以支持采用闪存缓存的硬盘。这种硬盘在工作时，数据将根据情况从闪存缓存传输到硬盘，这意味着硬盘可以在大多数时间里保持静止状态，从而需要较少的电源并且延长整个笔记本电脑的电池使用寿命，并且提高笔记本电脑的磁盘性能。而固态硬盘则是用固态电子存储芯片阵列而制成的硬盘，也就是说这种硬盘没有了传统硬盘的盘片结构，取而代之的是一颗颗的存储芯片，它的出现使得笔记本电脑硬盘的性能得到很大的提升。目前混合硬盘由于得到了大多数厂商的支持，在推广速度上比固态硬盘要快。在LG推出了采用120 GB混合式硬盘（256 MB闪存、5400 rad/min）的R400笔记本电脑后，三星也推出了采用80 GB混合硬盘的R55笔记本电脑。而三星的Q1以及SONY的UX系列笔记本电脑则率先使用了SSD固态硬盘。随着SSD成本的下降，有越来越多的笔记本电脑开始配置SSD固态硬盘。

5.2.5 光驱

大多数笔记本电脑都配有光盘驱动器，如图5-9所示，而少部分超轻薄笔记本电脑由于体积限制，无法安放内置光驱，往往都采用外接光驱的形式。笔记本电脑的光驱和台式机的5.25英寸光驱比起来，体积和重量都要小很多。目前笔记本电脑光驱大多只有9 mm厚，分为托盘式和吸入式两种。为了减小体积，托盘式光驱的激光头与托盘是结合在一起的，托盘弹出时，激光头也会跟随一起弹出。各个品牌的笔记本电脑光驱都有着自己独特的接口与形状，因此笔记本光驱并不是通用的。目前市场上除了部分低端产品外，各笔记本电脑安装的大多是DVD光驱、COMBO光驱或DVD刻录光驱。受体积与功耗限制，笔记本光驱的性能指标并不高。目前市场上的笔记本电脑装备的COMBO光驱通常是24X读取CD-ROM、8X读取DVD-ROM、24X刻录CD-R、16X刻录CD-RW，而DVD刻录机通常则比COMBO增加了8X的DVD±R刻录以及4X的DVD±RW刻录。可以看到，笔记本电脑光驱在性能指标上，远远不及台式机5.25英寸光驱。在功能上，虽然目前笔记本电脑光驱也有支持LightScribe光雕功能、支持Blue-ray蓝光光盘以及HD光盘的机型，但是这些机型的价格往往

图5-9　光盘驱动器

不菲。简而言之，笔记本电脑光驱是本着够用就好的原则，给笔记本电脑的使用者提供一个光盘读取或者刻录的功能。

5.2.6 显示卡

显示卡又称显卡，和台式机平台一样，它是在笔记本电脑硬件系统中负责显示的重要组成部分，其性能的好坏直接关系到计算机2D图像的显示效果和3D图像的流畅度。目前市场上的笔记本显卡主要被划分为两大类：集成显卡和独立显卡。

集成显卡集成在主板之上，共享系统内存作为显存，性能较低，功耗和发热量也较独立显卡少了不少，因此绝大多数超轻薄笔记本电脑都采用集成显卡，这样不但能减小散热系统的压力，也能给笔记本电脑带来更长的续航时间。而独立显卡性能强劲，不少娱乐机型都采用它们来增加自己的娱乐能力，使用户可在笔记本脑上玩大型3D游戏。

目前主流Intel主板的集成显卡为GMA 3000/3100以及最新的GMA X4500，GMA X4500是目前Intel平台最强的集成显卡之一，它支持目前最新的DirectX 10。而其他品牌的集成显卡也有很多，多见于中低端机型上，如AMD的RS780M芯片组中集成的Mobility Radeon HD 2000系列。

笔记本电脑上的独立显卡主要来源于NVIDIA和AMD（原ATI）这两家公司，它们的产品瓜分了独显笔记本电脑市场。目前AMD（ATI）产品的市场份额略大于NVIDIA公司的产品。笔记本电脑用的显卡显然需要比台式机平台有着更低的功耗与发热量。笔记本电脑独立显卡一般也是直接焊接在主板之上，这样很不利于更换新型号的显卡。为了解决这个问题，AMD（ATI）和NVIDIA两家公司分别推出了各自的显卡模块接口——Axion和MXM。但是目前市场上的大多笔记本电脑的独立显卡仍旧是直接焊接在主板上的，如图5-10所示。

图5-10 主板上的显卡

5.2.7 键盘和鼠标

1. 键盘

笔记本电脑的键盘由于体积限制，一般都只有85或86个键，而不像台式机键盘那样一般都有104个按键，最明显的区别就是笔记本电脑键盘大多没有右侧的数字键盘，如图5-11所示。笔记本电脑键盘一般都设有一个〈Fn〉键，这个键的作用跟〈Shift〉键很相似，通过同时按下〈Fn〉键和某些特定的按键，就可以实现特定的功能，这种设计可以很好地弥补笔记本电脑键位的不足。为了减小厚度，笔记本电脑键盘采用“X”架构的按键结构。“X”架构的键盘可以节省空间，并且由于其底部采用的是弹性橡胶，从而减小了按键的声音。但这样使得笔记本电脑键盘的键程一般都很小，从而导致笔记本电脑键盘手感不好。各个品牌的笔记本电脑键盘都有其独特的形状与按键布局，有的还在键盘上设置多媒体快捷键方便用户使用。

图 5-11 键盘

图 5-12 触摸板

2. **鼠标**

笔记本电脑一般都配备一个触摸板来提供鼠标功能，如图 5-12 所示。触摸板由一块能够感应手指运行轨迹的压感板和两个或三个按钮组成，按钮相当于标准鼠标的左中右键。触摸板是没有机械磨损的，控制精度也不错，最重要的是，它操作起来很方便，初学者很容易上手，一些笔记本电脑甚至把触摸板的功能扩展为手写板，可用于手写汉字输入。其缺点是如果使用者的手指潮湿或者脏污，则控制起来就不是很灵活。还有的笔记本电脑提供给用户的是指点杆，如图 5-13 所示，这种鼠标设备由一个小推杆和几个按键组成。其中小推杆按钮能够感应手指推力的大小和方向，并由此来控制鼠标的移动轨迹，而按键相当于标准鼠标的左右键。指点杆的特点是移动速度快，定位精确，但控制起来却有点困难，初学者不容易上手，需要掌握指点杆的使用诀窍。指点杆的缺点是用久了按钮外套易磨损脱落，需要更换。

图 5-13 带指点杆的键盘

5.2.8 屏幕

从笔记本电脑诞生至今，笔记本电脑都无一例外地采用液晶显示屏作为其屏幕，如图 5-14 所示。目前笔记本电脑大多采用 TFT LCD 作为显示屏。TFT LCD（Thin Film Transistor LCD）是由薄膜晶体管组成的屏幕，它的每个液晶像素点都是由集成在像素点后面的薄膜晶体管来驱动，显示屏上每个像素点后面都有 4 个相互独立的薄膜晶体管（1 个黑色、3 个 RGB 彩色）驱动像素点发出彩色光，可以做到高速度、高亮度、高对比度显示屏幕信息。TFT LCD 显示

图 5-14 笔记本电脑

屏是目前最好的 LCD 彩色显示设备之一，其效果接近 CRT 显示器，是现在笔记本电脑上的主流显示设备。

目前笔记本电脑屏幕的发展趋势是 LED 背光逐渐取代传统的 CCFL 背光。LED 背光就是用发光二极管取代传统的 CCFL（Cold Cathode Fluorescent Lights，冷阴极射线管）作为 LCD 的背景光源。LED 背光屏能覆盖所有的标准色彩，达到高清晰度的色彩级别。采用 CCFL 背光只能实现 NTSC 色彩区域的 78%，而 LED 背光却能轻松的获得超过 100% 的 NTSC 色彩区域，色彩表现更加逼真。此外，CCFL 背光源的使用寿命通常只有 2 万小时左右，而 LED 背光模块的工作时间可以轻松超过 5 万小时，现阶段白色 LED 背光源的寿命已经高达 10 万小时。相对于传统的 CCFL 冷阴极射线管技术而言，全新的 LED 发光二极管技术可以将整体面板厚度相对缩小一半，更关键的是在能耗方面 LED 背光可以节约 20% ~30% 左右的电量消耗，这点对于笔记本厂商而言无疑是一个很大的卖点。目前 LED 背光源存在的问题就是成本相对于 CCFL 来说还稍有些高，不过相信随着更多厂商的投入，成本很快就可以降下来。目前市场上已经有不少笔记本电脑采用 LED 发光二极管背光了。

5.2.9 电池

使用可充电电池是笔记本相对于台式机的巨大优势之一，它可以极大地方便笔记本在各种环境下的使用。目前笔记本电脑大都使用的是锂离子电池，这种电池相对其他电池有如下优点：工作电压高，体积小，重量轻，能量高，安全快速充电，允许温度范围宽，放电电流小，记忆效应小，无环境污染等。当然锂离子电池也有自身的不足，那便是价格高，充放电次数少，与干电池无互换性，工作电压变化大，放电速率大，容量下降快，无法大电流放电。

一般来讲，笔记本电脑的电池是根据不同的需求来配置的。例如，性能强大的多媒体娱乐笔记本电脑一般都配备容量比较大的电池，因为这类笔记本电脑功耗都比较高，即便配备大容量电池，它们的电池续航时间也不会很长。而有些超轻薄笔记本电脑同样配备超大容量电池，这样可以带来很长的电池续航时间，有的笔记本电脑电池使用时间甚至可以达到一天。

目前有很多笔记本电脑厂商在研制燃料电池。简单地说，燃料电池（Fuel Cell）是一种将存在于燃料与氧化剂中的化学能直接转化为电能的发电装置。它从外表上看有正负极和电解质等，像一个蓄电池，但实质上它不能“储电”而是一个“发电厂”。目前已经有不少厂商研制出了许多笔记本电脑用的燃料电池，它们通过燃烧甲醇或其他燃料来获得电能。只需少许燃料，就可以让笔记本电脑运行很长时间，并且可以在使用中添加燃料。燃料电池的出现，解决了目前笔记本电脑电池使用时间短的问题，它能够使笔记本电脑续航时间得到极大的延长，从而拓宽笔记本电脑的应用范围。

5.3 笔记本电脑的拆卸与组装

5.3.1 拆卸与组装

笔记本电脑属于高集成度的设备，一般来说，都不推荐个人用户对其进行拆卸或组装，要进行这类操作，最好还是交给专业的客服部门或是维修公司。但是，对于普通用户来说，掌握一定的笔记本电脑拆卸与组装的知识还是很有必要，它可以帮助用户解决一些小的硬件问题。要拆卸和组装一台笔记本电脑，最好掌握一定的电学、力学知识。

（1）拆卸的准备工作

在拆卸之前，需要做好充分的准备工作。一旦操作开始，任何一点小错误，都会导致整个拆卸或是组装的失败，甚至会使机器损坏，造成很大的损失。

首先要尽可能多地查找资料，了解要拆卸的笔记本电脑具体结构信息。可以充分利用笔记本厂商编写的硬件维护手册。这类手册对于笔记本电脑拆卸与组装有着极大的价值，手册内有详细的笔记本电脑结构图以及拆卸安装步骤，是专业维修人员所参考的维修手册。用户可以在网络上查找并下载这类极其有用的资料。对于无法找到硬件维护手册的机型，可以先在互联网上搜索，看有是否对拆卸有用的信息。有时候一张结构图，或是一篇简单的拆卸经验都可以给用户带来很大的帮助。

其次，需要准备几把顺手好用的螺钉旋具，因为笔记本电脑上可能会使用各种不同大小的螺钉，必须找到合适的螺钉旋具才能进行操作。除了螺钉旋具，最好准备一双防静电手套，因为静电对笔记本电脑的电子元器件有很大的危害。

（2）拆卸过程

准备工作就绪以后，可以开始进行拆卸。各个品牌各种型号的笔记本电脑的结构大都不同，一般来说，要拆卸一台笔记本电脑，要从机身背面入手。将笔记本电脑翻转过来，底部朝上，可以看到机器底部上有很多螺钉，如图 5-15 所示。一般大的厂商都会在螺钉旁标注图标，用来表示这些螺钉的作用。例如，标有键盘图标的螺钉就是用来固定键盘的，将标有键盘图标的螺钉取下，就可以将笔记本电脑的键盘卸下来。多数笔记本电脑的内存、硬盘、无线网卡等部件都单独设有盖板，也就是说无需将整个笔记本电脑拆开就可以看到它们。这些盖板往往都是用螺钉固定，取下螺钉后就可以卸下盖板，也就可以看到内存等设备。但也有的笔记本电脑的内存或硬盘安装在机身内部，需要将整台机器拆开才可看到或卸下，这取决于笔记本电脑的结构设计。

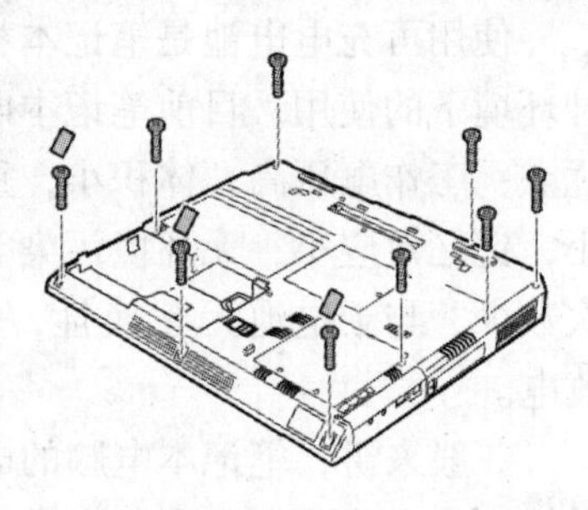
图 5-15　笔记本底部

一般而言，拆卸笔记本电脑首先拆下键盘，然后是掌托或底板，将外壳拿开后，可以将屏幕卸下，然后再逐步拆卸主板上的部件，如图 5-16 和图 5-17 所示。

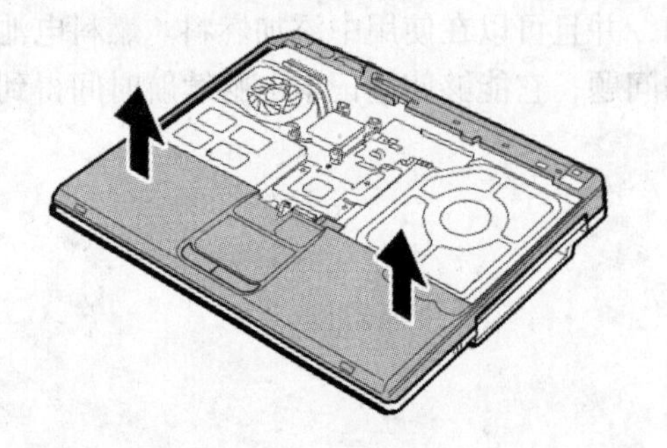
图 5-16　拆卸主板图 1

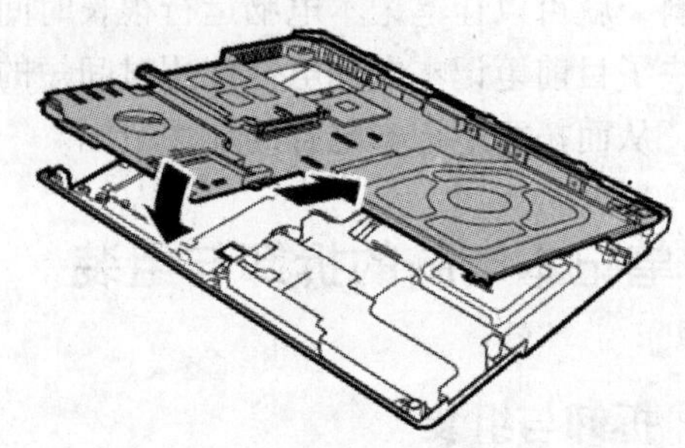
图 5-17　拆卸主板图 2

拆卸笔记本电脑时，一定要胆大心细，笔记本电脑内部很多部件，不一定单单是靠螺钉固定，有时候也有很多设计巧妙的扣具与卡扣，拆卸时要先仔细观察分析它们的受力结构，然后施以巧力将部件取下，而不是用蛮力拆卸。对于拆下来的部件与螺钉，一定要小心放好，最好标注它们原来的部位，以方便以后的安装。

（3）组装

组装笔记本电脑，基本是拆卸的反过程。要注意的是，部件一定要安装到位，扣具扣好，螺钉拧紧。笔记本电脑上往往采用很多线排代替线缆，如图 5-18 所示，线排的接头部分都很脆弱，安装时一定要小心，注意不要弄断，并插接到位，否则极易引起接触不良。

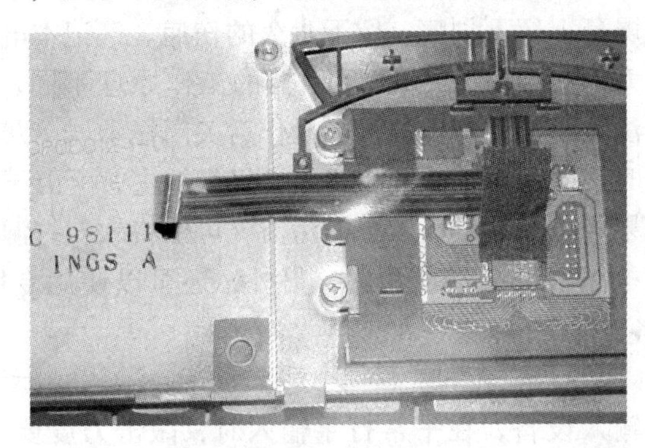

图 5-18　线排

5.3.2　注意事项

1）在整个拆卸与组装的过程中，要有一个干净整洁的操作环境。

2）把拆卸下来的部件存放在安全的地方。

3）不要穿着过于宽松的衣物，否则可能会缠住正在搬动的机器部件。

4）尽量不要佩戴金属首饰。

5）佩戴防静电手套，如果没有，应先触摸金属水管或其它接地金属放掉身上的静电。

6）确定笔记本电脑的电源已经切断。

7）对于拆不开的部件，不要用蛮力硬拆，而要细心观察，仔细分析原因。

8）对于自己不确定的部件，则咨询专业维修人士，不要凭感觉拆卸组装，以避免不必要损失。

5.4　笔记本电脑的维护

5.4.1　日常维护

适时对笔记本电脑进行保养和维护，可以延长笔记本电脑的寿命，并达到较好的工作状态。

1. 外壳

对于外壳，平时使用时要注意不要在笔记本上推放重物，这样可能使笔记本电脑外壳变形，压坏内部部件或是液晶屏。不同的笔记本电脑外壳的材料都不尽相同，有的笔记本电脑是金属外壳，有的则是塑料外壳。在清理外壳时，用干净柔软的抹布擦拭，最好加一些专用的外壳清洁液或清洁泡沫。在移动笔记本电脑时要注意轻拿轻放，并且给笔记本电脑准备一个合适的电脑包，携带笔记本电脑外出时，把笔记本电脑装在电脑包中，它将给笔记本电脑提供很好的保护。

2. 屏幕

屏幕是笔记本电脑的“脸面”，平时使用时一定要养成良好的习惯。不要在笔记本电脑前吃东西，因为在笔记本电脑前进食，很容易将食物喷溅在屏幕上，油腻的食物残渣会给笔记本电脑液晶屏幕带来极大的伤害。在使用时不要对着屏幕“指点江山”，因为用指甲在屏幕上指指点点很容易在屏幕上留下划痕，留下永久的伤疤。笔记本电脑在不使用时，应尽快关闭液晶屏，以延长其寿命。LCD 和 CRT 显示器的工作原理不同，不需要屏幕保护程序，所以，最有效的保护办法就是设置若干分钟无操作后关闭显示器。灰尘是使用过程中无法避免的，当屏幕上有灰尘时，应该用柔软的布将灰尘轻轻擦去，千万不要用手或很硬的纸，否则很容易留下划痕。如果屏幕上有难以擦去的污渍，可以将软布打湿再轻轻擦拭，不要让水滴渗进屏框，以免流入电路板部分造成短路。另外，还可以使用专用的液晶清洗液来清洁屏幕。

3. 键盘

键盘是使用最多的输入设备，在平常打字输入时，敲击力度要适中，不要大力敲击键盘。同保护液晶屏一样，不要在笔记本电脑前进食，因为食物残渣极易落入键盘缝隙，既滋生细菌又影响散热。隔一段时间要对键盘进行清理，可以使用小刷子和小型吸尘器将键盘缝隙中的杂物清理出来。在笔记本电脑边喝水时千万要注意不要将水泼到键盘上，否则液体会顺着键盘流向主板，给笔记本电脑带来严重的损害。

4. 硬盘

硬盘是很脆弱的部件，在使用时，切莫晃动机身。在硬盘读写时晃动笔记本电脑，很容易使硬盘产生坏道。养成备份重要数据的好习惯，在意外发生时可以使损失降到最低。

5. 光驱

前面已经讲过，够用就好是笔记本电脑光驱的原则，不要把笔记本电脑光驱当台式机的光驱。无间断的读碟、刻录都会严重缩短光驱的使用寿命。使用一段时间后休息一段时间，这将对延长光驱寿命有积极的作用。不要将破损、严重划伤的光碟放入光驱。有些笔记本电脑使用的是吸入式光驱，这类光驱无法直接读取 8 cm 的小型光盘以及不规则外型光盘，对于这类盘片，最好另外找光驱来读写，不要强行将它们塞入吸入式光驱。

总的来说，平时使用笔记本电脑时，一定要养成良好的习惯，创造一个干净整洁的使用环境。在炎热的夏季，笔记本电脑的散热是不可忽略的问题之一。不要遮挡笔记本电脑的散热口，并在通风的地方使用笔记本电脑，这样有助于机器的散热。对于发热量大的机器，可以将其底部垫高，和桌面形成一定空间，让空气对流，辅助散热。高温与强磁场都是要避免的，它们都会给笔记本电脑带来极大的伤害。

5.4.2 电池的维护

电池是笔记本电脑独有的装备，它的存在可以使笔记本电脑脱离电源的束缚，在任何场合都可以工作。

前面已经讲到，目前笔记本电脑大多采用锂离子电池。其寿命并不是按时间来计算的，而是取决于完全充放电次数。一般而言，目前的锂离子电池寿命在400次完全充放电左右。同人类的生老病死一样，电池也是在逐渐的衰老之后而最终走向“死亡”的。因此，正确地使用和保养电池就显得尤为重要了。

一般新机器的电池中都会预先充入一定的电量以供在试机时使用，因此首次使用时要将这部分电量消耗殆尽后再进行充电工作，并且今后的每一次充电都要保证在电池中的剩余电量尽可能地被消耗干净后再进行。

如果需要对电池进行长时间地搁置保存，那么要保证电池中留有一定的电量，在40%～60%之间即可。长期不使用的电池在一个月内至少进行一次深度放电和充电也是必须要做的工作，这样做的目的是防止电池离子在长期未被使用的情况下失去电活性而导致无法再次充电。

在电脑使用环境供电稳定的情况下，建议大家将电池取下，而单独采用电源适配器供电。这样做的目的很简单，就是避免电池频繁地在不完全放电情况下被充电。笔记本电脑所处的环境是不可能绝对绝缘的，因此电池即使未被使用也同样会出现自然耗电，这样当电源再次接通时，便会对电池进行充电。这种做法对有很强记忆效应的镍氢电池损伤是非常大的，虽然锂离子电池的记忆效应几乎可以忽略不计，但是长时间的不完全充放电也会在一定程度上减少电池的寿命。当然，把电池安装在机器上使用的好处也是不言而喻的，如果使用电脑的环境供电状况非常糟糕，那把电池安装在机器上使用就显得很有必要。如果因为突然停电或是电压不稳而造成笔记本电脑突然断电，没有电池，这会对笔记本电脑会产生很大的伤害。

在平时的使用过程中，可以通过采取一些简单的措施来延长电池的续航时间。例如，把液晶屏的亮度稍微调低一点，开启厂商的节电功能（如 Intel SpeedStep 技术）。

5.5 笔记本电脑的选购

要选购一台称心如意的笔记本电脑，首先要在选购前想好自己要买笔记本电脑的主要用途，可以给自己的选购之路指引一个方向。然后，再根据预算进行选购。这两点都想好了之后，我们就可以着手收集笔记本电脑的资料了。

对于经常要移动笔记本电脑的用户，便携的轻薄型笔记本电脑是最好选择；对于一些家庭用户，由于并不经常需要移动电脑，笔记本电脑只是一种节省空间的时尚之选，则可以选择娱乐性强的多媒体笔记本电脑，这类笔记本电脑一般采用独立显卡，拥有大屏幕，放在家里玩游戏，欣赏电影再适合不过；对于那些想用笔记本电脑玩游戏的消费者，他们可以把目标锁定在一些大厂专门设计的游戏笔记本电脑，这类电脑都采用中高端独立显卡，性能强劲，是移动游戏平台的最佳选择；对于一些商务用户他们追求的不是强劲的多媒体性能，而是稳定性与安全性，各大厂商的商务系列笔记本电脑是很好的选择，这类笔记本电脑配置多半不是很激进，但稳定性绝对有保障，并且配有指纹识别器，保障数据安全。

绝大多数用户往往需要一款经济实惠的笔记本电脑，价格往往是他们所看重的。对于这类消费者，首先想好自己的购机预算，然后看看市面上在自己预算中的各款笔记本电脑，按需购买。如果购买国际大厂的产品的预算不够，没关系，可以考虑一些台系的笔记本电脑，它们都有着不错的性价比。此外，各大品牌都有经济适用型产品，它们也是这类用户要重点考察的对象。

在实际去市场购机之前，最好还是先在互联网上查询一下自己中意的机型，详细了解一下笔记本电脑的有关参数。在各大IT论坛里咨询一下自己中意机型的情况，看看有没有什么重大缺陷或是用户的不良反馈，从而了解别的用户对这款机器的评价以及使用感受。另外还可以了解一下最新的售价，这样自己去市场上购买时，设定好目标机型，同时最好准备2~3款品牌不同、配置类似的机型替补。这样即便遇见价格上调、缺货等始料未及的局面，也可以购到自己中意的电脑。

在验机时，要检查包装箱是否完整，内附物品是否齐全，序列号是否一致，机器有无损伤，机身接口、电池触点有无使用痕迹。确认无误后，要开机检查屏幕是否有亮点、坏点，检查配置是否正确。

检测液晶屏有无坏点的方法如下。

1）开机后在桌面上单击鼠标右键，选择“排列图标”→“显示桌面图标”命令，将其前面的对勾去掉，如图5-19所示，这样计算机桌面上就不再有图标显示。

2）然后再次在桌面上单击鼠标右键，选择“属性”命令，打开“显示属性”对话框在“桌面”选项卡中，将“背景”选择为“无”，并在右下方的颜色选项里选择白色，如图5-20所示，单击“确定”按钮。

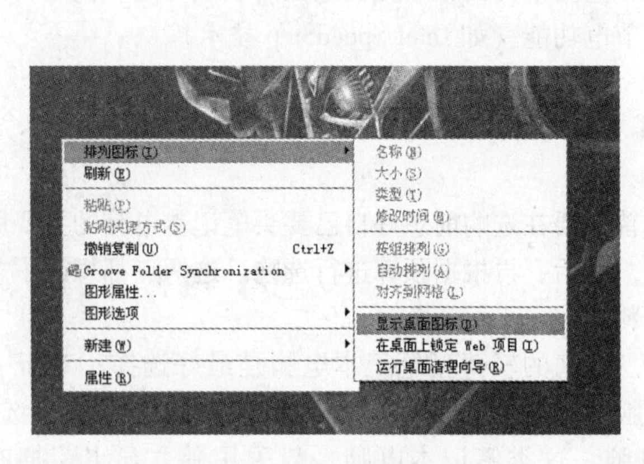

图5-19　检测液晶屏步骤1

图5-20　检测液晶屏步骤2

3）将鼠标移至桌面下方的任务栏，单击鼠标右键，打开“任务栏和「开始」菜单属性”对话框在“任务栏”选项卡中选择“自动隐藏任务栏”复选框，如图5-21所示。

这时，笔记本电脑屏幕上显示的就是全白的画面，检测屏幕有没有黑色的暗点。

接下来再检测亮点，把屏幕背景颜色设置成黑色即可，如5-22所示，查看屏幕上是否有白色的亮点。

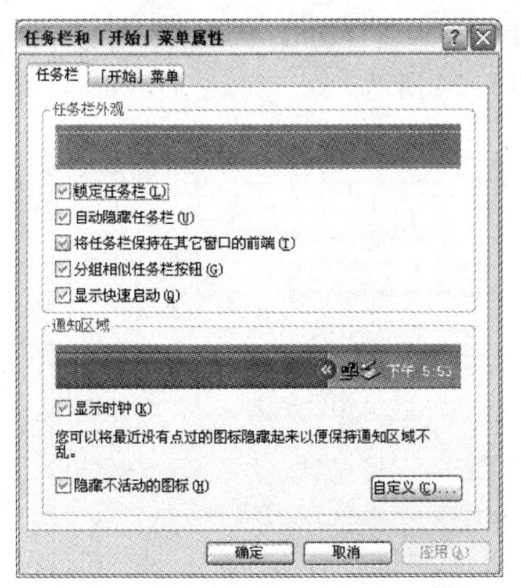

图 5-21 检测液晶屏步骤 3

图 5-22 检测液晶屏步骤 4

5.6 常用验机软件简介

在验机过程中还可以借助一些软件工具，使用以下几款软件，能给验机带来很大的方便。

1. Everest

通过 Everest 软件，用户可以很轻松地了解到笔记本电脑的整体配置，并有效地辨别硬件配置的真伪。该软件虽然需要进行安装，但用户完全可以将安装后的 Everest 文件夹复制到 U 盘中，在准备检测的笔记本电脑上直接运行。运行软件，单击左侧的“计算机”→“摘要”节点，可以看到笔记本电脑的总体配置情况，如图 5-23 所示。接下来可以查看几

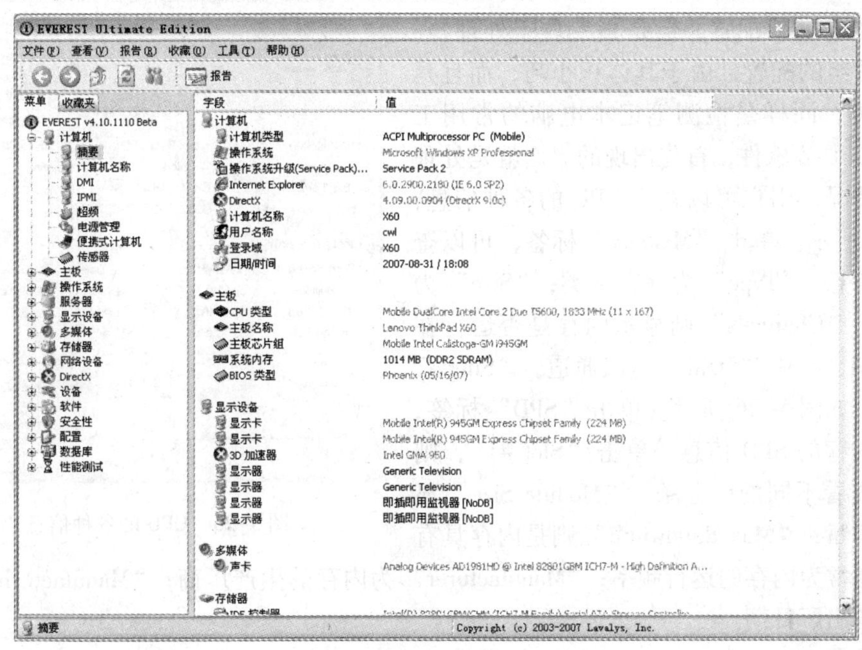

图 5-23 总体配置情况

个常见的检测项目。例如，单击“主板”→“中央处理器（CPU）”节点，可以了解到处理器的各种参数，包括主频、支持指令集等，如图5-24所示。

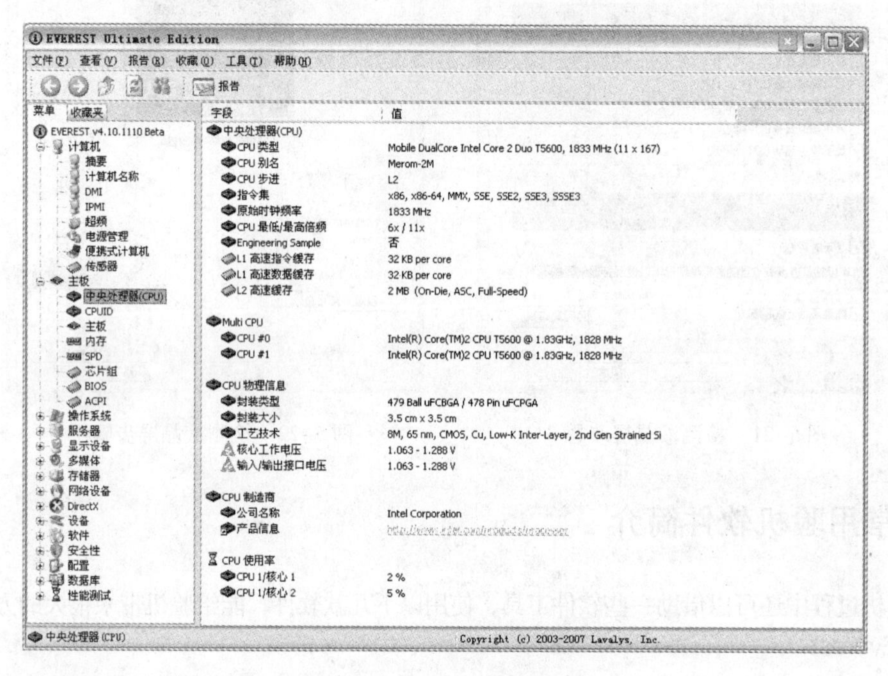

图5-24 处理器的各种参数

2. CPU-Z

和Everest软件类似，CPU-Z软件同样用来检测笔记本电脑的配置，但是其专攻于处理器、内存和芯片组的配置，由于其体积小巧，而且是纯绿色软件，同样是检测笔记本电脑的常用工具。运行CPU-Z软件，首先出现的界面就是处理器的检测情况，用户可以查看CPU的各种信息，如图5-25所示。单击“Memory”标签，可以查看内存的信息。“Type”为内存种类；“Size”为内存大小；“Channels”则显示内存是否运行在双通道状态，其中“Dual”为双通道，“Single”为单通道，如图5-26所示。单击“SPD”标签，可以查看内存的SPD信息，单击“Slot #1”，则可以选择查看不同的内存条。“Module Size”显示内存的容量；“Max Bandwidth”则是内存具有的带宽，通常为内存的运行频率；“Manufacturer”为内存的生产厂商；“Manufacturing Data”则是内存的出厂日期。

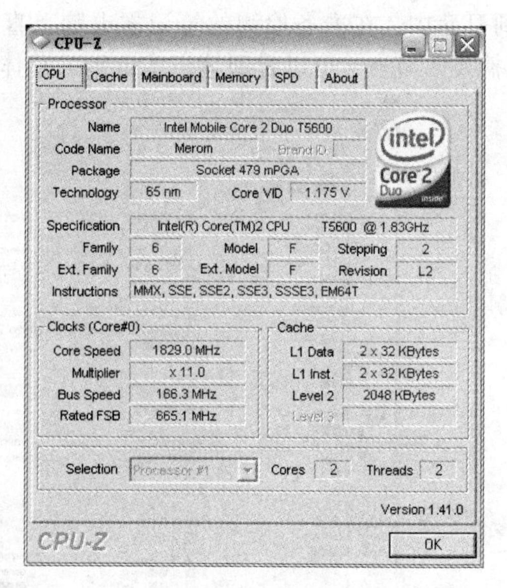

图5-25 CPU的各种信息

3. HD Tune

HD Tune软件是检测硬盘的绿色软件，它不但能检测硬盘的信息，还能查看硬盘的通电

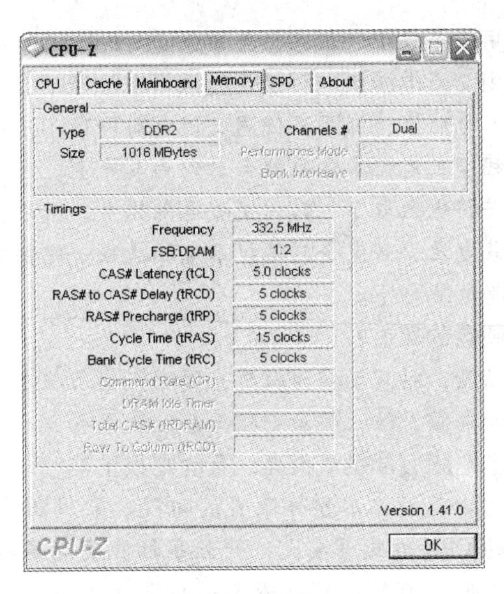

图 5-26　内存信息

时间，通过这个指标用户可以了解笔记本电脑之前是否有被使用过。打开软件，单击“健康状况”标签，其中的“硬盘加电累计时间”对应的“数据”栏里为硬盘通电时间如图 5-27 所示。要注意的是，不同厂商的硬盘计量单位不同，比较常见的都是以小时为计量单位，但也有少数厂商的硬盘是以分钟或秒为计量单位，如富士通生产的硬盘就是以秒为单位计算的。

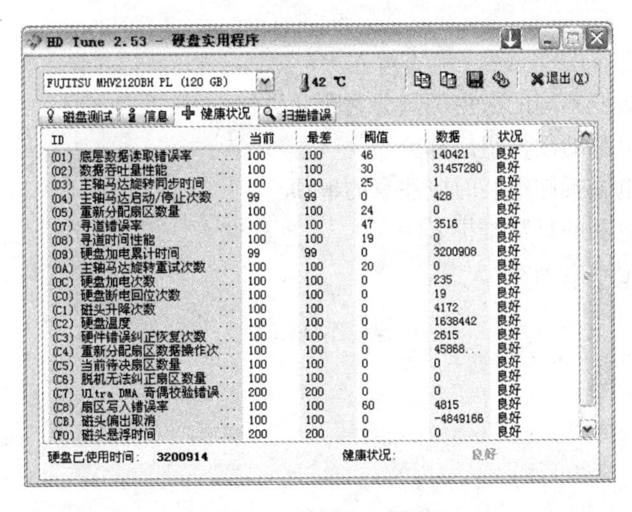

图 5-27　HD Tune 界面

5.7　有问有答

问： 笔记本电脑电池的续航时间一般为多长？

答： 视电池的型号容量而定。大部份笔记本电脑的标准装电池使用时间大约 2～3 小时，有些长寿命电池则可以使用 4 个多小时，甚至是 8 个小时。

问：笔记本电脑在使用交流电源供电时是否应该将电池取下？

答：电池安装在笔记本电脑上，在平日使用交流电时即使不用电池供电，电量也会缓慢降低，当电量下降到一定程度，笔记本电脑就会自动为其充电，时间久了必定会对电池寿命产生一定的影响。但是，若将电池取下，只用交流电源供电，如果在开机状态停电或者电源线脱落，而此时又没有安装电池，必定会对笔记本电脑造成一定伤害，为了保护电脑，平时使用的时候最好还是不要将电池卸下。

问：如何防止笔记本硬盘的坏道？

答：硬盘的结构十分精密，对震动较为敏感，因此在使用状态下应尽量避免震动。在电脑开机状态下，应避免移动电脑，防止硬盘受损而导致数据丢失，造成严重后果。

问：为什么有的笔记本电脑底部热量很高，有的则很正常？

答：这是厂家设计能力以及笔记本整体配置的体现。采用高性能高主频 CPU，其发热量必然会比同型号低主频的 CPU 发热量要大，并且高性能硬盘等器件带来更高性能的同时也必定产生更多的热量。同时，有的厂商有着很强的设计能力，对散热系统的设计十分到位，使得整机在使用中发热量能有效地排出，而不是积聚在机身内。

问：通常笔记本电脑哪些地方可以升级？

答：现在的笔记本电脑，用户一般都可以很方便地自行升级内存以及硬盘，它们往往在机身底部一些特定的盖板下，卸下螺丝、打开盖板就可以很方便的更换升级。有的笔记本电脑 CPU 并未焊在主板上，动手能力较强的使用者也可以自己动手更换 CPU。

5.8 习题

1. 笔记本电脑按照不同的应用类型分为哪几类？
2. 简述笔记本电脑的硬件组成部分。
3. 简述笔记本电脑拆卸组装时应注意的事项。
4. 简述笔记本电脑的日常维护。
5. 如何选购笔记本电脑？

第6章　计算机网络配置

本章导读

本章主要讲解网络的基本原理以及分类，学习网络、数据、局域网（LAN）、Internet 的应用等知识。

学习目标

- 掌握：网络设备的特性和使用
- 熟悉：互联网的组建与维护
- 了解：网络基本原理以及分类

6.1　计算机网络的概念

计算机网络是计算机技术和通信技术的结合产物。目前为止，对于计算机网络还没有准确和统一的定义。计算机网络最基本的定义是：一个互连的自主的计算机集合。其更详细的定义为：用通信线路和网络连接设备将分布在不同地点的多台独立式计算机系统相互连接，按照网络协议进行数据通信，实现资源共享，为网络用户提供各种应用服务的信息系统。

6.2　计算机网络的分类

计算机网络的种类繁多、性能各不相同，根据不同的分类原则，可以得到各种不同类型的计算机网络。

6.2.1　按网络的分布范围分类

按地理分布范围来分类，计算机网络可以分为局域网、城域网和广域网3种。

1. 局域网 LAN（Local Area Network）

局域网是将小区域内的各种通信设备互连在一起的网络。它的特点是分布距离近（通常在1000～2000 m范围内），传输速度高（一般为1～20 Mbit/s），连接费用低，数据传输可靠，误码率低等。

2. 城域网 MAN（Metropolitan Area Network）

城域网是在一个城市范围内所建立的计算机通信网，它是20世纪80年代末，在LAN的发展基础上提出的，其技术上与LAN有许多相似之处，而与广域网（WAN）区别较大。

城域网的一个重要用途是用做骨干网，通过它将位于同一城市内不同地点的主机、数据库以及LAN等互相连接起来，这与WAN的作用有相似之处，但两者在实现方法与性能上有很大差别。MAN不仅用于计算机通信，同时可用于传输语音、图像等信息，成为一种综合利用的通信网。

3. 广域网 WAN（Wide Area Network）

广域网也称远程网，它的联网设备分布范围广，一般从数公里到数百至数千公里，因此网络所涉及的范围可以是市、地区、省、国家，乃至世界范围。广域网的单个组织一般通过电信服务提供商的网络租用连接。连接分布于不同地理位置的 LAN 的这些网络称为广域网（WAN）。

国际互联网（Internet）是由相互连接的网络组成的全球网，属于广域网，它满足了人们的通信需要。在向公众开放的国际互联网中，最著名并被广为使用的便是 Internet。

Internet 是将属于 Internet 服务提供商（ISP）的网络相互连接搭建而成的。这些 ISP 网络相互连接，为世界各地数以百万计的用户提供接入服务。要确保通过这种多元化基础架构有效通信，需要采用统一的公认技术和协议，也需要众多网络管理机构相互协作。

6.2.2 按网络的交换方式分类

按交换方式来分类，计算机网络可以分为电路交换网、报文交换网和分组交换网 3 种。

1. 电路交换网

电路交换方式是在用户开始通信前，先申请建立一条从发送端到接收端的物理信道，并且在双方通信期间始终占用该信道。此方式类似于传统的电话交换方式。

2. 报文交换网

报文交换方式是把要发送的数据及目的地址包含在一个完整的报文内，报文的长度不受限制。报文交换采用存储—转发原理，每个中间节点要为途经的报文选择适当的路径，使其能最终到达目的端。此方式类似于古代的邮政通信，邮件由途中的驿站逐个存储转发一样。

3. 分组交换网

分组交换方式是在通信前，发送端先把要发送的数据划分为一个个等长的单位（即分组），这些分组逐个由各中间节点采用存储—转发方式进行传输，最终到达目的端。由于分组长度有限，可以比报文更加方便地在中间节点机的内存中进行存储处理，其转发速度大大提高。

6.2.3 按网络节点在网络中的地位分类

按照网络节点间的关系，网络可分为基于服务器的网络、对等网络和分布式网络。

1. 基于服务器的网络

如果构成计算机网络的计算机和设备，既有服务器又有客户机，那么这样的网络就称为基于服务器的网络。基于服务器的网络随着计算机网络服务的功能，经历了工作站/文件服务器、客户机/服务器和浏览器/服务器 3 种模式的发展。

2. 对等网络

在对等网络中，没有专用的服务器，网络中所有的计算机都是平等的。各台计算机既是客户机又是服务器，每台计算机分别管理自己的资源和用户，同时又可以作为客户机访问其他计算机的资源。

3. 分布式网络

分布式网络中任何一个节点都能和其他节点协同工作，分布式网络中没有“领导”。在UNIX 中的 Usenet 是一个常用的分布式网络，在 Internet 中可见到 Usenet。

6.2.4 按网络的所有者分类

1. 公有网

公有网一般是国家的邮电部门建造的网络。所有缴纳费用的用户都可以使用，如 CHINANET、CEERNET 等。

2. 专用网

专用网是某个部门为其特殊工作的需要而建造的网络，这种网络一般只为本单位的人员提供服务，如银行、铁路等系统的专用网。

6.3 计算机网络的拓扑结构

网络拓扑结构是指抛开网络电缆的物理连接来讨论的网络系统的连接形式，是指网络电缆构成的几何形状，它能从逻辑上表示出网络服务器、工作站的网络配置和互相之间的连接。网络拓扑结构按形状可分为：星形、环形、总线型、树形、总线型/星形以及网状拓扑结构。

6.3.1 星形拓扑结构

星形拓扑结构是以中央节点为中心，与各节点连接而组成的结构，中央节点执行集中式通信控制策略，各节点与中央节点通过点与点方式连接，因此中央节点相当复杂，负担也重，如图 6-1 所示。

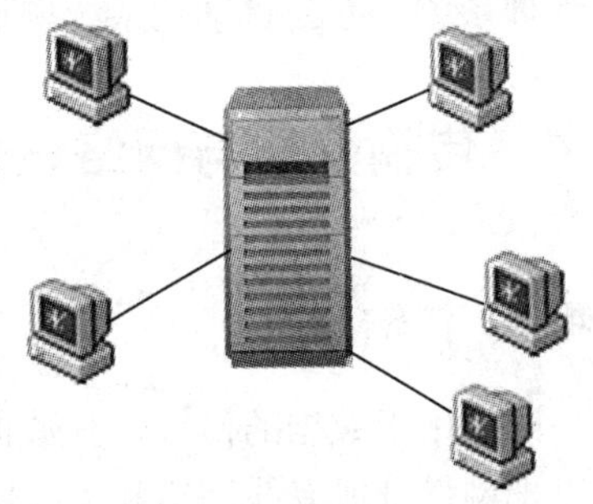

图 6-1　星形拓扑结构

以星形拓扑结构组网，其中任何两个站点要进行通信都要经过中央节点控制。中央节点主要功能有如下几个。

1）为需要通信的设备建立物理连接。

2）为两台设备通信过程中维持这一通路。

3）在完成通信或不成功时，拆除通道。

星形拓扑结构的优点有：网络结构简单，便于管理、集中控制，组网容易，网络延迟时间短，误码率低，其缺点有：网络共享能力较差，通信线路利用率不高，中央节点负担过重，容易成为网络的瓶颈，一旦出现故障则全网瘫痪。

6.3.2 环形拓扑结构

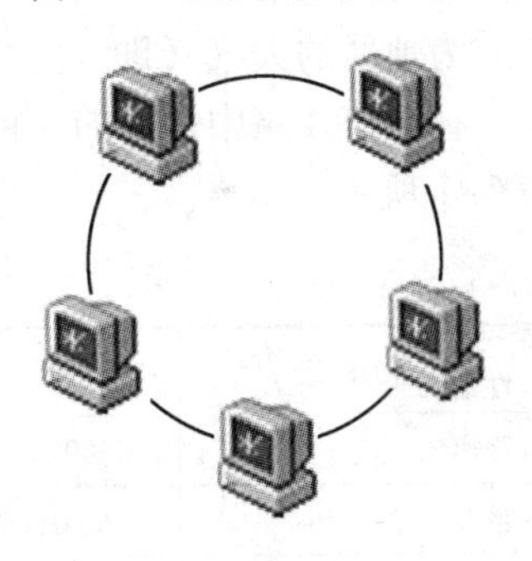

图 6-2　环形拓扑结构

环形网中各节点通过环路接口连在一条首尾相连的闭合环形通信线路中，如图 6-2 所示。环路上任何节点均可以请求发送信息，请求一旦被批准，便可以向环路发送信息。环形网中的数据可以是单向也可是双向传输。由于环线公用，一个节点发出的信息必须穿越环中所有的环路接口，信息流中目的地址与环上某节点地址相符时，信息被该节点的环路接口所接收，然后信息继续流向下一环路接口，一直流回到发送该信息的环路接口节点为止。

环形网的优点有：信息在网络中沿固定方向流动，两个节点间仅有唯一的通路，大大简化了路径选择的控制；某个节点发生故障时，可以自动旁路，可靠性较高。其缺点有：由于信息是串行穿过多个节点环路接口，当节点过多时，影响传输效率，使网络响应时间变长；由于环路封闭故扩充不方便。

6.3.3 总线型拓扑结构

用一条称为总线的中央主电缆，将相互之间以线性方式连接的工站连接起来的布局方式，称为总线型拓扑结构，如图6-3所示。

在总线型结构中，所有网上微机都通过相应的硬件接口直接连在总线上，任何一个节点的信息都可以沿着总线向两个方向传输扩散，并且能被总线中任何一个节点所接收。由于其信息向四周传播，类似于广播电台，故总线网络也被称为广播式网络。总线有一定的负载能力，因此，总线长度有一定限制，一条总线也只能连接一定数量节结点。

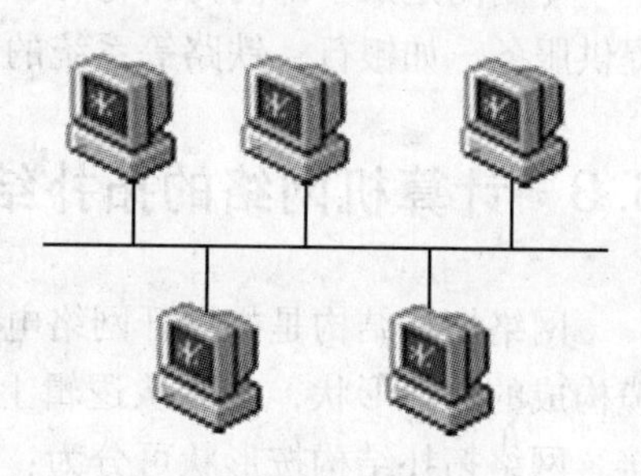

图6-3 总线型拓扑结构

总线拓扑结构的特点有：结构简单灵活，非常便于扩充；可靠性高，网络响应速度快；设备量少、价格低、安装使用方便；共享资源能力强，非常便于广播式工作，即一个节点发送所有节点都可接收。

总线型拓扑结构是目前使用最广泛的结构，也是最传统的一种主流网络结构，适合于信息管理系统、办公自动化系统领域的应用。

6.4 传输介质与网络设备

6.4.1 传输介质

网络用于数据的传输，其数据传输必须依赖于某种介质来进行。按照连接方式的不同，可以把网络分成有线网络和无线网络两大类。

在有线网络中，介质可为铜缆（传送电信号）或光缆（传送光信号）；在无线网络中，介质为地球的大气（即太空），而信号为微波。

在通信线路中常用的几种传输介质具有不同的电气特性，可用于不同的场合中使用，如表6-1所示。

表6-1 几种传输介质的性能比较

介质 性能	双绞线	同轴电缆基带	同轴电缆宽带	光纤	无线介质
距离	<300 m	<2.5 km	<100 km	<100 km	不受限
带宽	<6 MHz	<100 MHz	<300 MHz	<300 GHz	400 ~ 500 MHz
抗干扰	较差	高	高	很高	差

（续）

性能＼介质	双绞线	同轴电缆基带	同轴电缆宽带	光　纤	无线介质
安装难度	中等	易	易	中等	易
安全性	一般	好	好	最好	差
对噪声敏感度	敏感	较不敏感	较不敏感	不敏感	中
经济性	便宜	较便宜	中	贵	中

6.4.2　传输介质的选择

在普通的计算机网络中，对传输介质的选择，一般考虑网络结构、实际需要的通信容量、网络的可靠性要求和价格要求。

1）双绞线的显著特点是价格便宜，但信道带宽较窄，对于低速通信的局域网来说是最佳选择。

2）同轴电缆抗干扰性强，但价格高于双绞线，当在局域网中需要连接大量设备并通信容量要求较大时，可以选择同轴电缆。

3）光纤具有信道带宽宽、传输速率高、体积小、重量轻、衰减少、误码率低、抗干扰性强等优点，随着光纤成本的降低，它的应用将越来越普遍。

6.4.3　网络互连设备

网络互连通常是指将不同的网络或相同的网络用互连设备连接在一起而形成一个范围更大的网络。网络互连中常用的设备有路由器、集线器和交换机等，下面分别进行介绍。

1. 路由器

路由器是互联网的枢纽，路由器是用来实现路由选择功能的一种媒介系统设备。所谓路由，是指通过相互连接的网络把信息从源地点移动到目标地点的活动，如图 6-4 所示。路由器的一个作用是连通不同的网络，另一个作用是选择信息传送的线路。选择通畅快捷的近路，能大大提高通信速度，减轻网络系统通信负荷，节约网络系统资源，提高网络系统畅通率，从而让网络系统发挥出更大的效益来。

2. 集线器

集线器（HUB）是对网络进行集中管理的最小单元，像树的主干一样，它是各分枝的汇集点，如图 6-5 所示。HUB 是一个共享设备，其实质是一个中继器，而中继器的主要功能是对接收到的信号进行再次放大，以扩大网络的传输距离。

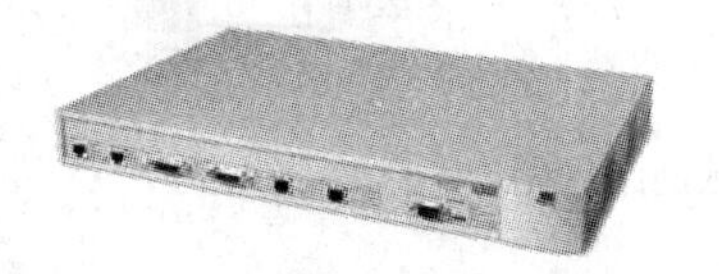

图 6-4　路由器

图 6-5　集线器

HUB 主要用于共享网络的组建，是解决从服务器直接到桌面问题的最佳、最经济的方案。在交换式网络中，HUB 直接与交换机相连，将交换机端口的数据送到桌面。使用 HUB 组网灵活，它处于网络的一个星形节点，对节点相连的工作站进行集中管理，不让出问题的工作站影响整个网络的正常运行，并且用户的加入和退出也很自由。依据总线带宽的不同，HUB 分为 10 Mbit/s、100 Mbit/s 和 10/100 Mbit/s 自适应 3 种。

3. 交换机

图 6-6　交换机

交换机是连接各类服务器及终端并负责它们之间数据接收和转发的设备，如图 6-6 所示。交换机提供了很多网络互连功能，能经济地将网络分成小的冲突网域，为每个工作站提供更高的带宽。

6.5 局域网组建与 Internet

6.5.1 局域网的软件和硬件构成

局域网的覆盖面和规模较小，其基本软件和硬件包括以下部分，其结构如图 6-7 所示。

- 服务器：有网络资源、能提供网络服务的计算机网络节点。
- 客户机：没有网络资源、不能提供网络服务的计算机。
- 对等机：各台计算机既是客户机又是服务器，每台计算机分别管理自己的资源和用户，同时又可以作为客户机访问其他计算机的资源。
- 网络设备：主要指硬件设备，如网卡、交换机、集线器和路由器等。
- 通信介质：局域网中常用的通信介质，如电缆、双绞线、光纤等。
- 操作系统和协议：提供网络服务的网络操作系统（NOS）和通信规则（即通信协议，如 TCP/IP 协议）。

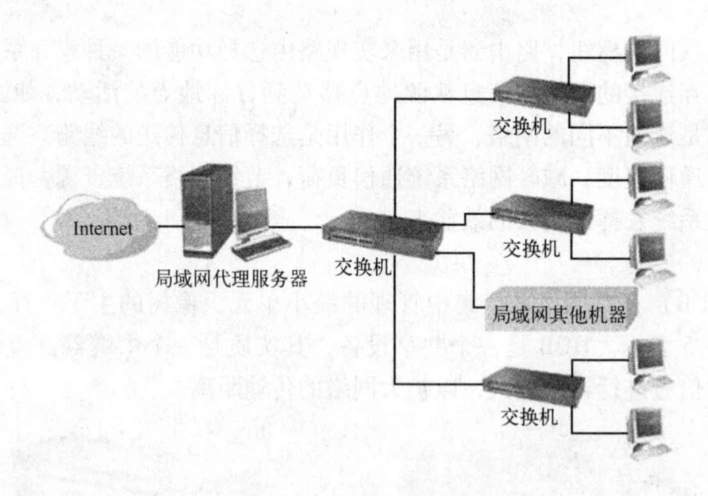

图 6-7　局域网结构图

6.5.2 设备的安装和连接

1. 在计算机中安装网卡

- 网卡要求：一个 RJ45 口，10/100 Mbit/s 自适应以太 PCI 即插即用网卡。

● 网卡安装：在关机的情况下，拆开机箱，将 PCI 网卡插入主板的 PCI 插槽，固定后把机箱盖合上。

2. 网线的制作

网线制作需要双绞线和 RJ45 水晶接头两种材料。网线的制作步骤如下。

1）首先利用压线钳的剪线刀口剪裁出计划需要使用到的双绞线长度。

2）把双绞线的灰色保护层剥掉，可以利用压线钳的剪线刀口将线头剪齐，再将线头放入剥线专用的刀口，稍微用力握紧压线钳慢慢旋转，让刀口划开双绞线的保护胶皮。

剥除灰色的塑料保护层之后即可见到双绞线网线的 4 对 8 条芯线，并且可以看到每对的颜色都不同。每对缠绕的两根芯线是由一种染有相应颜色的芯线加上一条只染有少许相应颜色的白色相间芯线组成。4 条全色芯线的颜色为：棕色、橙色、绿色、蓝色。每对线都是相互缠绕在一起的，制作网线时必须将 4 个线对的 8 条细导线逐一解开、理顺、扯直，然后按照规定的线序排列整齐。

双绞线的连接方法主要有两种，分别为直通线缆和交叉线缆，如表 6-2 和表 6-3 所示。简单地说，直通线缆就是水晶头两端都同时采用 T568A 标准或者 T568B 标准的接法；而交叉线缆则是水晶头一端采用 T586A 标准制作，另一端则采用 T568B 标准制作，即 A 水晶头的 1、2 脚对应 B 水晶头的 3、6 脚，而 A 水晶头的 3、6 脚对应 B 水晶头的 1、2 脚。

表 6-2　直通线缆的制作方法

RJ45 接头引脚	1	2	3	4	5	6	7	8
双绞线一端的颜色排序	蓝白	蓝	橙白	橙	绿白	绿	棕白	棕
双绞线另一端的颜色排序	蓝白	蓝	橙白	橙	绿白	绿	棕白	棕

表 6-3　交叉线缆的制作方法

RJ45 接头引脚	1	2	3	4	5	6	7	8
双绞线一端的颜色排序	蓝白	蓝	橙白	橙	绿白	绿	棕白	棕
双绞线另一端的颜色排序	橙白	绿	蓝白	橙	绿白	蓝	棕白	棕

不同的双绞线连接方法用于不同的场合。具体说来，同种设备相连用交叉线，不同设备相连用直通线，如表 6-4 所示。

表 6-4　设备连接和双绞线类型使用情况

设备连接情况	双绞线类型使用
PC—PC（机对机）	交叉线缆
PC—集线器 HUB	直通线缆
集线器 HUB—集线器 HUB（普通口）	交叉线缆
集线器 HUB—集线器 HUB（级联口—级联口）	交叉线缆
集线器 HUB—集线器 HUB（普通口—级联口）	直通线缆
集线器 HUB—交换机	交叉线缆
集线器 HUB（级联口）—交换机	直通线缆
交换机—交换机	交叉线缆
交换机—路由器	直通线缆
路由器—路由器	交叉线缆

3）把线缆依次排列好并理顺压直之后，利用压线钳的剪线刀口把线缆顶部裁剪整齐。需要注意的是，裁剪时应水平方向插入，否则线缆长度不一会影响到线缆与水晶头的正常接触。若之前把保护层剥下过多的话，可以在这里将过长的细线剪短，保留的去掉外层保护层的部分约为15 mm左右，这个长度正好能将各细导线插入到各自的线槽。如果该段留得过长，一是会由于线对不再互绞而增加串扰；二是会由于水晶头不能压住护套而可能导致电缆从水晶头中脱出，造成线路的接触不良甚至中断。

4）把整理好的线缆插入水晶头内。需要注意的是，要将水晶头有塑造料弹簧片的一面向下，有针脚的一方向上，使有针脚的一端指向远离自己的方向，有方型孔的一端对着自己。此时，最左边的是第1脚，最右边的是第8脚，其余依次顺序排列。插入的时候需要注意缓缓地用力把8条线缆同时沿RJ 45口内的8个线槽插入，一直插到线槽的顶端。

5）最后一步是压线可以把水晶头插入压线钳的槽内用力握紧线钳，听到轻微的“啪”一声即可，这样使得水晶头凸出在外面的针脚全部压入水晶头内。

3. 设备连接

用计算机和HUB（或交换机）来组建局域网（可采用星形结构），将做好的双绞线一端插入计算机网卡的RJ45接口，另一端插入HUB（或交换机）的RJ45接口中即可。当然也可以通过直通或交叉双绞线把HUB（或交换机）连接起来形成更大的局域网。

6.5.3 网络软件安装

1. 网卡驱动安装

用鼠标右键单击“我的电脑”图标，选择“属性”命令，在弹出的对话框中单击“硬件”标签，然后单击“设备管理器”按钮，打开设备管理器，如图6-8所示。

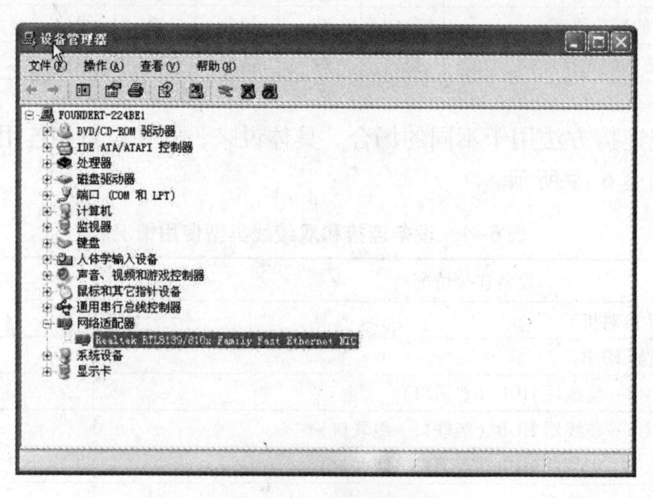

图6-8 设备管理器

选择“网络适配器”中的网卡，双击打开网卡配置窗口安装驱动程序，如图6-9和图6-10所示。

图 6-9　驱动程序窗口

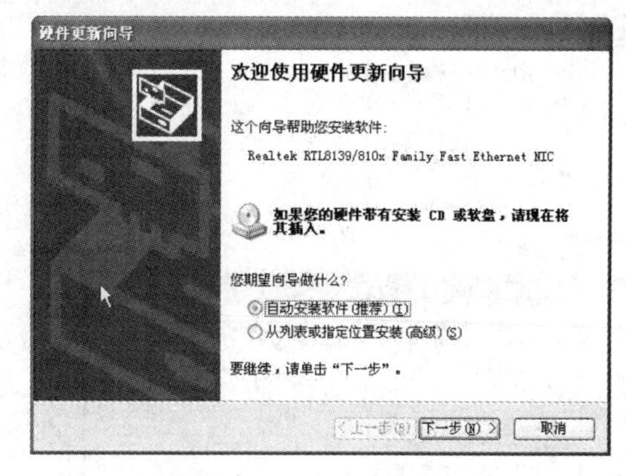

图 6-10　网卡驱动程序安装

2. 添加网络协议和设置 IP 地址

1）用鼠标右键单击“网上邻居”图标，选择“属性”命令，打开网络连接。用鼠标右键单击“本地连接”图标，打开“本地连接属性”对话框，如图 6-11 所示。

2）选择“此连接使用下列项目”列表中的“Internet 协议（TCP/IP）”选项，单击“安装”按钮，出现如图 6-12 所示的“选择网络组件”对话框。

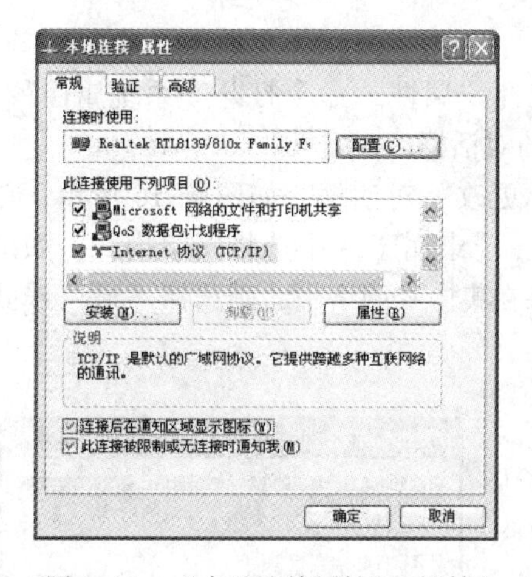

图 6-11　“本地连接属性”对话框

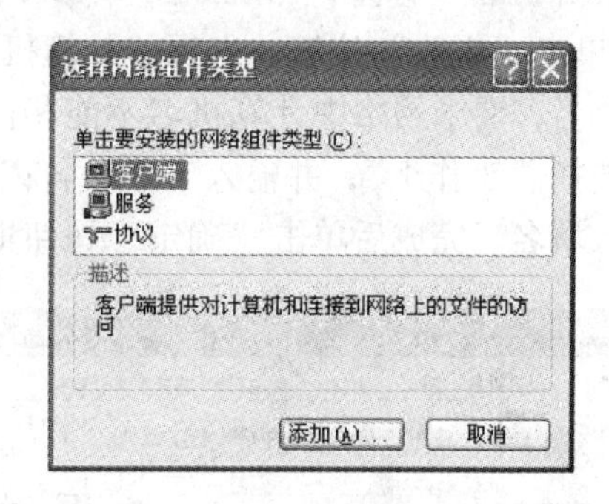

图 6-12　“选择网络组件”对话框

3）选择“协议”选项，单击“添加”按钮，出现如图 6-13 所示的“选择网络协议”对话框。

4）选择一项协议（如 IPX/SPX），单击“确定”按钮，在“本地连接属性”对话框中将出现该协议，单击“关闭”按钮，完成协议的添加。

要想设置 IP 地址，则打开“本地连接属性”对话框，选择“此连接使用下列项目”列表中的“Internet 协议（“TCP/IP 协议”）”选项，然后单击“属性”按钮出现如图 6-14 所示的“Internet 协议（TCP/IP）协议属性”对话框。其中有两种 IP 地址设置方式：自动获取 IP 地址和手动设置 IP 地址，使用自动获取 IP 地址时计算机网络中的各计算机的 IP 地址是由 DHCP 服务器来自动分配；对服务器或网络需要静止的 IP 地址时应该使用固定 IP 地址，这里要选择“使用下面的 IP 地址”，输入 IP 地址、子网掩码、DNS 服务器地址，单击“确定”按钮即可。

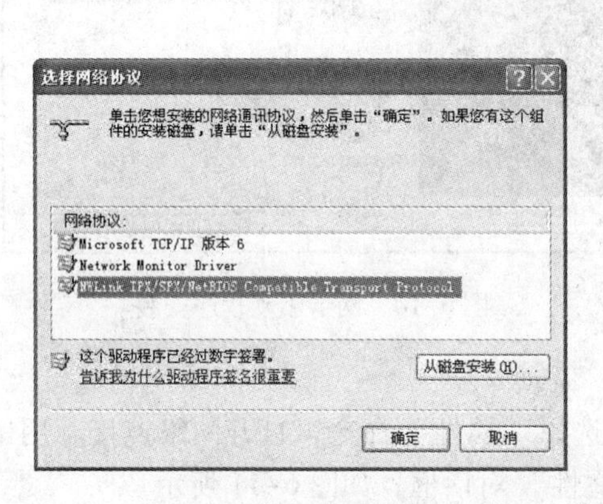

图 6-13　“选择网络协议”对话框

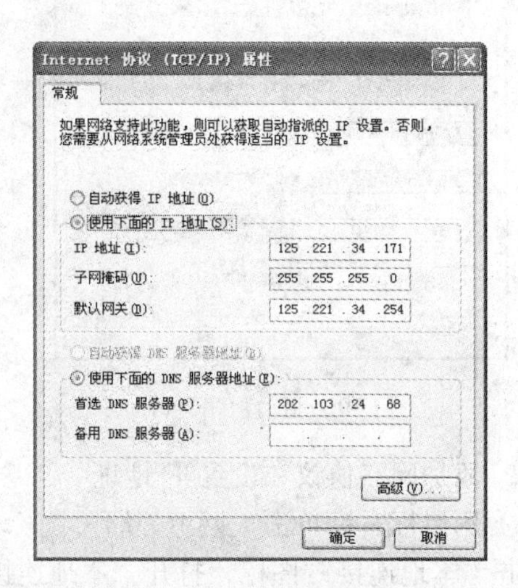

图 6-14　“Internet 协议（TCP/IP）协议属性”对话框

3. 设置网络标识

1）用鼠标右键单击“我的电脑”图标，选择“属性”命令打开“系统属性”对话框，单击“计算机名”标签，出现如图 6-15 所示的对话框。

2）单击“更改”按钮，出现“计算机名称更改”对话框，如图 6-16 所示，在其中输入计算机名，要求网络中计算机名不能相同。在“隶属于”中选择网络模式，如果在对等网中可选择“工作组”，并输入工作组名；如果在集中式网络中，则选择“域”模式，并在其中输入域名。完成后单击“确定”按钮即可。

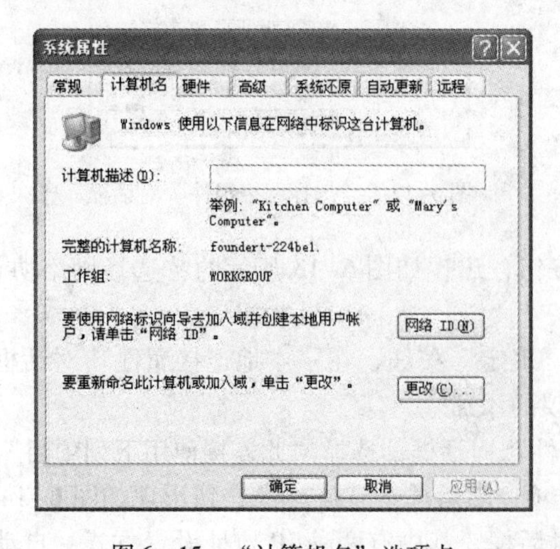

图 6－15　“计算机名”选项卡

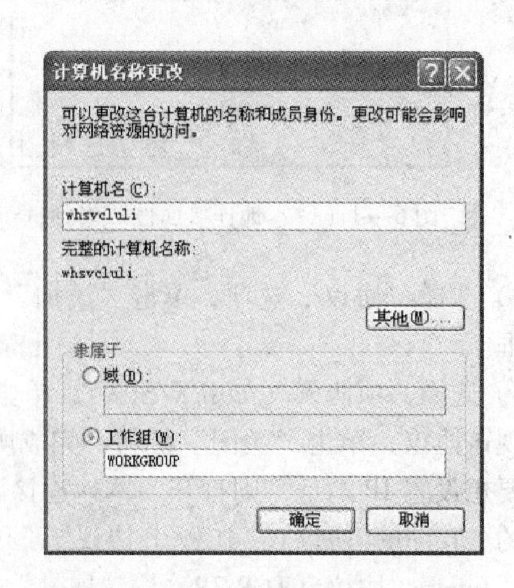

图 6-16　“计算机名称更改”对话框

6.5.4 连通性检测

1. 用 ipconfig 命令检查网络设置

选择“开始”→“运行”命令，输入“command”，如图 6-17 所示。运行 command 命令进入命令行方式，然后用 ipconfig 命令检测计算机的网络设置情况，运行结果如图 6-18 所示。

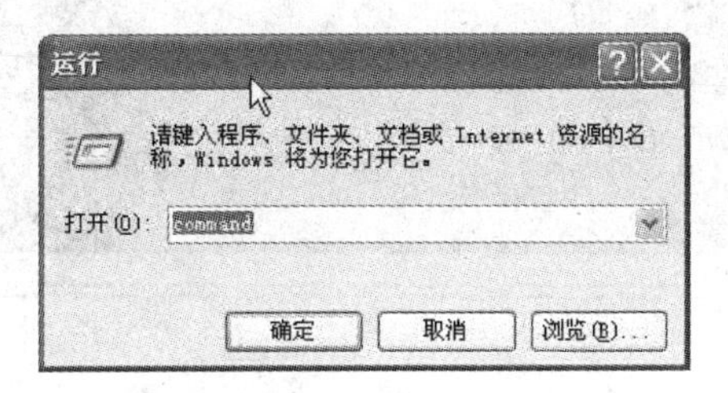

图 6-17　运行 command 命令

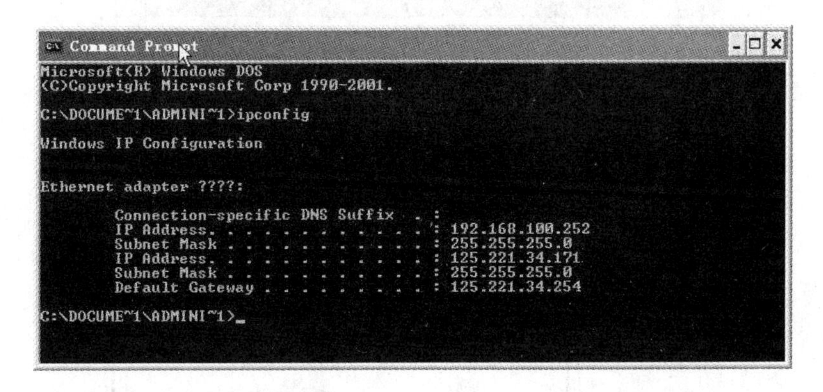

图 6-18　运行结果

2. 用 ping 命令检查网络是否连通

ping 命令是测试网络连通最重要的命令，它通过发送数据包到指定的计算机，再由对方的计算机将该数据包返回来判断网络的连通性。ping 命令的格式是在 ping 之后加上对方计算机的 IP 地址即可，如图 6-19 所示，测试结果如图 6-20 所示。

图 6-19　ping 命令的格式

3. 在“网上邻居”的“查看工作组计算机”中查寻

打开“网上邻居”选择“网络任务”中的“查看工作组计算机”选项，如果在右边的“Workgroup”文件夹中能找到设置网络标识的计算机名，则证明计算机已经连通，如图 6-21 所示。

```
C:\WINDOWS\system32\cmd.exe
Microsoft Windows XP [版本 5.1.2600]
(C) 版权所有 1985-2001 Microsoft Corp.

C:\Documents and Settings\Administrator>ping 125.221.34.254

Pinging 125.221.34.254 with 32 bytes of data:

Reply from 125.221.34.254: bytes=32 time<1ms TTL=255
Reply from 125.221.34.254: bytes=32 time<1ms TTL=255
Reply from 125.221.34.254: bytes=32 time<1ms TTL=255
Reply from 125.221.34.254: bytes=32 time<1ms TTL=255

Ping statistics for 125.221.34.254:
    Packets: Sent = 4, Received = 4, Lost = 0 (0% loss),
Approximate round trip times in milli-seconds:
    Minimum = 0ms, Maximum = 0ms, Average = 0ms

C:\Documents and Settings\Administrator>_
```

图 6-20　测试结果

图 6-21　“Workgroup” 文件夹

6.5.5　Internet 接入

1. Internet 接入方式

Internet 接入方式主要有拨号上网、使用 ISDN 专线入网、使用 ADSL 宽带入网、使用 DDN 专线入网、使用帧中继方式入网以及局域网接入 6 种。

(1) 拨号上网

拨号上网是指通过电话拨号的方式接入 Internet，但是用户的计算机与接入设备连接时，该接入设备不是一般的主机，而是称为接入服务（Access Server）的设备，同时在用户计算机与接入设备之间的通信必须用专门的通信协议，如 SLIP（串行线路互连协议）或 PPP（点对点通信协议）。

拨号上网的特点是：投资少，适合一般家庭及个人用户使用；速度慢，因为其受电话线及相关接入设备的硬件条件限制，一般在 56 kbit/s 左右。

(2) ISDN 专线接入

ISDN 专线接入又称为一线通、窄带综合业务数字网业务（N-ISDN），它是在现有电话网上开发的一种集语音、数据和图像通信于一体的综合业务形式。

一线通利用一对普通电话线即可得到综合电信服务，如边上网边打电话、边上网边发传真、两部计算机同时上网、两部电话同时通话等。通过 ISDN 专线上网的特点是：方便，速度快，最高上网速度可达到 128 kbit/s。

(3) ADSL 宽带接入

ADSL 即不对称数字线路技术，是一种不对称数字用户线实现宽带接入互联网的技术，它利用铜线资源，在一对双绞线上提供上行 640 kbit/s、下行 8 Mbit/s 的宽带，从而实现了真正意义上的宽带接入。

ADSL 宽带入网的特点是：与拨号上网或 ISDN 相比，减轻了电话交换机的负载，不需要拨号，属于专线上网，不需另缴电话费。

(4) DDN 专线入网

DDN 即数字数据网，是利用数字传输通道（光纤、数字微波、卫星）和数字交叉复用节点组成的数字数据传输网，可以为用户提供各种速率的高质量数字专用电路和其他新业务，以满足用户多媒体通信和组建中高速计算机通信网的需要。

DDN 专线的特点是：采用数字电路，传输质量高，时延小，通信速率可根据需要选择；电路可以自动迂回，可靠性高。

(5) 帧中继方式入网

帧中继是在分组技术基础上用简化的方法传送和交换数据单元的一种技术。通过帧中继方式入网需申请帧中继电路，配备支持 TCP/IP 协议的路由器，用户必须有 LAN（局域网）或 IP 主机，同时需申请 IP 地址和域名。入网后用户网上的所有工作站均可享受 Internet 的所有服务。

帧中继方式上网的特点是：通信效率高，租费低，适用于 LAN 之间的远程互连，传输速率在 9600 bit/s ~ 2048 kbit/s 之间。

(6) 局域网接入

局域网接入就是把用户的计算机连接到一个与 Internet 直接相连的局域网上，并且获得一个永久属于用户计算机的 IP 地址。不需要 Modem 和电话线，但是需要有网卡才能与 LAN 通信。同时要求用户计算机软件的配置要求比较高，一般需要专业人员为用户的计算机进行配置，计算机中还应配有 TCP/IP 软件。

局域网接入的特点是：传输速率高，对计算机配置要求高，需要有网卡，并需要安装配有 TCP/IP 的软件。

2. ADSL 宽带接入的设置与使用

(1) 安装 ADSL 线路及设备

ADSL 服务需要向 ISP（网络运营商）申请，在原有的电话线上进行跳线，建立 ADSL 线路和 ADSL 节点。

(2) ADSL 硬件安装

将 ISP 提供的电话线接入滤波分离器的 LINE 接口，将电话接入 PHONE 接口，电话就可以使用了；在计算机中安装好网卡和驱动程序。

用准备好的另一根电话线从滤波分离器的 Modem 接口连接到 ADSL Modem 的 ADSL 接口，再用双绞线把网卡和 ADSL Modem 的 RJ45 接口连接，最后接上电源。

（3）安装和配置虚拟拨号软件 PPPoE

在 EnterNet 300 文件夹中双击 setup. exe 文件，安装 EnterNet 300。安装后，双击桌面上“EnterNet 300”图标，弹出 EnterNet 300 配置窗口，如图 6-22 所示。

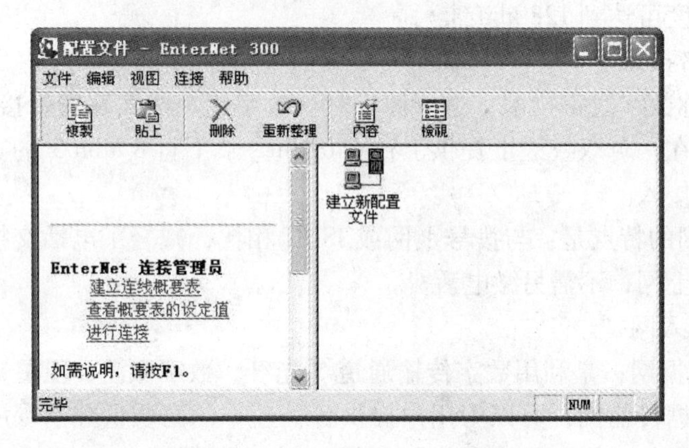

图 6-22　EnterNet 300 配置窗口

在 EnterNet 300 配置窗口中，双击“建立新配置文件”图标，弹出如图 6-23 所示的对话框。在对话框中输入 ADSL 连接名，如“adsl”，然后单击“下一步”按钮，弹出如图 6-24 所示的对话框。

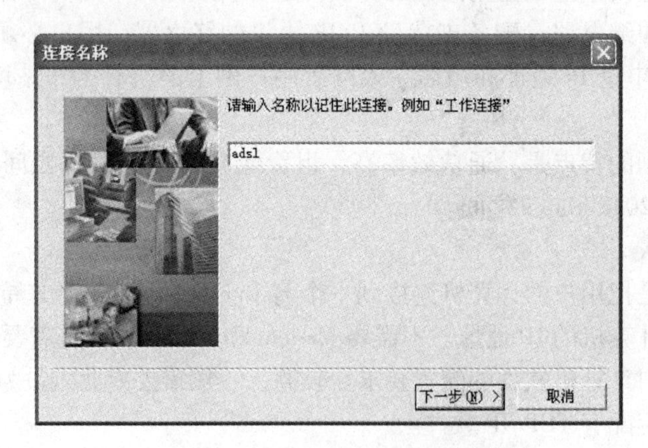

图 6-23　输入 ADSL 连接名

在弹出的对话框中输入 ADSL 拨号正确的用户名和密码，用户名和密码是由 ISP 提供，密码输入两次，单击“下一步”按钮，在弹出的对话框中继续单击“下一步”按钮，在“服务”对话框中选择相应的服务器（服务器名称由 ISP 提供），然后单击“下一步”按钮。最后在“完成连接”对话框中单击“完成”按钮，即完成虚拟拨号软件设置。

（4）拨号连接

当需要上 Internet 时，双击新图标“adsl”，打开 ADSL 连接，再单击“连接”按钮，呼叫建立成功后，在计算机状态栏会出现双计算机小图标，表示连接成功。

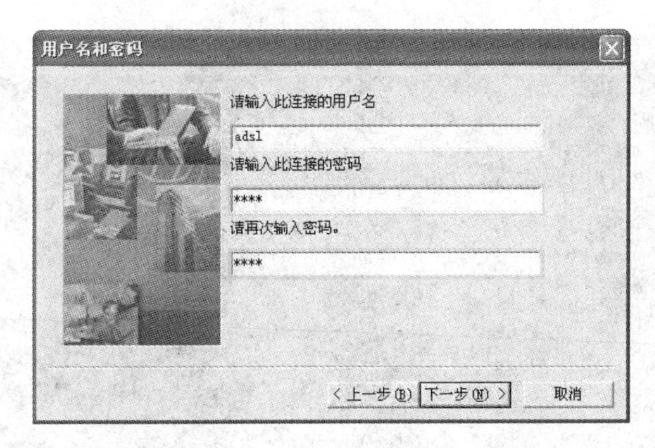

图 6-24 输入 ADSL 拨号的用户名和密码

6.6 有问有答

问：如何才能判断局域网中两台计算机是否连接？

答：在“运行”中输入“cmd”，然后在 DOS 命令行中输入“ping”命令加对方计算机 IP 地址即可。

如果连通，其结果如图 6-25 所示。

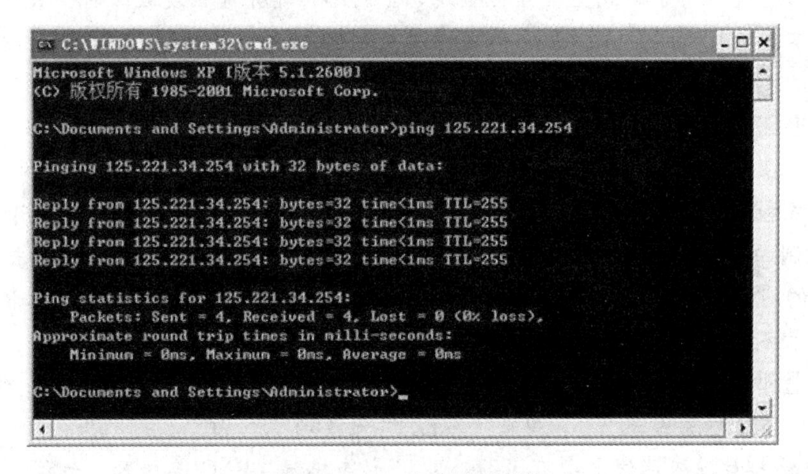

图 6-25 ping 命令连通结果

如果不连通，其结果如图 6-26 所示。

问：局域网中计算机都为 XP 系统，对方机器已经设置了共享，能 ping 通局域网内的其他机器，但却不能访问？

答：解决方法是：①装好协议；②启用 guest 账户；③关掉防火墙。

问：集线器在网络从 10 Mbit/s 升级到 100 Mbit/s 或新建一个 100 Mbit/s 的局域网时，局域网为什么无法正常工作？

答：在 100 Mbit/s 网络中只允许对两个 100 Mbit/s 的 HUB 进行级联，而且两个 10 Mbit/s HUB 之间的连接距离不能大于 5 m，所以 100 Mbit/s 局域网在使用 HUB 时最大距离为 205

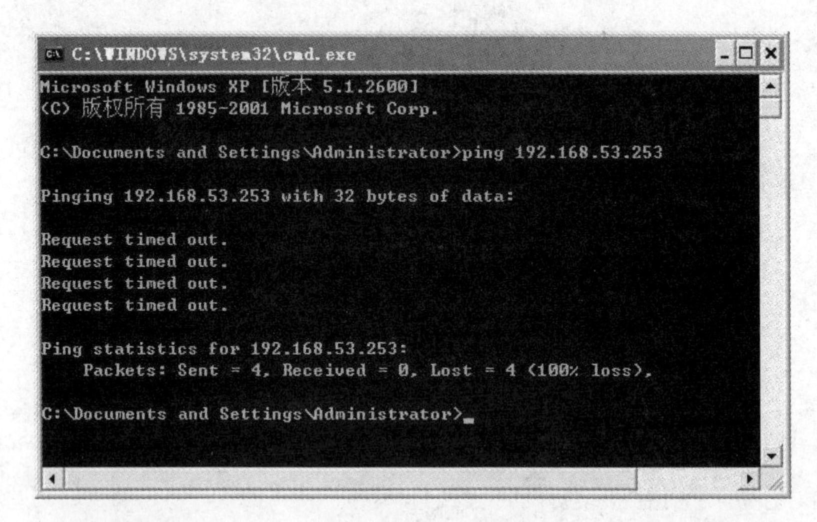

图 6-26 Ping 命令不连通结果

m。如果实际连接距离不符合以上要求，网络将无法连接。这一点一定要引起用户的足够重视，否则在用户规划网络时很容易造成严重的错误。

问：传输介质有哪些，怎么检查传输介质故障？

答：局域网中使用的传输介质主要有双绞线和细同轴电缆，双绞线一般用于星形网络结构的布线，而电缆多用于总线型结构的布线。当网络传输介质出现故障时，大多数情况下无法直接从它本身查找到故障点，而要借助于其他设备（如网卡、HUB 等）或操作系统来确定故障所在。

问：网上邻居中为何看不到任何用户名称？

答：如果在“网上邻居”中看不到任何用户的计算机名（包括本机的计算机名），请检查网卡的安装和设置是否正确。此时，用户可在 Windows 操作系统中选择“开始”→“设置”→“控制面板”→“系统”→“设备管理”，在列表框中找到网卡后单击“属性”按钮，在出现的对话框中看网卡与系统中的其他设备是否发生冲突，如果发生冲突则在“网上邻居”中看不到任何计算机的名称。

问：网上邻居中为什么能看到自己，却看不到别人？

答：有以下 3 种原因。

1）网线连接故障或网线本身有问题，即 T 形连接器、BNC 连接器、细缆、终端电阻器连接有问题，或是质量的问题。由于是总线型连接，网络连接中只要有一处出现问题，就会导致整个网络瘫痪。这时，可用隔离检查的办法来查找故障点。其办法是先连接两台计算机，看能否连通，如果能够连通，再接入靠近的另一台计算机，逐个检查下去，直到发现问题为止。

2）模块或交换机本身故障或连接问题。

3）TCP/IP 协议加载故障（看是否分配了内部 IP 地址和子网掩码）。

问：网上邻居中为什么能看到别人，却看不到自己？

答：在“控制面板”中选择“网络”→“文件及打印共享”，选中“允许其他用户访问我的文件”复选框即可。如无“文件及打印共享”，可选择“添加”→“服务”→“Microsoft 网络”→“文件与打印机共享”，重复前面的操作即可。

问：为什么无法通过局域网软件代理服务器（如 Wingate、Sygate）访问 Internet？

答：有以下 3 种原因。

1）服务器端代理软件问题。例如，相应服务端口被其他软件占用，可改变端口值解决；服务权限没给用户或者根本就没配置相应的服务或者限制某些服务，重新配置即可；代理软件过期或版本太低问题，则可上网下载高版本软件，对软件进行注册。

2）客户端浏览器本身有故障或配置不正确，可尝试其他的浏览器或重新配置；客户端软件过期或版本太低；客户端局域网连接故障，请参照前面的说明即可解决。

3）当前网络连接太慢，或者 Internet 上部分站点服务器相应服务提供不全或有故障。

6.7 习题

1. 按照覆盖的地理范围，计算机网络可以分为哪几种？
2. 建立计算机网络的主要目的是什么？
3. 最基本的网络拓扑结构有 3 种，它们是什么？
4. 在客户机—服务器交互模型中，客户和服务器分别是什么？
5. Internet 接入方式有哪几种，它们的特点是什么？
6. 如何才能判断局域网中两台计算机是否连接？

第7章　无线局域网的应用与安全

本章导读

本章介绍了无线局域网的基本知识、无线局域网设备、无线局域网的组建及其安全等知识。

学习目标

- 掌握：无线局域网络组建的方法
- 理解：无线局域网安全的意义
- 了解：无线局域网的特点及基本组成

7.1　无线局域网概述

7.1.1　无线局域网简介

无线局域网（Wireless Local Area Network，WLAN）是指以无线信道作为传输媒介的计算机局域网，是有线联网方式的重要补充和延伸，并逐渐成为计算机网络中一个至关重要的组成部分，它建网容易，使用灵活，广泛适用于需要可移动数据处理或无法进行物理传输介质布线的领域。

近年来，无线局域网的应用发展非常快，生活中越来越多的地方配备了无限局域网，如办公室、商场、机场、餐厅、旅馆、酒吧、家庭、学校校园网、企业园区等。在美国，几乎每所大学都布设了免费的无线局域网，无论是在教室、办公室、宿舍，还是校园的各处，都可以很方便地连接到校园网或者互联网。在我国，很多高校也建起了覆盖全校的无线局域网，无论在校园的任何位置，学生都可以进行网上选课、下载课件、查阅信息。

值得一提的是，无线局域网在家庭中的应用发展迅速。通常，家中只有一处对外连接的网络接口，通过无线局域网，免除了重新布线的烦恼，可以将家庭的各处变成随时随地上网的场所。

无线局域网的相关硬件包括无线接入点、无线网卡、无线路由器、无线网关、无线网桥等。

要了解无线局域网，首先得了解一下WiFi。WiFi是一个无线网络通信技术的品牌，由WiFi联盟（WiFi Alliance）所持有，其目的是改善基于IEEE 802.11标准的无线网络产品之间的互通性。WiFi通常被当成无线局域网，但实际上并不是每个无线局域网络产品都具有WIFI认证。。

根据无线网卡使用的标准不同，无线局域网传输的速度也有所不同。其中IEEE 802.11b最高为11 Mbit/s（部分厂商在设备配套的情况下可以达到22 Mbit/s），IEEE 802.11a为

54 Mbit/s、IEEE 802.11 g 也是 54 Mbit/s（也有增强型速度可以达到 108 Mbit/s）。

7.1.2 IEEE 802 标准

1. IEEE 802.11

该标准规定使用 2.4 GHz 附近的频段，其主要特性为：速度快，可靠性高，在开放性区域，通讯距离可达 305 m，在封闭性区域，通讯距离为 76 ~ 122 m，方便与现有的有线以太网络整合，组网的成本更低。

IEEE 802.11 是 IEEE 最初制定的无线局域网标准，主要用于难以布线的环境或移动环境中计算机的无线接入，由于其最高传输速率仍然有一定限制，只能达到 2 Mbit/s，所以，该标准主要被用于数据的存取。鉴于 IEEE 802.11 在传输速率和传输距离上都不能满足人们的需要，因此，IEEE 小组又相继推出了 IEEE 802.11b、IEEE 802.11a、IEEE 802.11g 三个新标准，现在市场上也有大量采用最新的 IEEE 802.11n 标准的产品。

2. IEEE 802.11b

IEEE 802.11b 工作于 2.4 GHz 频带，物理层支持 5.5 Mbit/s 和 11 Mbit/s 两个新速率。IEEE 802.11b 的传输速率可因环境干扰或传输距离而变化，在 11 Mbit/s、5.5 Mbit/s、2 Mbit/s、1 Mbit/s 之间切换，而且在 2 Mbit/s、1 Mbit/s 速率时与 IEEE 802.11 兼容。IEEE 802.11b 使用直接序列（Direct Sequence）DSSS 作为协议。它提供数据加密，使用的是高达 128 位的 WEP 一种加密标准。须要注意的是，IEEE 802.11b 和工作在 5 GHz 频率上的 IEEE 802.11a 标准不兼容。由于价格低廉，IEEE 802.11b 产品已经被广泛地投入市场，并在许多实际工作场所中运用。

3. IEEE 802.11a

IEEE 802.11a 工作在 5 GHz 频带，物理层速率可达 54 Mbit/s，传输层可达 25 Mbit/s。IEEE 802.11a 采用正交频分复用的独特扩频技术，可提供 25 Mbit/s 的无线 ATM 接口和 10 Mbit/s 的以太网无线帧结构接口，以及 TDD/TDMA 的空中接口，可支持语音、数据、图像业务。一个扇区可接入多个用户，每个用户可带多个用户终端。IEEE 802.11a 使用垂直频率划分多路复用传输列表来增大传输范围。数据加密可达 152 位 WEP。但是，IEEE 802.11a 芯片价格昂贵，空中连接能力不强，点对点连接很不经济。然而由于 IEEE 802.11a 的传输速率和有效传输距离均远远高于 IEEE 802.11b，所以在对宽带要求较高或者传输距离较远的场所，如楼宇之间的无线连接、远程网络连接等，IEEE802.11a 仍然是用户的首选。

4. IEEE 802.11g

2001 年 11 月 15 日，IEEE 批准了一种新技术 IEEE 802.11g。IEEE 802.11g 也工作于 2.4 GHz 频带，但传输速率可达 54 Mbit/s 甚至 108 Mbit/s，比现在通用的 IEEE 802.11b 要快出 5 倍以上，并且与前者完全兼容。由于 IEEF 802.11g 和 IEEE 802.11a 的设计有诸多相似之处，因此，设备供应商可以制造同时支持这两种标准的无线 PC 卡。该标准也是目前市场中最主流的标准之一，绝大多数无线网络产品都支持该标准。

5. IEEE 802.11n

IEEE 802.11n 是目前最新的无线网络标准之一，IEEE 组织尚未正式制定它的标准。但不少厂商已推出类似方案，并且市场上已经出现不少该产品。

在传输速率方面，IEEE 802.11n 可以将 WLAN 的传输速率由目前 IEEE 802.11a 及 IEEE

802.11g 提供的 54 Mbit/s、108 Mbit/s，增加到 300 Mbit/s 甚至 600 Mbit/s。它将 MIMO（多入多出）与 OFDM（正交频分复用）技术相结合而应用的 MIMO OFDM 技术，提高了无线传输质量，也使传输速率得到极大提升。

在覆盖范围方面，IEEE 802.11n 采用智能天线技术，通过多组独立天线组成的天线阵列，可以动态调整波束，保证让 WLAN 用户接收到稳定的信号，并可以减少其他信号的干扰。因此其覆盖范围可以扩大到好几平方公里，使 WLAN 移动性极大提高。

IEEE 802.11n 现在处于一种"标准滞后、产品早产"的尴尬境地。IEEE 802.11n 标准还没有得到 IEEE 的正式批准，但采用 MIMO OFDM 技术的厂商已经很多，包括 D-Link、Airgo、Bermai、Broadcom 以及杰尔系统、Atheros、思科、Intel 等，产品包括无线网卡、无线路由器等，而且已经大量在 PC、笔记本电脑中应用。

7.2 无线局域网设备

要组建一个无线局域网络，就需要无线网络设备。计算机通过无线网络设备连接起来，无线电波代替传统的双绞线，计算机之间通过无线电波传递数据。无线局域网络使使用者摆脱线缆的束缚，让信息传递更加自由。

目前小型无线网络中使用的设备主要有无线网卡、无线 AP（Access Point，无线接入点）和无线路由器 3 种。

7.2.1 无线网卡

无线网卡就是不通过有线连接，采用无线信号进行连接的网卡。无线网卡的作用、功能跟普通电脑网卡一样，用来连接计算机到局域网。它只是一个信号收发的设备，只有在找到接入互联网的出口时才能实现与互联网的连接。所有无线网卡只能局限在已布有无线局域网的范围内。

无线网卡需要安装在每台计算机上，用于实现与其他计算机的无线连接，它有外置与内置两大类型。外置无线网卡有的使用 USB 接口与计算机连接，有的则使用 PCMCIA 等接口，如图 7-1 所示；内置无线网卡大多采用 PCI 接口，如图 7-2 所示。

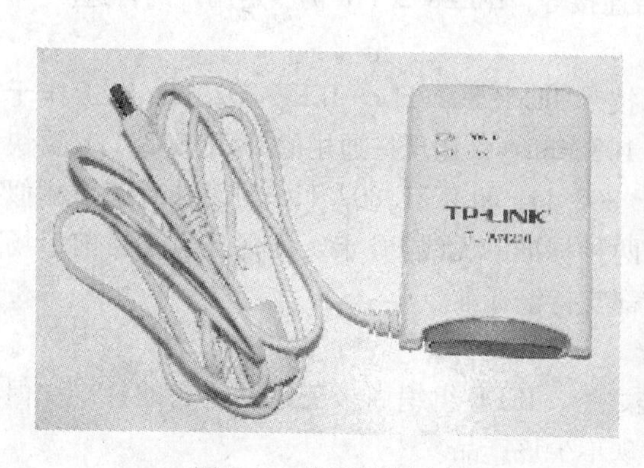

图 7-1 外置无线网卡

图 7-2 内置无线网卡

随着Intel迅驰移动计算技术的推广，越来越多的用户接触到了无线局域网。每一台迅驰笔记本电脑上都安装有一块无线网卡，这种推广方式，使得无线网络很快走向大众。现在，随着无线网络设备价格的不断下降与性能的不断提升，越来越多的网络用户开始考虑或已经组建了无线局域网。

7.2.2 无线AP

无线AP也称为无线接入点，其作用类似于以太网络中的集线器，用于信号的放大以及无线网与有线网的通信，如图7-3所示。只有在无线AP可以覆盖的区域内，进行适当的设置，才能连接无线网络。

图7-3 无线AP

7.2.3 无线路由器

无线路由器是带有无线覆盖功能的路由器，习惯称为无线Modem，类似于继承有以太网端口的宽带路由器，除了可以用于连接无线网卡以外，还可以实现无线局域网的Internet连接共享，如图7-4所示。

图7-4 无线路由器

如果把无线网卡比作是接收器的话，无线路由器就是发射器，它是通过接入有线的Internet，再将信号转化为无线的信号发射出去，由无线网卡接收。

7.3 无线局域网的组建

组建一个无线局域网络，需要无线网卡、无线AP或无线路由器。下面以一台无线路由器以及3台计算机为例，说明如何组建一个无线局域网。使用设备为D-LINK 624和A无线路由器1台，以及装有无线网卡的笔记本电脑3台。

1）首先给无线路由器接通电源，使无线路由器开始工作。将一台计算机通过双绞线和路由器连接。

2）用双绞线将计算机的网卡和无线路由器后面的一个LAN接口连接好后，将计算机的IP地址设为自动获得。在计算机的浏览器中输入无线路由器的默认IP地址——192.168.0.1，进入无线路由器的Web设置页面，如图7-5所示。

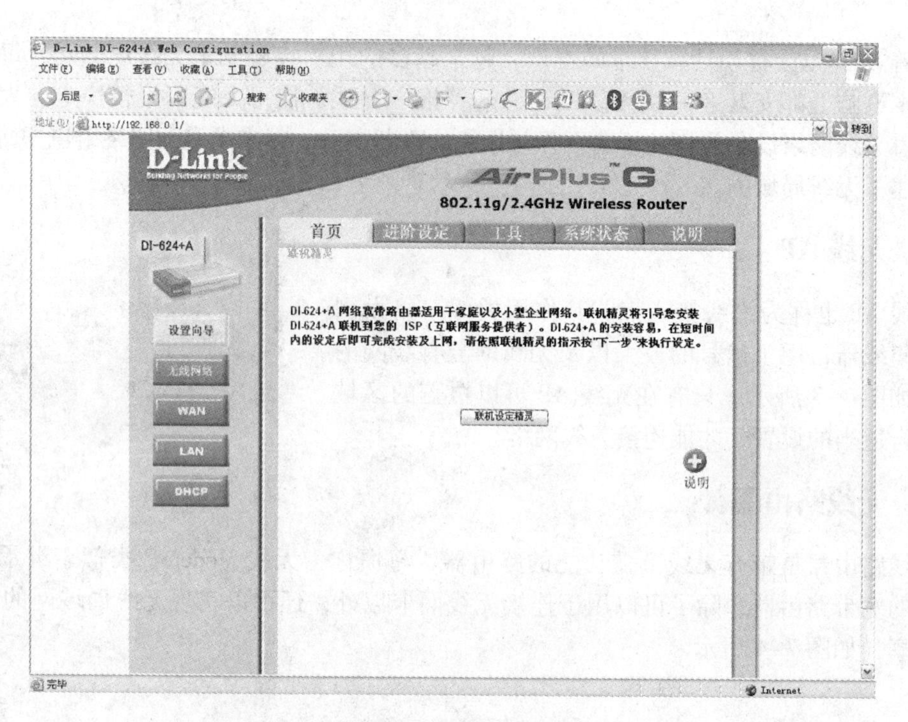

图 7-5　无线路由器的 Web 设置页面

3）单击左侧的“无线网络”按钮进入无线网络设置页面，如图 7-6 所示。

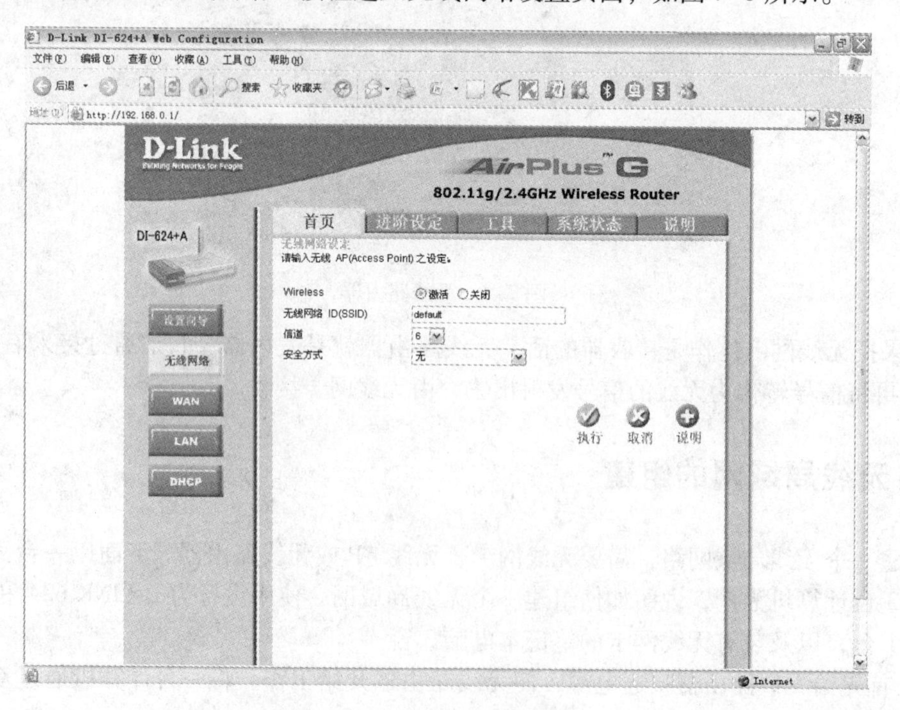

图 7-6　无线网络设置页面

在“Wireless”中选择“激活”单选项，打开无线网络功能。“无线网络 ID（SSID）”是用于区分不同的无线网络而设置的，通常该项厂商都会默认设置一个名称，如这台无线路由器默认的 SSID 为“default”。一旦有计算机想加入这个无线网络，就需要将无线网卡的“SSID”值设为“default”。该值可以根据自己的情况来更改，不过一旦更改，整个无线网络里的无线网卡 SSID 值都要设置成最终更改的值。

“信道”用来防止多个无线宽带路由器（或无线 AP）之间产生相互干扰，通常只用到一个设备，因此此项按照默认设置即可。“安全方式”是用来保护整个无线网络的数据安全的加密方式，可以不设置，即选择为“无”。无线路由器的设置完毕。

4）启动装有无线网卡的计算机，打开无线网卡，开始搜索无线网络。系统会搜索到一个名为“default”的无线网络，双击这个网络图标，加入这个网络即可，如图 7-7 所示。

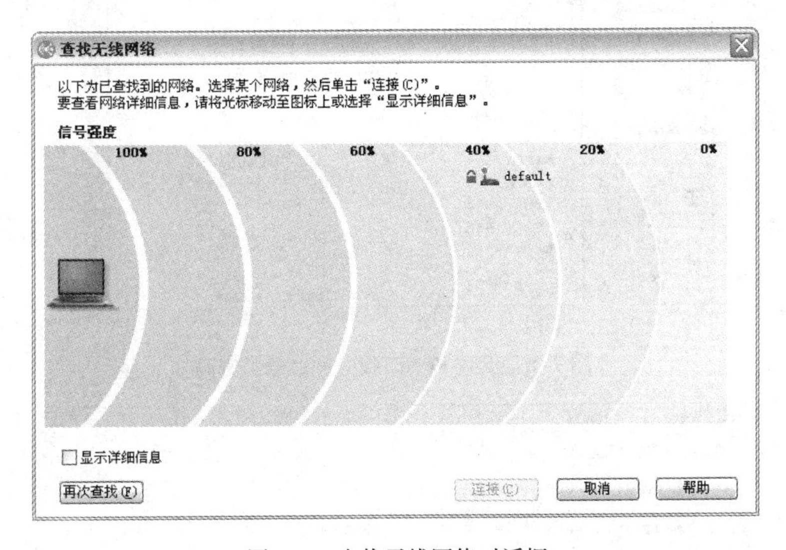

图 7-7　查找无线网络对话框

不同的无线网卡有不同的设置方式，但都会对“SSID”、“信道（Channel）”、加密方式以及无线网络类型等项进行设置。在设置无线网卡时，要将“SSID”和“信道”设为和无线路由器一样的值，并且要把网络类型设置为“Infrastructure（基础结构，即有 AP 或无线路由器）”。这样，一个无线局域网即组建完毕。

要想通过这台无线路由器共享 Internet 连接，只需将这台无线路由器接入 Internet 即可。如果使用的是 ADSL 接入 Internet 方式，将 ADSL Modem 通过双绞线连接到无线路由器的 WAN 接口。然后在路由器的 Web 设置页面“WAN”一栏中设置好 PPPoE 拨号的账号与密码即可，如图 7-8 所示。

这样，只要路由器接通电源，就自动命令 ADSL Modem 开始拨号上网，整个局域网中的计算机也可以访问 Internet 了。

有的用户没有无线路由器或是无线 AP，而只有两块无线网卡，则通过两块无线网卡也可以将两台计算机连接起来，共享文档传输文件。设置方法跟无线路由器相同，同样要设置好“SSID”以及“信道”等参数值；不同之处在于，只需对无线网卡进行设置，并将“连接类型”设置成“Ad-Hoc”，如图 7-9 所示。这是因为没有无线 AP 或无线路由器的网络模式（即对等网络），两台计算机只通过无线网卡连接。在使用时，还须将网卡的 IP 地址设置在同一网段下，从而共享文档、传输文件。

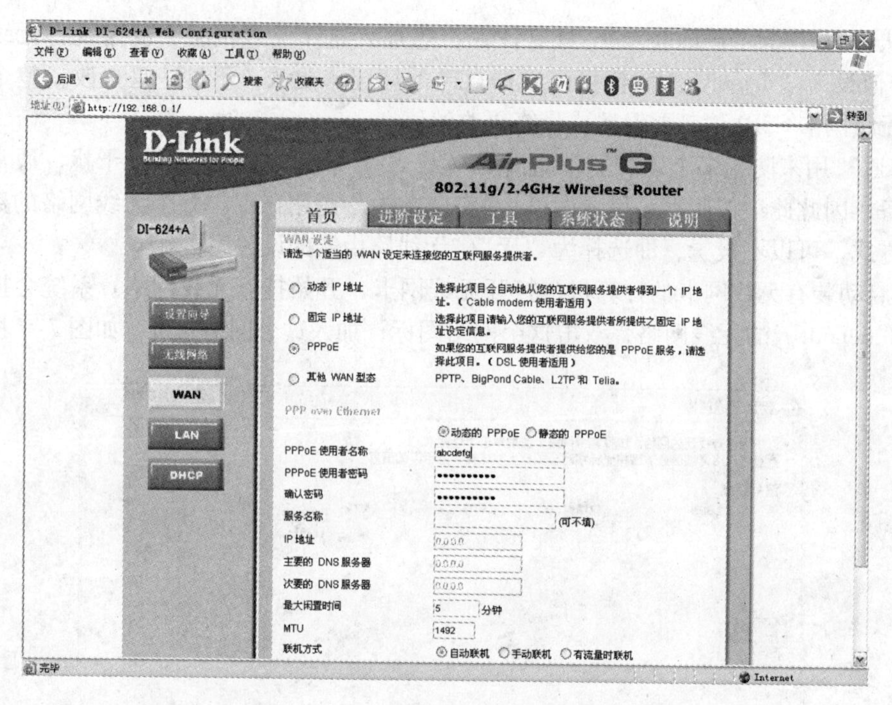

图 7-8　设置 PPPoE 拨号的账号与密码

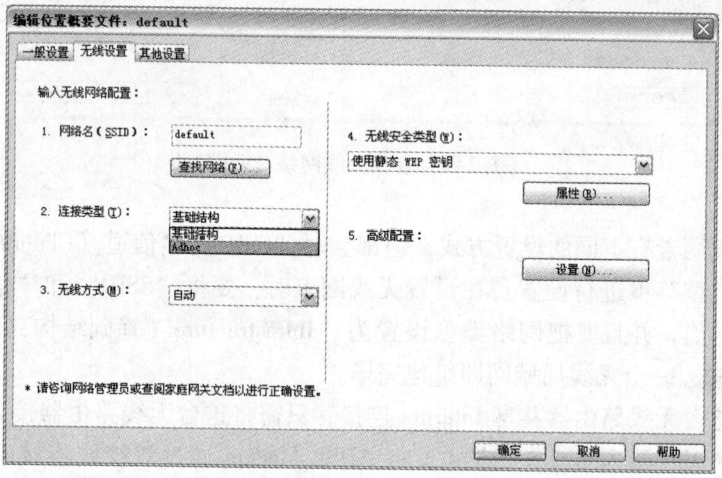

编辑位置概要文件：default

一般设置　无线设置　其他设置

输入无线网络配置：

1. 网络名（SSID）：default

查找网络（F）…

2. 连接类型（T）：基础结构

基础结构

Adhoc

3. 无线方式（M）：自动

4. 无线安全类型（W）：

使用静态 WEP 密钥

属性（R）…

5. 高级配置：

设置（N）…

* 请咨询网络管理员或查阅家庭网关文档以进行正确设置。

确定　取消　帮助

图 7-9　无线网卡设置

7.4　无线局域网的安全

第 7.3 节中设置的无线网络是没有加密的，也就是说，只要有信号任何人都可以搜索并加入到这个无线网络中来。这种无线网络的安全性非常低，所以，要通过采取一定得措施，来加强无线网络的安全性能。

一般来说，可以通过以下几种设置，使无线网络的安全性能大幅提高。以 D-Link 624 + A 无线路由器为例进行介绍。

1. 更改路由器管理员密码

很多用户在购买无线路由器后，只是按照说明书上的提示步骤组网完毕就不再进行其他设置，从而忽略了路由器的管理员 ID 和密码。一般所有的路由器都提供一个默认的用户 ID 和密码。这个密码是众所周知的，所以必须更改这个默认的密码。可以在路由器的安装设置页面中进行更改。首先在浏览器中输入路由器的默认地址“192.168.0.1”，这时会弹出一个对话框提示用户输入管理员 ID 与密码，输入说明书上写的默认 ID 与密码，如图 7-10 所示，确认后进入路由器的管理页面，在“工具”选项卡的“管理者系统”界面，可更改管理者和使用者的密码，如图 7-11 所示。

图 7-10　输入管理员 ID 与密码

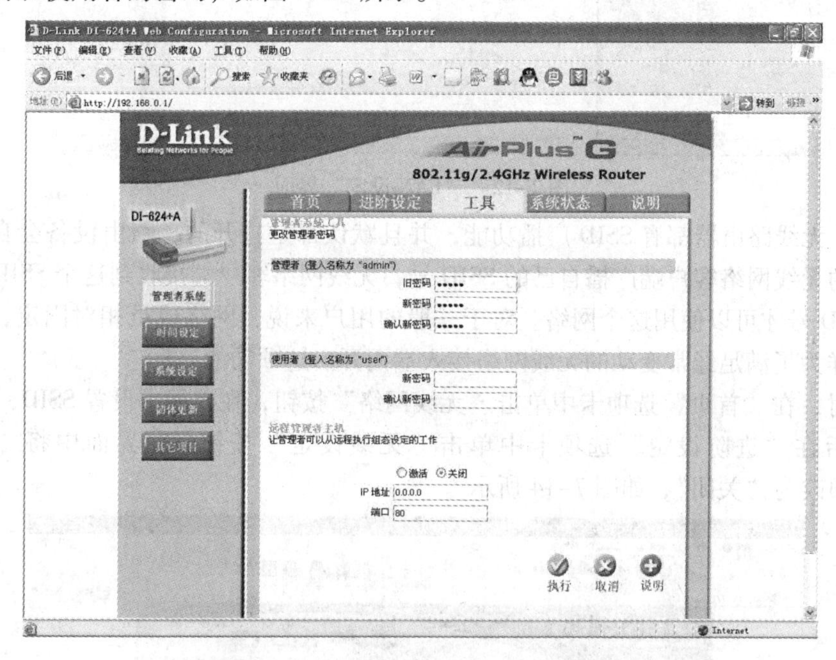

图 7-11　“管理者系统工具”界面

2. 更改 IP 地址

每台路由器在出厂时都有一个初始化的 IP 地址，大多数路由器的初始 IP 地址都是相同的。因此，只要知道了用户使用的是何种无线路由器，就可以轻松获得用户的路由器 IP 地址。例如，D-Link 624 + A 无线路由器的初始 IP 地址是 192.168.0.1，只要在浏览器的地址栏内输入这个地址就可以访问无线路由器。所以为了安全起见，用户可以更改这个 IP 地址。进入路由器管理页面后，在“首页”选项卡中单击“LAN”按钮，用户就可以在界面中更改路由器的 IP 地址了，如图 7-12 所示。尽管更改 IP 地址并不能保护路由器，但至少可以让他人不容易猜到路由器的 IP 地址。

3. 更改 SSID、禁用 SSID 广播

SSID 是用来识别无线局域网络的 ID。所有的路由器都有制造商默认的 SSID，该 SSID 是众所周知并且公开发布的，所以用户应尽快地设置自己的 SSID。

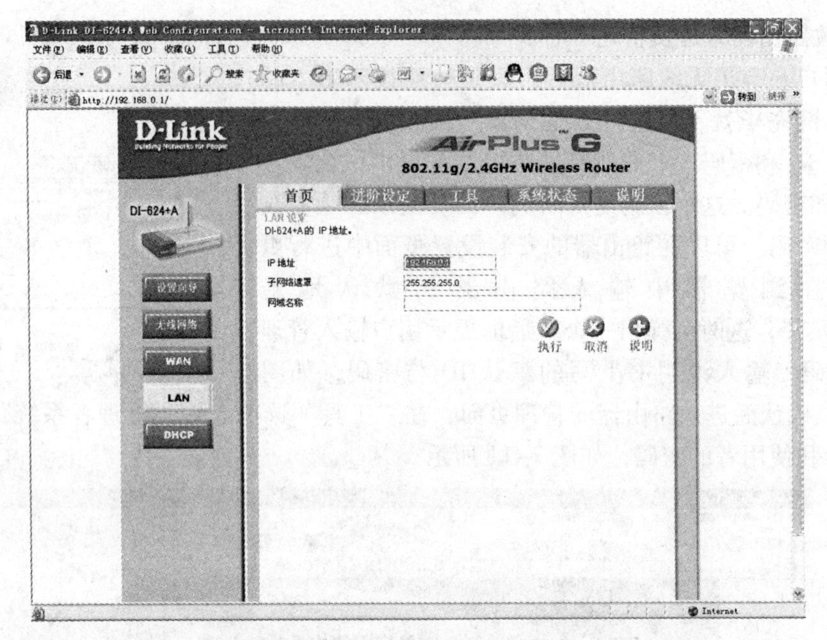

图 7-12 “LAN 设定”界面

另外，无线路由器都有 SSID 广播功能，并且默认都是打开的，路由设备会自动向其有效范围内的无线网络客户端广播自己的 SSID 号，无线网络客户端接收到这个 SSID 号后，利用这个 SSID 号才可以使用这个网络。对于一般的用户来说，网络成员相对固定，无需像商业网络一样为了满足经常变动的无线网络接入端而开启这项功能。

设置时，在“首页”选项卡中单击“无线网络”按钮，在界面中设置 SSID，如图 7-13 所示。然后在“进阶设定”选项卡中单击“无线设定”按钮，在界面中将“广播发送 SSID”选项改为“关闭”，如图 7-14 所示。

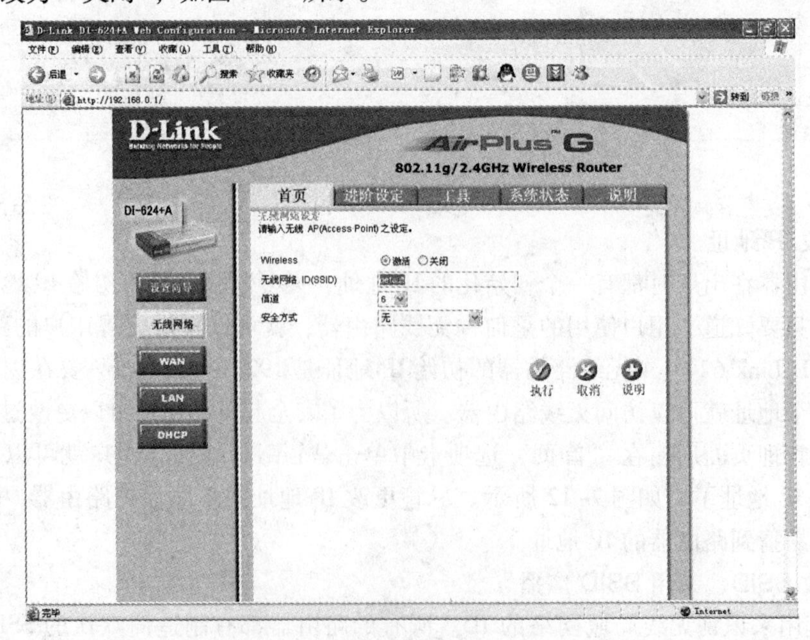

图 7-13 “无线网络设定”界面

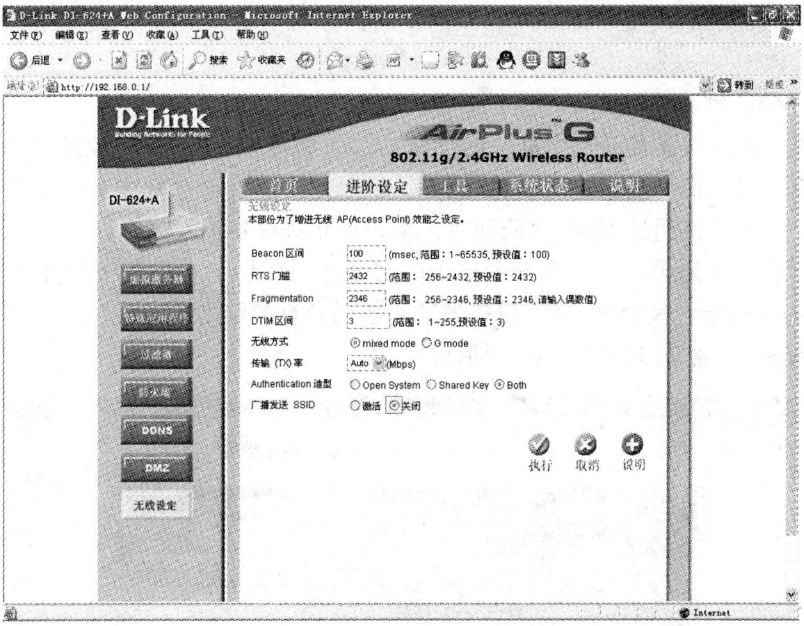

图 7-14　“无线设定”界面

4. 禁用 DHCP 功能

DHCP 功能可以在无线局域网内自动为每台计算机分配 IP 地址，而不需要用户设置 IP 地址、子网掩码以及其他所需要的 TCP/IP 参数。这个功能虽然极大地方便了用户，但他人也能很容易去使用用户的无线网络。因此，禁用 DHCP 功能对无线网络而言也是很有必要的。关闭 DHCP 功能可以在“首页”选项卡中的“DHCP”界面下设置，用户只须在“DHCP 服务器”后选择“关闭”单选项即可，如图 7-15 所示。

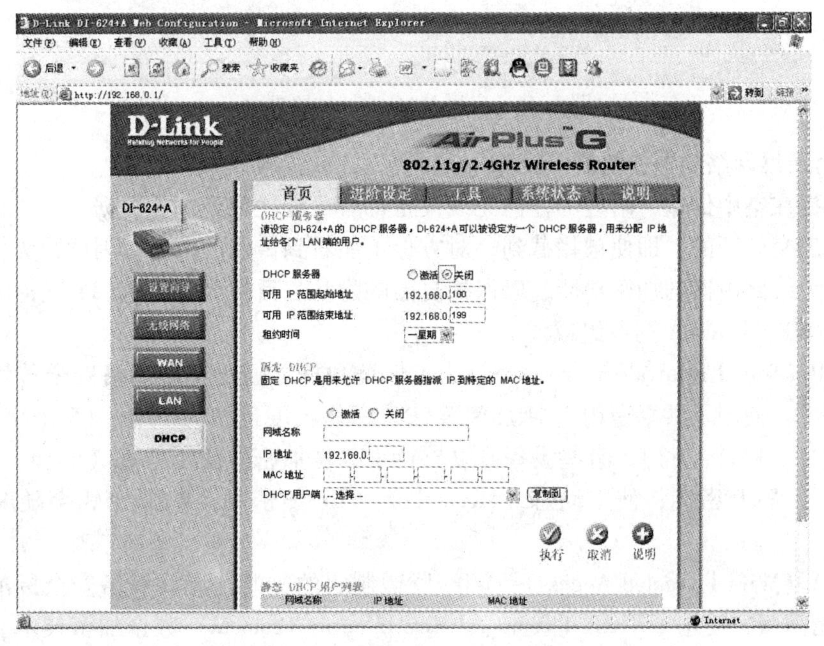

图 7-15　禁用 DHCP 功能界面

关闭 DHCP 功能后，用户需要为局域网内的计算机手动设置好 IP 地址、子网掩码等需要的参数。

5. 启用 MAC 地址过滤

每一个网络接点设备都有一个唯一的标识，称为物理地址或 MAC 地址，所有路由设备都会跟踪所有经过它们的数据包源 MAC 地址。启用无线路由器的 MAC 地址过滤功能，可以通过建立用户自己的准通过 MAC 地址列表，来防止非法设备接入网络。

设置时，在“进阶设定”选项卡中单击“过滤器”按钮，在界面中选择“MAC 地址过滤”单选项，并选择“只允许下列 MAC 地址之使用者存取网络”单选项，然后设置好需要连接的终端的 MAC 地址，如图 7-16 所示。

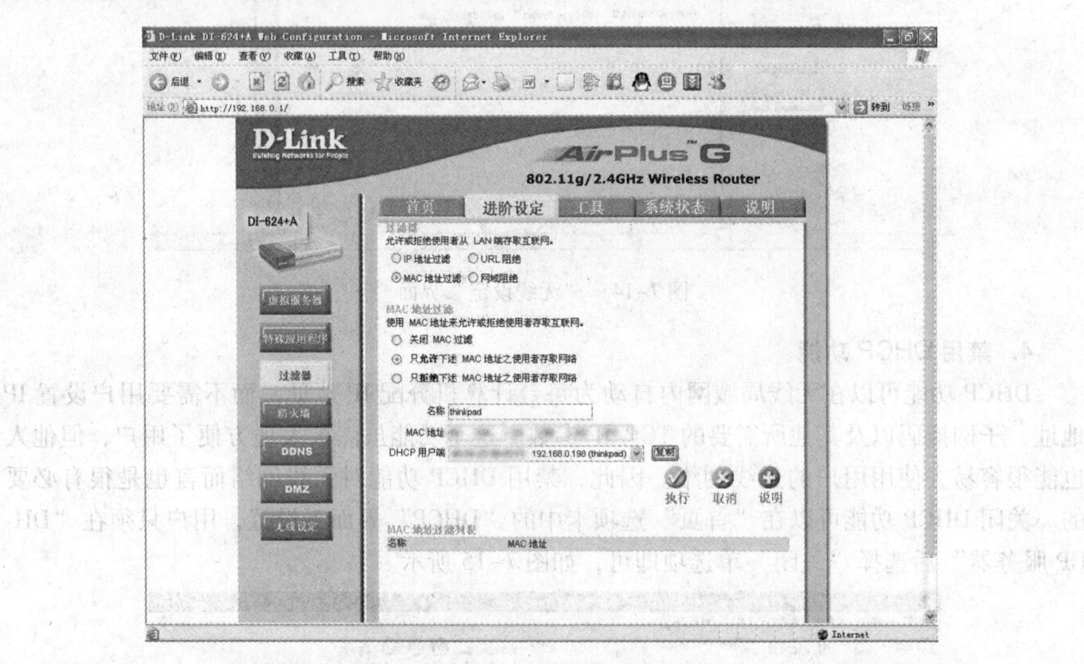

图 7-16　启用 MAC 地址过滤界面

6. 启用无线网络的加密机制

无线数据在空中传输，附近的任何无线设备都有可能拦截到这些数据，不过如果传输的数据是经过加密处理的，即使被拦截到，对方也不能看到传输的内容。因此，无线网络用户有必要开启无线路由器的加密功能，以保护自己的隐私。目前 IEEE 802.11 支持的加密连接算法一般由 WEP 和 WPA 两种组成。

1）WEP（Wired Equivalent Privacy）：为了保证数据能通过无线网络安全传输而制定的一个加密标准，使用了共享密钥 RC4 加密算法，密钥长度最初为 40 位（5 个字符），后来增加到 128 位（13 个字符），有些设备可以支持 152 位加密。使用静态（Static）WEP 加密可以设置 4 个 WEP 密钥；使用动态（Dynamic）WEP 加密时，WEP 密钥会随时间变化而变化。

2）WPA（WiFi Protected Access）：WiFi 联盟制定的过渡性无线网络安全标准，相当于 802.11i 的精简版，使用了 TKIP（Temporal Key Integrity Protocal）数据加密技术。虽然仍使用 RC4 加密算法，但使用了动态会话密钥。TKIP 引入了 4 个新算法：48 位初始化向量

(IV) 和 IV 顺序规则（IV Sequencing Rules）、每包密钥构建（Per-Packet Key Construction）、Michael 消息完整性代码（Message Integrity Code，MIC）以及密钥重获/分发。

对于普通用户来说，无需弄清这些加密技术复杂的原理，只要了解并会使用这些加密技术即可。这里推荐在条件允许的情况下使用 WPA 加密方式，因为 WPA 加密方式比 WEP 要更加先进与安全。

设置时，在“首页”选项卡中单击“无线网络”按钮，在界面中的“安全方式”下拉列表中选择合适的加密方式，然后设置好密码，如图 7-17 所示。注意，无线网络中的每个终端设备上的加密方式一定要和路由上设置相同。

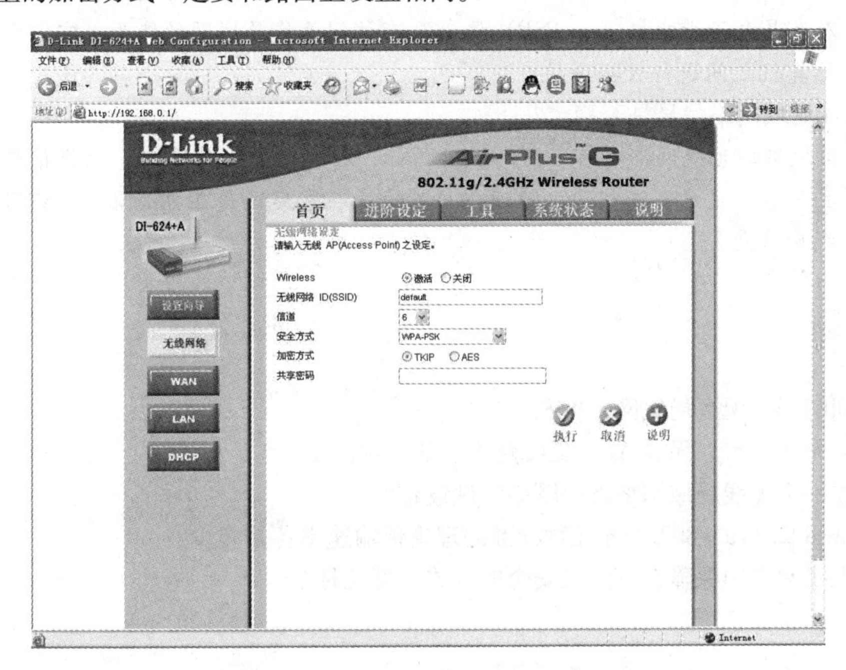

图 7-17　启用无线网络的加密机制界面

上述 6 种方法不可能保证万无一失，但可以极大地提高保险系数。对于每一个无线网络用户来说，这些方法都是保护自己的无线网络所必不可少的，它能够阻止大多数恶意用户，大大提高无线网络的安全性能。

7.5　有问有答

问： 无线网络与有线网络相比，有哪些优点？

答： 就使用方面而言，无线网络比有线网络有更强的机动性和便利性；就成本方面，无线网络可省下一笔可观的布线费用。其使用的空间也弹性得多。

问： 无线网卡与无线上网卡有何区别？

答： 无线网卡和无线上网卡外观很像，但功用不同。二者虽然都可以实现无线上网功能，但其实现的方式和途径却大相径庭。所有无线网卡只能局限在已布有无线局域网的范围内。如果要在无线局域网覆盖的范围以外，也就是通过无线广域网实现无线上网功能，电脑就要在拥有无线网卡的基础上，同时配置无线上网卡。

无线上网卡可以在拥有无线电话信号覆盖的任何地方，利用手机的 SIM 卡来连接到互联网上。

问：两台计算机间不使用无线 AP 或者无线路由器能否组建无线网络？

答：答案是肯定的。只要两台计算机都装备了无线网卡，可以使用 Ad-Hoc 即对等模式使双机互连，两台计算机就可以通过无线网络传输数据。

问：除了计算机，还有什么设备可以访问无线局域网？

答：具有遵循相同协议的无线网络设备的电子设备都可以访问相应的无线局域网。现在随着无线局域网的普及，越来越多的电子设备都增强了无线连接能力，许多智能手机、PDA、MP4 乃至是电子游戏机（如 PSP）等都具有访问无线局域网的能力，它们可以通过无线局域网与计算机之间进行数据通信。

问：无线局域网络信号是否稳定？

答：不同规格的无线网络有着不同的性能指标，在有效使用范围内，无线信号都是十分稳定的，并且具有一定的穿透能力，普通用户不论是在家庭还是在办公环境下都可以轻松有效地使用无线局域网。

7.6 习题

1. 名词解释：无线局域网，WiFi。
2. 简述无线网卡、无线 AP、无线路由器的作用。
3. 组建一个无线局域网络需要哪些硬件设备？
4. IEEE 802.11a ~ 802.11n 几种标准的理论传输速率各是多少？
5. 在无线网络中保障自身网络安全的方式有哪几种？

第 8 章　数码产品及超便携移动数字设备

本章导读

本章介绍了随身听、移动存储器、数码相机、数码摄像机等计算机周边数码产品，并介绍了 UMPC（超级移动电脑）、MID（移动互联网设备）、Netbook（上网本）及其典型产品。

学习目标

- 了解：随身听、移动存储器、数码相机、数码摄像机等计算机周边数码产品的基本知识
- 了解：UMPC、MID、Netbook

8.1　MP3 随声听

8.1.1　什么是 MP3 随声听

MP3 是一种有损数字音频压缩格式，全称是 MPEG-1 Audio Layer 3，其中 MPEG 是 Moving Picture Experts Group 的缩写，意思是动态图像专家组。所谓“有损数字音频压缩格式”，也就是对数字音频使用了对音质有损耗的压缩方式，以达到缩小文件大小的目的，来满足复制、存储、传输的需要。MP3 的压缩率可以达到 1∶12，但在人耳听起来，却并没有什么失真，因为它将超出人耳听力范围的声音从数字音频中去掉，而不改变最主要的声音。能够播放这种音频文件的随声听设备，人们将其称之为 MP3 随声听，常常也将其简称为 MP3，如图 8-1 所示。

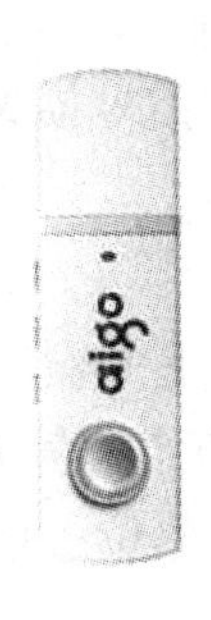

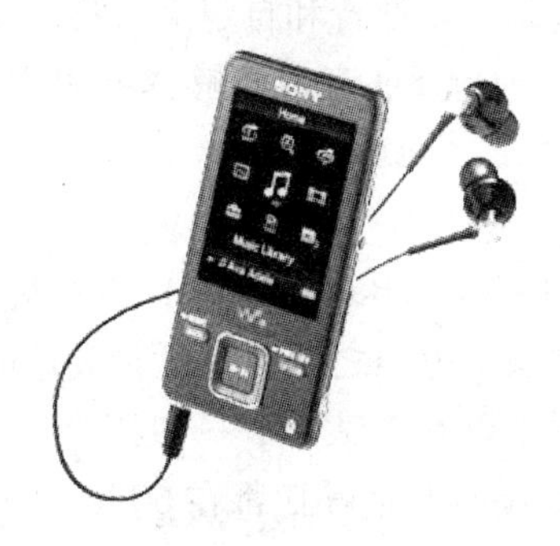

图 8-1　MP3 随身听

MP3 随身听其实就是一个功能特定的小型计算机。它拥有内存（存储卡）、显示器（LCD 显示屏）、中央处理器等。中央处理器由 MCU（微控制器）或译码 DSP（数字信号处理器）等构成。

8.1.2 MP3随声听基本性能参数

1. 存储介质

一部MP3随声听内存容量的大小直接决定了该MP3随声听能够容纳多少首MP3歌曲。绝大多数MP3随声听都是用闪存作为存储介质。随着闪存价格的不断下降，MP3随声听的容量也在不断提高。目前主流的MP3随声听的容量都已达到GB级别。除了闪存以外，还有些MP3随声听使用微硬盘作为存储介质。使用硬盘带来的直接好处就是容量更大，可以很轻松的到达几十甚至几百GB的大小，并且和同样容量的闪存式MP3相比，价格要低得多。由于采用硬盘作为存储介质，相比闪存来说，它的防振能力要差很多，所以在使用硬盘式MP3时，一定要避免大的振动，否则可能会对硬盘造成损害。如图8-2所示为MP3随声听硬盘。

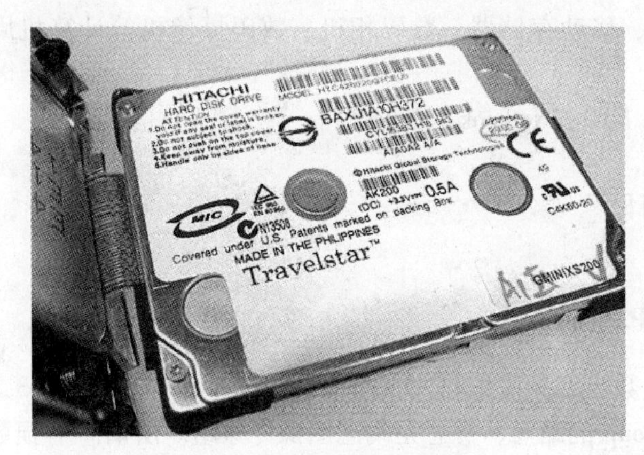

图8-2 MP3随声听硬盘

2. 均衡器

均衡器（Equalization，EQ）用于将声音中各频率的组成泛音等级加以修改，专为某一类音乐进行优化，以增强人们的感觉。常见的EQ音效包括正常、摇滚、流行、舞曲、古典、柔和、爵士、金属、重低音和自定义。自定义就是自己调节，没有套用固定的模式，按个人喜好而定的真正EQ。EQ音效能够弥补MP3压缩时候的信号损失，同时也满足了不同个人听音喜好。

3. 信噪比

信噪比（Signal to Noise Ratio，SNR）指在规定输入电压下的输出信号电压与输入电压切断时输出所残留之杂音电压之比，也可看成是最大不失真声音信号强度与同时发出的噪声强度之间的比率，通常以S/N表示，一般用分贝（dB）作为单位。信噪比越高表示音频产品越好，常见的MP3随身听信噪比都在60dB以上。

4. 频率响应范围

频率响应（Frequency Respond）范围是最低有效声音频率到最高有效声音频率之间的范围，单位为赫兹（Hz）。它与音响系统的性能和价位有着直接的关系，其数值越小说明音箱的频率响应曲线越平坦、失真越小、性能越高。一般的MP3随身听的频率响应范围在20～20000 Hz，而这一范围正好是人耳所能听到的声音频率范围。

5. 采样率

数码音频系统是通过将声波波形转换成一连串的二进制数据来再现原始声音的，把模拟音频转成数字音频的过程称为采样。实现这个过程使用的设备是模/数（A/D）转换器，它以每秒上万次的速率对声波进行采样，每一次采样都记录下了原始模拟声波在某一时刻的状态，称之为样本。将一串的样本连接起来，就可以描述一段声波，每一秒钟所采样的数目称为采样率（Sampling Rate），单位为Hz。采样率越高所能描述的声波频率就越高，则音质越有保证，这在录音时体现得最为明显。大部分的MP3随身听都支持播放44.1 kHz的MP3音频文件。

6. 输出功率

输出功率（Output Power）指随身听耳机输出口中，以电压输出为主的非纯电压输出方式输出的功率，说明书上一般会有标称，耳机必须与随身听的输出功率相匹配。耳机的阻抗越高，输出电压就会越大，随身听的总功率就会越小，因而输出功率就会越小。当把音量开到很大的时候，功率减小更显著，此时就会产生所谓的失真现象。现在的MP3随身听在标配阻抗为16 Ω的耳机的条件下，单一声道的最大输出功率一般在7~18 mW之间。

7. USB接口

目前，MP3产品普遍采用的是USB 2.0接口，USB 2.0分为两种：USB 2.0 Full Speed（全速）和USB 2.0 Hi-Speed（高速）。USB 2.0 Full Speed的传输速率为12 Mbit/s，相当于1.5 MB/s。目前大部分MP3采用此类接口类型。USB 2.0 Hi-Speed的理论传输速率可以达到480 Mbit/s，相当于60 MB/s，这意味着装满一个128 MB的MP3随身听只需要2 s左右，但由于种种原因，实际上的传输速率远远没有达到这个数值，一般传输速率都没有超过10 MB/s。

8. 线输入/直录功能

从硬件角度来讲，线输入/直录（Line in）功能是由接受线路等级信号的输入端子（插孔）实现的。它可以通过音频线直接从CD机、VCD、DVD、录音机等外部音频设备取得音源进行录制，然后利用机内的MP3编码功能将其压缩成MP3格式音频文件。这样，无需经过计算机就可以将CD等音源录制成MP3音乐。

9. 固件

固件（FirmWare）是指具有软件功能的硬件，具有对音乐的解码、界面控制、显示各种提示信息以及通过线路与电脑连接等功能。固件升级可以解决已经存在的错误和兼容性问题，改善操作方式，使之更加人性化，并能提供更多的音乐格式支持。

图8-3　内置锂电池

10. 电池

现在市场上的大多数MP3随声听都采用的是内置锂电池，如图8-3所示这种充电电池容量大，体积小，很适合小巧的MP3随声听。当然也有部分产品使用常见的5号或者7号电池提供能量。

8.2　移动存储设备

常见的移动存储设备有闪存盘、各种闪存卡以及移动硬盘等，如图8-4所示。这些设备给人们日常携带、存储数据带来了很大的方便。

a)

b)

c)

图 8-4　移动存储设备

a）内存盘　b）内存卡　c）移动硬盘

8.2.1　闪存盘

闪存盘又俗称 U 盘，是一种采用 USB 接口的无需物理驱动器的微型高容量移动存储产品，它采用的存储介质为闪存。闪存盘不需要额外的驱动器，将驱动器及存储介质合二为一，只要接上电脑上的 USB 接口就可独立地存储读写数据。闪存盘体积小，重量极轻，适合随身携带。闪存盘中无任何机械式装置，抗振性能极强。另外，闪存盘还具有防潮防磁，耐高低温等特性，安全可靠性很好。

（1）外壳

现在市面上的闪存盘大多采用两种材料作为外壳，塑料和金属。塑料外壳易于打理，但是却没有金属外壳那么坚固。不管采用何种材料作为外壳，一款优秀的产品，它的外壳做工必须优良，各接缝处要处理得很好，没有毛刺，安装到位。有些闪存盘产品的外壳采用的是橡胶材料，有的甚至采用全密封的外壳，这样不仅提高了闪存盘的抗冲击能力，更使其具有了防水能力，即使不小心掉入水中，也能保证闪存里的数据安全。

（2）存储芯片

闪存盘的核心部件就是里面存储数据的 Flash 闪存芯片了。闪存芯片的好坏直接关系到闪存盘的质量。一般来说，大厂商的闪存盘产品都使用的是 A 级闪存芯片，它们质量可靠，使用寿命长。

（3）传输速度

由于现在闪存盘的容量在不断提升，越来越多的大容量闪存盘出现在市场中，对于动则达 GB 级的数据的存取，闪存盘的读写速度就显得十分重要了。闪存盘的读写速度主要取决于使用的控制芯片。虽然单从外表上看不出一款闪存盘的速度快慢，但通过简单的读写测试，就很容易地分辨出优秀的闪存盘。

（4）附加功能

闪存盘除了最基本的数据存储功能外，有的还有其他一些特色的附加功能。启动引导、随身邮、移动 QQ、杀毒、数据加密等都是十分实用的附加功能。有的闪存盘上还带有指纹识别器，可以记录使用者的指纹，用指纹来加密所指定的文档或者锁定计算机；有的闪存盘里甚至还带有一个独特的操作系统，将其插入计算机，无须使用计算机硬盘内的软件，就可以自如地上网、进行常见的办公处理等操作。

8.2.2　闪存卡

闪存卡是利用闪存技术达到存储电子信息目的的存储器，一般应用在数码相机、掌上电脑、MP3 等小型数码产品中作为存储介质，其样子小巧，有如一张卡片，所以称之为闪存卡。

目前市面上的闪存卡一般分为 5 类，分别为 CF 卡、SD 卡、MMC 卡、Memory Stick 卡、XD 卡，如图 8-5 所示。

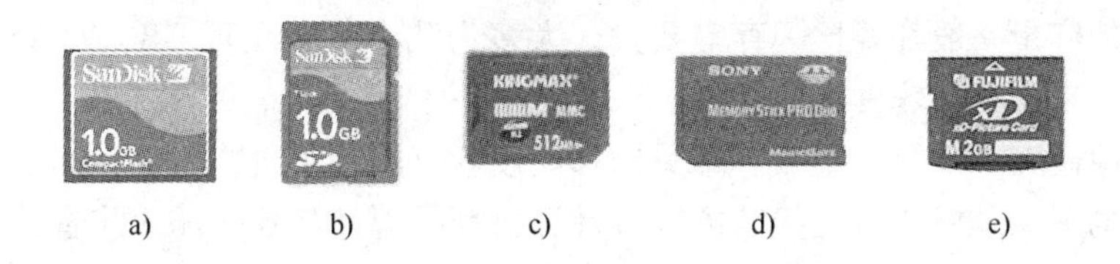

a) b) c) d) e)

图 8-5 闪存卡

a）CF 卡 b）SD 卡 c）MMC 卡 d）Memory Stick 卡 e）XD 卡

（1）CF 卡

CF 卡（Compact Flash Card）是 1994 年由美国 SanDisk 公司最先推出的。CF 卡具有 PCMCIA-ATA 功能，并与之兼容。其重量只有 14 克，仅纸板火柴般大小（43 mm×36 mm×3.3 mm）。它是一种固态产品，也就是工作时没有运动部件。

（2）SD 卡

SD 卡（Secure Digital Memory Card）是一种基于半导体快闪记忆器的新一代记忆设备。SD 卡由日本松下、东芝及美国 SanDisk 公司于 1999 年 8 月共同开发研制，大小犹如一张邮票的 SD 记忆卡，重量只有 2 g，但却拥有高记忆容量、快速数据传输率、极大的移动灵活性以及很好的安全性。

（3）MMC 卡

MMC 卡（MultiMedia Card）是由西门子公司和首推 CF 卡的 SanDisk 公司于 1997 年推出。外形跟 SD 卡差不多，最明显的外在特征是尺寸更加微缩。因其小尺寸等优势而迅速被引进更多的应用领域，如数码相机、PDA、MP3 播放器、笔记本电脑、便携式游戏机、数码摄像机乃至手持式 GPS 等。

（4）Memeory Stick 卡

Memory Stick 卡也称记忆棒，其外形轻巧，并拥有全面多元化的功能。它的极高兼容性和前所未有的“通用储存媒体”概念，为未来高科技个人电脑、电视、电话、数码照相机、摄像机和便携式个人视听器材提供更高速、更大容量的数字信息储存、交换媒体。

（5）XD 卡

XD 卡（XD-Picture Card）是由富士和奥林巴斯公司联合推出的专为数码相机使用的小型存储卡，采用单面 18 针接口，是目前体积最小的存储卡。XD 取自于“Extreme Digital”，是“极限数字”的意思。XD 卡是较为新型的闪存卡，它拥有优秀的兼容性，配合各式的读卡器，可以方便地与个人计算机连接。它有超大的存储容量，理论最大容量可达 8GB，因而具有很大的扩展空间。

总之，每种卡都有自己的特点，和计算机配件一样，不同品牌闪存卡与数码产品之间也存在一定的不兼容问题。如果不兼容，就会出现存取速度慢、读卡时间过长等情况。有时相同类型、不同型号的卡也会出现兼容性问题。另外，闪存卡的工作电压是否与自己相机提供的电压相匹配、闪存卡是否和数码相机伴侣兼容也是不可忽视的问题，特别是后者，出现问题的几率很高。

8.2.3 移动硬盘

除了闪存盘和闪存卡之外，移动硬盘也是常见的移动存储设备之一。由于采用硬盘作为存储介质，它的容量一般都要比闪存盘要大，大多为几十甚至几百 GB，对于有大容量移动存储需求的用户来说，是非常好的选择。

移动硬盘由硬盘和硬盘盒组成。常见的移动硬盘有两种：组装的兼容移动硬盘和品牌移动硬盘，它们的关系就好比自已组装的兼容计算机和品牌计算机一样，前者是由消费者自己购买部件组装而成的产品，而后者则是厂商事先做好的成品。品牌移动硬盘一般来说在价格上要比自己组装的兼容移动硬盘要贵。移动硬盘一般都采用 USB 接口和计算机相连接，也有些产品使用 IEEE 1394 接口。

市场上最常见的移动硬盘基本都采用笔记本电脑使用的 2.5 英寸硬盘作为存储介质，也有部分产品使用台式计算机使用的 3.5 英寸硬盘，但是这类产品的体积和重量相比 2.5 英寸的产品都要大不少，因此在移动性能上要大打折扣。还有些移动硬盘采用的是 1.8 英寸甚至是更小的硬盘，因此它们在体积和重量上更加小巧，不过价格也更加高昂。

对于组装的移动硬盘而言，需要用户自己购买硬盘以及硬盘盒。在硬盘的选购上，因为是移动硬盘，所以性能往往并不是第一位要考虑的，首先需要关注的是硬盘的功耗以及防震能力。最适合做为移动硬盘使用的硬盘，往往都是耗电量小、防震性能好的硬盘。如果硬盘的功耗过高、要求的启动电流过大，那么一个 USB 接口所提供的电流往往满足不了使用需要，还需要额外的电源，会给使用带来不少麻烦；而如果硬盘的防震性能不好，很容易在移动中被损坏，造成数据的损失。另外，还要为硬盘选择一个合适的硬盘盒。常见的硬盘盒的材料一般是金属或者塑料，金属材料的散热性能更好。一个硬盘盒的好坏，不光取决于它的做工，更重要的是它的电路板的好坏。一般来说，使用大板型电路板的产品在稳定性上优于使用小板型的产品。

8.3 数码相机

8.3.1 数码相机的基本概念

数码相机是一种利用电子传感器把光学影像转换成电子数据的照相机，如图 8-6 所示。数码相机是集光学、机械、电子一体化的产品，它集成了影像信息的转换、存储和传输等部件，具有数字化存取模式、与电脑交互处理和实时拍摄等特点。

数码相机与普通照相机在胶卷上靠溴化银的化学变化来记录图像的原理不同，数码相机的传感器是一种光感应式的电荷耦合（CCD）或互补金属氧化物半导体（CMOS），如图 8-7 所示。在图像传输到计算机以前，图像通常会先储存在数码存储设备中。

图 8-6　数码相机

图 8-7　CMOS

8.3.2 数码相机的分类

数码相机常常被分为专业单反数码相机和消费数码相机两大类。

单反数码相机，也就是单镜头反光数码相机。和传统的单镜头反光相机一样，反光镜和棱镜的独到设计使得摄影者可以从取景器中直接观察到通过镜头的影像，所见即所得，如图 8-8 所示。而与传统单反相机不同的是，数码单反相机的感光元件由传统的胶片变成了数字传感器——CCD 或者 CMOS。和普通数码相机相比，单反数码相机要专业许多，它们可以更换不同的镜头，有着面积更大的感光元件（CCD/CMOS），并具有更为专业的操控方式。专业的代价是高昂的价格，一台普通的单反数码相机往往相当于几台普通数码相机的价钱。

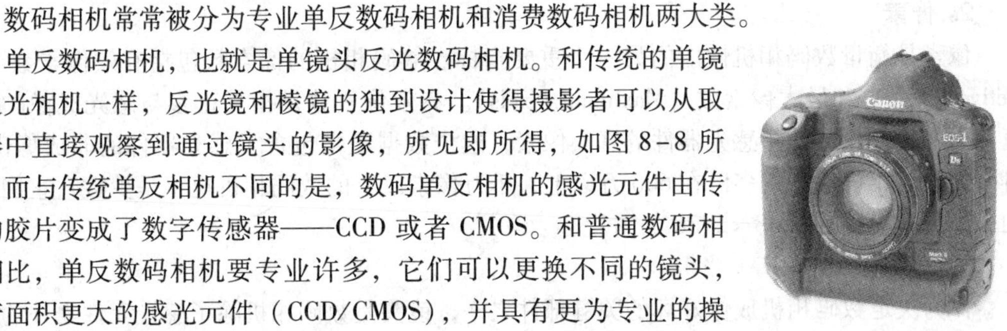

图 8-8　单反数码相机

普通的消费数码相机又有许多不同的类型，如外形小巧的卡片数码相机（如图 8-9 所示)、配有长焦镜头的长焦机（如图 8-10 所示)、拥有手动功能的功能型数码相机等。它们都有一个共同的特点，就是使用 CCD/CMOS 作为感光元件，并将所得到的图像文件保存在数码存储设备中。

图 8-9　卡片数码相机

图 8-10　长焦数码相机

8.3.3 数码相机的常见技术指标

1. CCD/CMOS 尺寸

感光元件的尺寸大小是衡量数码相机性能的一个重要标准。一般来讲，在同等像素的条件下，面积越大的感光元器件将会带来越好的成像质量。目前数码相机的 CCD/CMOS 面积大小都是用其对角线长度来衡量，目前市面上的消费级数码相机使用的感光元器件主要有 2/3 英寸、1/1.7 英寸、1/1.8 英寸、1/2.5 英寸等几种规格。CCD/CMOS 尺寸越大，感光面积越大，成像效果越好。1/1.8 英寸的 300 万像素相机效果通常好于 1/2.7 英寸的 400 万像素相机（后者的感光面积只有前者的 55%）。相同尺寸的 CCD/CMOS 像素增加固然是件好事，但会导致单个像素的感光面积缩小，有曝光不足的可能，并且干扰现象会更加严重。如果在增加 CCD/CMOS 像素的同时想维持现有的图像质量，就必须在至少维持单个像素面积不减小的基础上增大 CCD/CMOS 的总面积。目前更大尺寸 CCD/CMOS 加工制造比较困难，成本也非常高。因此，CCD/CMOS 尺寸较大的数码相机价格较高。

感光器件的大小直接影响数码相机的体积重量。超薄、超轻的数码相机一般 CCD/

CMOS 尺寸也小，而越专业的数码相机，CCD/CMOS 尺寸也越大。有的单反数码相机采用和传统 35mm 胶片一样大小的 CMOS，其价格也因此十分昂贵。

2. 像素

像素是衡量数码相机性能的另一个重要指标。数码相机的像素数包括有效像素数（Effective Pixels）和最大像素数（Maximum Pixels）。有效像素数是指真正参与感光成像的像素值，而最大像素数是指感光器件的真实像素，这个数据通常包含了感光器件的非成像部分。目前的数码相机像素大多已在 600 万以上，千万像素以上的数码相机也不是少数，它们能够拍摄出分辨率达到 3648 ×2736 的图片。

3. 镜头

作为决定数码相机成像好坏的关键部件之一，镜头是数码相机除了感光元件之外的又一重要部件。与人类的眼睛一样，数码相机通过镜头来摄取世界万物。人类的眼睛如果焦距出现误差（近视眼），则会出现无法正确的分辨事物；同样作为数码相机的镜头，其最主要的特性也是镜头的焦距值。镜头的焦距不同，能拍摄的景物广阔程度就不同，照片效果也迥然相异。

数码相机和传统相机不同的是，由于感光元件比传统的 35 mm 胶片要小，因此镜头的焦距和传统相机的焦距不一样，往往可以看到各厂商在自己的产品上标明 35 mm 等效焦距。

此外，镜头的变焦倍数、焦距范围以及光圈大小等都是衡量数码相机性能重要指标。装有广角镜头的数码相机可以拍摄大场景的照片，能让一张照片中融入更多的景物，而装有长焦镜头的数码相机则可以像望远镜一般将远处的景物拉近。

4. 光学变焦/数码变焦

光学变焦（Optical Zoom）是指数码相机依靠光学镜头结构来实现变焦。数码相机的光学变焦方式与传统 35 mm 相机相似，都是通过镜片移动来放大和缩小需要拍摄的景物，光学变焦倍数越大，能拍摄的景物就越远。

数字变焦（Digital Zoom），也称为数码变焦，是指通过数码相机内的处理器，把图片内的每个像素面积增大，从而达到放大目的。这种手法如同用图像处理软件把图片的面积改大，不过程序在数码相机内进行，把原来 CCD 影像感应器上的一部分像素使用“插值”处理手段做放大，将 CCD 影像感应器上的像素用插值算法将图像放大到整个画面。

5. 存储介质

数码相机将图像信号转换为数据文件保存在磁介质设备或者光记录介质上。如果说数码相机类似电脑的主机，那么存储卡相当于电脑的硬盘。存储介质除了可以记载图像文件以外，还可以记载其他类型的文件，通过接口和电脑相连，就成了一个移动硬盘。现在的数码相机一般都是用闪存卡来作为存储介质。常见的闪存卡有 CF 卡、SD 卡、MMC 卡、SM 卡、记忆棒（Memory Stick）、XD 卡等等，目前使用最广的是 SD 卡。

8.4 数码摄像机

8.4.1 数码摄像机的基本概念

使用数字视频方式拍摄和存储视频信号的摄像器材称为数码摄像机（DigitalVideo，DV），如图 8-11 所示。它的图像处理和信号记录全部是使用数字信号操作，和模拟摄像机相比，其最大特征就是拍摄过程中存储下来的都是数字而非模拟信号。和数码相机一样，数码摄像机的核心感光部件是光感应式的电荷耦合（CCD）或互补金属氧化物半导体（CMOS）。数码摄像机通常使用磁带、硬盘、闪存甚至是光盘作为介质来存储记录下的影像。

图 8-11　数码摄像机

8.4.2　数码摄像机的分类

数码摄像机的分类方法很多，按应用群体来分，可以分为专业机型（如图 8-12 所示）和普通机型（如图 8-13 所示）数码摄像机。专业机型数码摄像机是设计给广播电视、电影等相关行业的专业人士使用的机型，它们性能好，体积大，价格也十分高昂；普通机型数码摄像机往往是给普通使用者如家庭用户使用的，它们体积小巧、功能够用、价格合理。

按存储介质分类，可以将数码摄像机分为硬盘摄像机、磁带摄像机、光盘摄像机、闪存摄像机等，从它们的名称上就可以看出它们使用的是什么样的存储介质。

数码摄像机还可以分为高清数码摄像机和标清数码摄像机，高清数码摄像机是能拍摄高清晰度画面的数码摄像机，和普通标清数码摄像机相比，高清机型能拍摄清晰度达到 1080 线的视频，画面清晰度也比标清画面高很多。

数码摄像机还可以分为单 CCD 摄像机和 3CCD 摄像机。单 CCD 摄像机指数码摄像机里只有一片 CCD 作为感光器件，色彩信号识别转换是用 CCD 上的一些特定彩色遮罩装置并结合相应电路完成。由于一片 CCD 同时完成亮度信号和彩色信号的转换，因此拍摄出来的画面在色彩上难以达到专业水平要求。为了解决这个问题，便出现了 3CCD 摄像机，它使用 3 片 CCD 作为感光器件，光线通过三棱镜后分为红、绿、蓝 3 种颜色，也就是三基色，3CCD 系统分别用每一片 CCD 接受一种颜色，并将其转换为电信号，这样获得的画面在色彩还原上比单 CCD 摄像机要更加真实准确，清晰度等方面也有不小的提升。

图 8-12　专业机型数码摄像机

图 8-13　普通机型数码摄像机

8.4.3　数码摄像机的常见技术指标

数码摄像机在很多结构上都与数码相机大致相同，因此许多技术指标都也与数码相机类似。

1. CCD/CMOS 尺寸

同数码相机一样，感光元件的尺寸大小也是衡量数码摄相机性能的一个重要标准。一般来讲，在同等像素的条件下，面积越大的感光元器件将会带来越好的成像质量，像素越高则分辨率也越高，但是相同尺寸下，更高的像素也会带来更多的噪点以及干扰。

2. 像素

像素是衡量数码摄相机性能的另一个重要指标。与数码相机相比，在数码摄像机中，有效像素数又分为静态有效像素数和动态有效像素数。静态有效像素数表示数码摄像机在进行静态照片拍摄时可以到达的像素值，而动态有效像素数则表示拍摄动态影像时可以达到的像素值，由于数码摄像机的主要用途就是拍摄视频，因此动态有效像素数是数码摄像机最重要的性能指标之一。

3. 镜头

和数码相机相同，镜头是决定数码摄相机成像好坏的关键部件之一。和数码相机不同的是，数码摄像机使用的镜头往往都是大变焦比的镜头，往往都具备至少 10 倍以上的变焦能力，让使用者使用起来收放自如。

4. 光学变焦/数码变焦

数码摄相机的光学变焦和数码变焦方式与传统相机相同，但一般数码摄像机都具备很强的数码变焦能力。很多产品上都标注着 500X 甚至是 700X 变焦，而实际上这些机型光学变焦范围只有 10 倍左右，剩下的都是靠数码变焦来完成的。

5. 存储介质

数码摄像机将视频信号转换为数据文件保存在磁介质设备或者光记录介质上。现在的数码摄像机大多采用磁带、硬盘、闪存、光盘等存储介质来存放视频文件。曾经磁带是数码摄像机唯一的存储介质，尽管采用磁带方式存储视频影像虽然较好地解决了容量上的问题，同时体积也可以得到有效控制，但磁带有着很大的缺点：首先，磁带不耐长期保存；其次，虽然磁带可以重复使用，但随着使用次数的增加，不可避免地会质量下降以及受外力的损坏。随着硬盘、闪存乃至 DVD 光盘价格的下降，数码摄像机的存储介质开始大量出现了采用上述几种介质的数码摄像机，它们也慢慢成为了数码摄像机的主流存储介质。

8.5 UMPC

8.5.1 UMPC 简介

UMPC 是 Ultra-Mobile PC 的简称，即超级移动电脑，是一种具有类似笔记本电脑（Laptop PC）的效能及掌上电脑（Pocket PC）体积的电脑。UMPC 的前身 Microsoft 及 Intel 公司共同倡议的代号为“Origami”的计划，该计划最初规定 UMPC 使用 Windows XP Tablet PC Edition 2005 系统，拥有 7 英寸或更小的显示屏，最小显示分辨率为 800 × 480 像素，重约 1 kg，拥有 WiFi、蓝牙等无线连接能力。

UMPC 的出现使得人们可以随时随地存取内容与信息，通过各种现代信息通信技术与外界沟通，让视频、音乐、游戏、上网等多种娱乐方式进入人们的旅途生活，而不再需要背着厚重的笔记本电脑移动办公，有效地提高了人们的工作效率。

2006 年是 UMPC 的萌芽期，自从 Origami 标准诞生后，许多厂商开始推出自己的 UMPC 产品。这些机器大多在 Origami 标准下打造的，7 英寸显示屏、轻便的体积获得了不少消费者的肯定。但是 UMPC 也有着诸如屏幕过小造成用户使用舒适度下降，电池续航时间过短等缺点。UMPC 最为致命的弱点在于其售价都过于昂贵，相同的价格往往可以买到配置好很多的传统笔记本电脑，因此 UMPC 并没有真正意义上的流行起来，并且很多产品逐步淡出市场，被新出现的 Netbook 上网本所取代。

8.5.2 典型产品

1. 三星 Q1

Q1 是韩国三星公司于 2006 年推向市场的一款极具代表性的 UMPC 产品，如图 8-14 所示。它遵循 Origami 标准，其整体配置如下：使用 Intel Celeron-M ULV 353 900 MHz CPU，搭配 Intel 915GMS 主板芯片组，标配 512MB DDR 内存，使用 40 GB 的硬盘，机器装备有一个 7 英寸的分辨率为 800×480 像素的液晶触摸屏，在网络应用方面配有 802.11b/g 无线网卡，使用 Windows XP Tablet PC Edition 操作系统。

Q1 推出后，陆陆续续还推出了不少其后续机型，甚至还在屏幕的两旁装上了可供拇指操作的键盘，如图 8-15 所示。

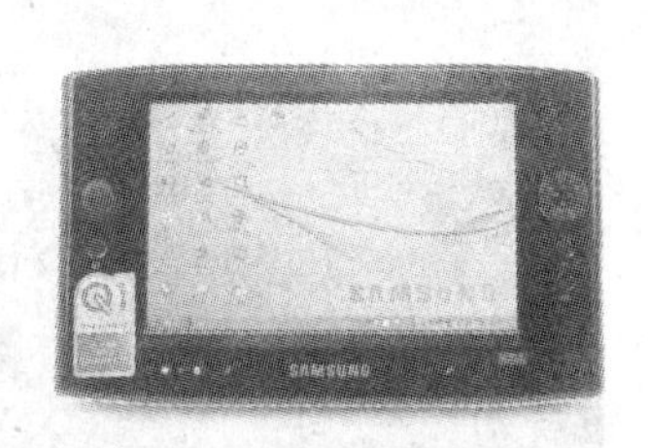

图 8-14　三星 Q1

图 8-15　三星 Q1 的后续机型

2. SONY VAIO UX 系列

SONY 公司的 UX 系列 UMPC 是世界上最小巧的 UMPC 之一，如图 8-16 所示。精巧的滑盖设计以及 4.5 英寸高分辨率显示屏再加上 500g 的重量使得它从众多竞争对手中脱颖而出，成为 UMPC 市场上的一道亮丽风景线。虽然 UX 系列 UMPC 并没有完全遵照最初 UMPC 制定的标准去设计，但是 UX 系列绝对不失为最优秀的 UMPC 之一。

图 8-16　UX 系列 UMPC

第一代 UX 系列 UMPC 有两个型号，UX17 和 UX18，它们的配置分别如下。

1）UX17：配有 Intel Celeron-M 423 处理器（1.06 GHz 主频/1MB 二级缓存/533 MHz 前端总线）、Intel 945GM 芯片组、512MB DDR2 内存、Intel GMA950 集成显卡、30GB 容量 1.8 英寸 4200 转硬盘、4.5 英寸贵丽屏（分辨率 1024×600 像素）、电池使用时间为 2.5 h，机身重量为 517 g。

2）UX18：Intel Core Solo U1400 处理器（1.2 GHz 主频/2MB 二级缓存/533 MHz 前端总线）、Intel 945GM 芯片组、512MB DDR2 内存、Intel GMA950 集成显卡、16GB 容量闪存式

硬盘、4.5 英寸贵丽屏（分辨率 1024×600 像素）、电池使用时间为 4 h，机身重量为 480 g。

在第一代的基础上，SONY 公司先后又推出了好几代 UX 系列 UMPC，使 UX 系列成为一个完整的 UMPC 产品线。

3. 富士通 LifeBook U2010

日本富士通公司的 U 系列 UMPC 也是十分有代表意义的产品之一。其最新的 U2010 系列 UMPC 采用 Intel 2008 Ultra Mobile 平台，使用 1.6 GHz 的 Intel Atom Z530 CPU，搭配 Intel SCH US15W 芯片组，内置 1GB DDR2 内存，搭配 5.6 英寸分辨率为 1024×600 像素的触摸屏，采用类似 Tablet PC 的旋转屏幕设计，预装 Windows Vista 操作系统，如图 8-17 所示。

4. 方正 MiniNote

中国大陆厂商方正公司推出了自己的 UMPC——MiniNote，如图 8-18 所示。配置方面，方正 Mininote 使用 Intel 915 芯片组和 uLV Dothan CPU，迅驰二代笔记本架构和低电压版本的 CPU，采用了 DDR2 内存和 1.8 英寸硬盘，并预装 Windows XP 操作系统。

图 8-17 LifeBook U2010

图 8-18 方正 MiniNote

8.6 MID

8.6.1 MID 简介

MID 是 Mobile Internet Device 的简称，即移动互联网设备。MID 是由 Intel 公司在 2007 年 IDF 大会上提出的一个新形态移动设备。作为一种介于笔记本电脑和手机之间的新形态产品，MID 的定位就是让使用者可以在任何时间任何地点访问互联网，并且完成相关的应用。它有着比笔记本电脑要小得多的外形，用户可以将其放入口袋中随身携带，可以实现音乐播放、电话、上网等功能。

笔记本电脑虽然现在正朝着小型化的趋势发展，但即便是 7 英显示屏寸的 UMPC 也可能无法满足放入口袋随身移动的需求；而现在的手机虽然性能越来越强大，功能越来越多，但是受制于屏幕大小以及处理能力，手机目前还不能给使用者百分之百满意的移动互联网体验。MID 正是界于两者之间的一种产品。

MID 与前面介绍的 UMPC 相比，更加强调随时随地地互联网接入能力，同时在体积和重量上也更小一些，屏幕尺寸由 UMPC 的 7 英寸减少到了 4～6 英寸。但在计算性能方面远不及 UMPC，UMPC 操作系统为 Windows XP、Window Vista 等，而 MID 多为 Linux 系统，无法运行 Windows 程序。另外，从目标客户群来看，UMPC 更主要针对专业应用、行业用户，MID 类产品更多的是针对业余用户、消费类用户。

8.6.2 典型产品

1. 技嘉 M528

技嘉 M528 采用 Intel Atom Z500 800 MHz 处理器，内置 512MB DDR2 内存，配备 4GB SSD 固态硬盘，装备一个 4.8 英寸的分辨率为 800×480 像素的触摸屏，重量上只有 340 g，并且可以配备 47 键滑盖式 QWERTY⊖冷光键盘来输入文字，提供完整且方便输入的操作方式，如图 8-19 所示。操作系统使用的是技嘉特制的 Linux 系统。

2. 联想 IdeaPad U8

联想 IdeaPad U8 配备了 Intel Atom Z500 800MHz 处理器，512MB DDR2 内存，6GB 闪存，其中的 2 GB 划分给操作系统，4 GB 分配给用户使用。根据需要，用户可以通过 SD 卡插槽扩展。IdeaPad U8 提供了 802.11b/g 无线网卡、蓝牙，可以满足用户连接方面的需要，并且随机附送了 CMMB 电视棒、GPS 接收模块，使得它的应用范围更加广泛，如图 8-20 所示。

图 8-19 技嘉 M528

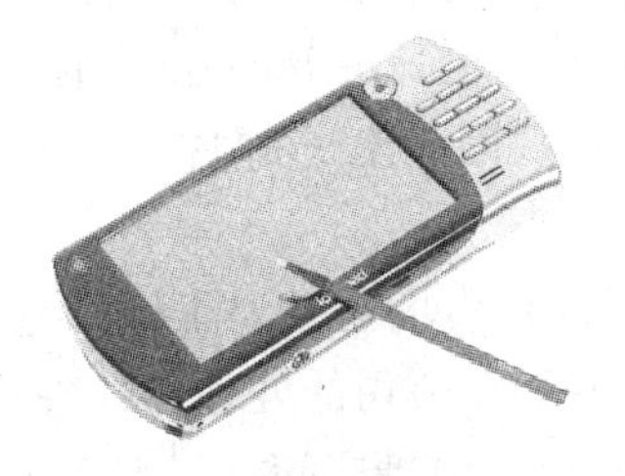

图 8-20 联想 IdeaPad U8

3. Nokia N810

Nokia 公司的 N810 MID 产品采用 TI OMAP 2420 400 MHz 处理器，配备 128MB DDR RAM + 256MB Flash ROM，操作系统为 Internet Tablet OS 2008（Maemo Linux），配备一块 4.13 英寸的屏幕，分辨率为 800×480 像素，并配有 QWERTY 键盘，如图 8-21 所示。N810 没有手机模块，因此没有手机通信功能，但是配有 802.11b/g 网卡，提供给用户无线互联的能力。

4. 智器 SmartQ7

智器公司的 SmartQ7 是一款具有 7 英寸“巨屏”的 MID 设备，如图 8-22 所示。与其他 MID 设备最明显的区别就在于 Q7 装备有一块 7 英寸 800×480 像素高分辨率的超大 LCD 屏，全触摸屏操作，可以使用手指直接点击屏幕进行相应操作。并且 Q7 可以通过 WiFi 连接互联网，进行众多网络应用。

图 8-21 Nokia N810

图 8-22 智器 SmartQ7

⊖ QWERTY 是主键盘字母区左上角 6 个字母的连写，其意思是“标准打字机键盘”。此处指每个字母单独占一个键的键盘。

5. HTC Shift X9500

图 8-23　HTC Shift X9500

在智能手机方面颇有建树的 HTC 公司推出的一款重量级产品 HTC Shift X9500，如图 8-23 所示）。该机的硬件配置异常强大，以至于足以完美地运行 Windows Vista 系统，因此也可以将它定义为一款具有电话功能的 UMPC。此外，该机还拥有 Windows Mobile 6 操作系统，支持 GSM 四频以及 WCDMA 和 UMTS/HSDPA 网络，并且支持蓝牙 V2.0 和 WiFi 无限上网。

8.7 Netbook

8.7.1 Netbook 简介

Netbook 俗称为上网本，是一种低价、体积小、便携和功能精简的小型笔记本电脑。同样的，Netbook 概念也是由 Intel 公司推广的，其定义为：配备 Intel Atom 处理器的无线联网笔记本，具备互联网、电子邮件、即时通信等功能，并能提供高性能的流式视频和音乐播放。

Netbook 目前在市场上极为流行，绝大多数 Netbook 都使用 Intel 公司的 Atom 处理器，也有部分产品使用 VIA 公司的处理器，现在 AMD 公司也推出了专为 Netbook 设计的平台，由此可见 Netbook 市场前景广阔，虽然 Netbook 这一概念是由 Intel 公司推广开来的，但是越来越多的使用非 Intel CPU 的 Netbook 出现在了市场中。

Netbook 从某种意义上来说跟 UMPC 很相似，他们都属于超小型笔记本电脑，都追求极致的移动性，但是，2008 年以后之所以 Netbook 取得了市场的认可，而 UMPC 产品则淡出人们视线，其主要原因就是价格。Netbook 从定位上就决定其是一种廉价的超便携笔记本电脑。市场上的 Netbook 的售价比绝大多数的笔记本电脑都要低很多，而 UMPC 产品的售价不但不比笔记本电脑低，甚至还要比相同配置的笔记本电脑高出不少。Netbook 之所以价格低廉，是牺牲了电脑的性能换来的，Intel Atom 处理器与应用于传统笔记本电脑中的酷睿双核乃至多核处理器相比在性能上相差不少。但是由于市场定位准确，对于一些平常的应用诸如上网、播放视频、音乐，文字处理等来说，Netbook 的性能足够应对，并且它拥有超小的体积，因此 Netbook 获得了极大的成功。

Netbook 由于价格低廉，对传统的笔记本电脑市场带来了不小的冲击。首先是对传统廉价笔记本电脑冲击，虽然 Intel 公司有意限制 Netbook 使用性能较低单核 Atom 处理器，但是凭借着体积重量上的优势，传统廉价笔记本电脑市场受到了 Netbook 的很大冲击。受到冲击的还有高端轻薄型笔记本电脑，这类电脑往往都是 12 英寸以下的全功能笔记本电脑，以移动性为卖点；而 Netbook 尺寸基本都在 10 英寸以下，传统轻薄型笔记本电脑的移动的优势在 Netbook 面前荡然无存，因此受到 Netbook 极大地冲击。

8.7.2 典型产品

1. 华硕 Eee PC

华硕 Eee PC 可以说是 Netbook 中的元老级产品，如图 8-24 所示。2007 年刚推出第一款

Eee PC 的时候，市场上几乎没有什么同类产品，消费者见到后有耳目一新的感觉。一开始由于怕冲击了传统笔记本电脑的市场，华硕的这款 Eee PC 只在家电卖场或者商场里有售，而传统的 IT 卖场里不出售这款 Netbook。首款 Eee PC 使用降频的 Intel Celeron-M ULV 353 处理器，配备 512MB DDR2 内存，4GB SSD 固态硬盘，7 英寸分辨率为 800 ×480 像素的 LCD 显示屏，并预装 Windows XP 或 Linux 操作系统。

2. 宏碁 Aspire one

宏碁 Aspire one 是宏碁公司的小型笔记本电脑或 Netbook 系列产品名称，于 2008 年 8 月上市，如图 8-25 所示。它采用 Intel Atom N270 微处理器，Intel 945GSE Express 芯片组，屏幕尺寸为 8.9 英寸，分辨率为 1024 ×600 像素。该产品推出后，在市场上拥有很高的人气。凭借着不错的外观以及良好的设计，Aspire one 取得了不错的销售成绩。

图 8-24　华硕 Eee PC

图 8-25　宏碁 Aspire one

3. DELL Insprion Mini 9

DELL Insprion Mini 9 是美国 DELL 公司推出的一款 Netbook，如图 8-26。Insprion Mini 9 采用 Intel AtomN270 处理器，主频为 1.6 GHz，配备 1GB DDR2 内存以及 16GB SSD 硬盘，屏幕尺寸为 8.9 英寸，分辨率为 1024 ×600 像素。由于 Insprion mini 9 采用的是无风扇设计，再加上使用固态硬盘，因此在使用过程中可以做到零噪音。

4. SONY VAIO P 系列

SONY 公司的 VAIO P 系列十分小巧，可以直接插入使用者的口袋中，如图 8-27 所示。VAIO P 采用主频为 1.3 GHz 的 Intel Atom Z530 处理器，配备 2GB 内存以及 64GB SSD 硬盘或者传统机械式硬盘。与其他 Netbook 不同的是，VAIO P 采用了一块分辨率高达 1600 ×768 像素的 8 英寸液晶显示屏。

图 8-26　DELL Insprion Mini 9

图 8-27　SONY VAIO P 系列

5. 联想 IdeaPad S10

联想公司的 Netbook 产品有多种颜色可选，外观时尚。IdeaPad S10（如图 8-28 所示）采用 Intel Atom N270 处理器，主频为 1.6 GHz，配备 1GB DDR2 内存和 5400 转 160GB 硬盘，屏幕尺寸为 10 英寸，分辨率为 1024×600 像素，预装 Windows XP home 操作系统，整机重量为 1.25 kg。

图 8-28　联想 IdeaPad S10

8.8　有问有答

问：什么是 PPC？

答：PPC 是 Pocket PC 简称，是基于 Microsoft 公司 Windows Mobile 操作系统的一种 PDA 掌上电脑。它能存储并检索电子邮件、联系人和约会信息，播放多媒体文件，玩赏电子游戏，借助 MSN Messenger 交换文本消息、浏览 Web 内容等，并能与台式机实现信息交换和同步。

问：什么是 PDA？

答：PDA 的英文全称为 Personal Digital Assistant，即个人数码助理，一般是指掌上电脑。相对于传统电脑，PDA 的优点是轻便、小巧、可移动性强，同时又不失功能的强大，缺点是屏幕过小，且电池续航能力有限。PDA 通常采用手写笔作为输入设备，而存储卡作为外部存储介质。在无线传输方面，大多数 PDA 具有红外和蓝牙接口，以保证无线传输的便利性。许多 PDA 还能够具备 WiFi 连接以及 GPS 全球卫星定位系统。

问：什么是易 PC？

答：易 PC（EPC），是 Easy to Work、Easy to learn、Easy to Play 的简要概括，它能轻松应对使用者日常学习、工作和娱乐的需求。同时，还具备出色的互联网体验和出色的移动计算体验。易 PC 也属上网本，业内普遍将其称呼为“便携笔记本”或“低价便携本”。

问：如何从“屏幕尺寸”的大小来区分 UMPC、MID、Netbook？

答：从“屏幕尺寸”的大小来区分，一般为：采用 4～6 英寸的显示屏的是 MID，配备 7 英寸左右大小显示屏的是 UMPC，采用 8.9 英寸以上显示屏的是 Netbook。

问：Netbook 与传统笔记本电脑有什么区别主要在哪？

答：Netbook 使用的都是 CPU 厂商专为超小型上网本设计的专门的 CPU，它们的性能不如传统的笔记本电脑 CPU，Netbook 的体积都比较小巧，因此也都没有配备光驱。

8.9 习题

1. 什么是 UMPC？
2. “移动互联网设备”的英文简称是什么？
3. 简述 MID 与 UMPC 的异同。
4. Netbook 的俗称是什么？其概念是哪家公司推广的？
5. 从生产成本上来比较，轻薄型笔记本电脑和 Netbook 的成本哪个更高？

参 考 文 献

[1] 东方人华. BIOS 和注册表入门与提高 [M]. 北京：清华大学出版社，2006.
[2] 付宏光，彭济明. 深入浅出注册表及 BIOS [M]. 北京：中国铁道出版社，2005.
[3] 吴功宜. 计算机网络高级教程 [M]. 北京：清华大学出版社，2007.
[4] 雷维礼. 接入网技术 [M]. 北京：清华大学出版社，2006.
[5] 神龙工作室. 新手学电脑组装与维护 [M]. 北京：人民邮电出版社，2009.